普通高等教育"十二五"规划教材

大学计算机应用教程

主　编　熊　江　吴元斌　刘井波

副主编　钟　静　刘华成　罗卫敏

　　　　朱丙丽　刘雨露　阮玲英

科学出版社

北　京

内 容 简 介

《大学计算机应用教程》是根据大学计算机基础教学大纲编写的计算机应用基础教材。主要内容包括计算机概述、计算机硬件组成、操作系统、Word 2010 应用技术、Excel 2010 应用技术、PowerPoint 2010 应用技术、计算机网络应用基础、Python 程序设计与软件工程概念、数据库基础及 Access 2010 应用技术、多媒体技术等。

根据普通高等学校非计算机专业学生的认知特点，本书从计算机基本应用技术入手，引导学生由浅入深、循序渐进地学习，内容丰富全面，通俗易懂，实用性和可操作性强，并注重培养学生应用计算机进行学习、工作以及解决实际问题的能力。

本书论述简明、图文并茂，可作为非计算机专业本科"大学计算机基础"课程的教材，也可供计算机爱好者进行自学提高。

为了便于教与学，与本书配套的《大学计算机应用实验教程》同时出版。

图书在版编目（CIP）数据

大学计算机应用教程/熊江主编. —北京：科学出版社，2015.8
普通高等教育"十二五"规划教材
ISBN 978-7-03-045236-8

Ⅰ. ①大…　Ⅱ. ①熊…　Ⅲ. ①电子计算机−高等学校−教材　Ⅳ. ①TP3

中国版本图书馆 CIP 数据核字（2015）第 168035 号

责任编辑：于海云 / 责任校对：桂伟利
责任印制：霍　兵 / 封面设计：迷底书装

科 学 出 版 社 出版
北京东黄城根北街 16 号
邮政编码：100717
http://www.sciencep.com

三河市书文印刷有限公司 印刷

科学出版社发行　各地新华书店经销
*
2015 年 8 月第 一 版　　开本：787×1092　1/16
2017 年 8 月第五次印刷　印张：19
字数：450 000

定价：39.80 元
（如有印装质量问题，我社负责调换）

前　言

计算机正改变我们的生活，我们利用电子邮件、QQ、微信进行即时通信，网上购物、手机银行、微信电话成为时尚，现代家电、汽车都配备了嵌入式计算机系统，汽车的发动、行驶都依赖于这些嵌入式计算机。计算机应用技术是当代大学生的必备技能，掌握了它可以改善我们的就业前景，使我们更加自信，使我们拥有终生学习的基本技能。

为了适应信息技术日新月异的发展变化和大学生信息技术基础的不断进步，切实提高非计算机专业学生的计算机应用技术水平和技能，满足社会经济发展对应用技术人才的需求，我们编写了这本《大学计算机应用教程》。

本书是根据教育部高等学校计算机科学与技术教学指导委员会"关于进一步加强高等学校计算机基础教学的意见暨计算机基础课程教学基本要求（试行）"编写的。主要内容包括计算机概述、计算机硬件组成、操作系统、计算机网络、Word 2010、Excel 2010、PowerPoint 2010、程序设计与软件开发、数据库、多媒体技术和常用工具软件等。

本书根据普通高等学校非计算机专业学生的认知特点，结合当代大学生的实际，从计算机最基本的操作入手，引导学生由浅入深、循序渐进地学习。本书最基本的特点是注重知识与技能的深度和广度，内容新颖、全面、通俗易懂、实用性和可操作性强。为了便于教学和学生自学，每小节都配备了几个快速测试题。学生通过思考解答这些问题，可以增强学习积极性和调节课堂教学的节奏和氛围。课后习题是在快速测试题的基础上进一步的提高和加强，注重培养学生应用计算机进行学习、工作以及解决实际问题的能力。

参加本书编写的均为一线教师，第 1 章和理论考试模拟试题部分由熊江编写，第 2 章和第 8 章由吴元斌编写，第 3 章由刘华成编写，第 4 章由朱丙丽编写，第 5 章由刘井波编写，第 6 章由阮玲英编写，第 7 章由罗卫敏编写，第 9 章由刘雨露编写，第 10 章由钟静编写。全书由熊江、吴元斌负责统稿，熊江主审。

我们希望本书能为读者学习大学计算机基础课程提供一个轻松、有效、直接的途径。在编写过程中，尽管我们经过多次修改与交叉审阅，并组织了集体统稿、定稿，但由于时间仓促和水平限制，本书中难免还存在一些不妥之处，恳请广大读者在使用过程中及时提出宝贵意见与建议，使我们的教材在信息技术日新月异的发展过程中不断改进与完善。

编　者

2015 年 6 月

目　录

第 1 章　计算机概述

本章首先简要地回顾计算机的发展历程，然后叙述冯·诺依曼计算机的工作原理及工作过程，还介绍了计算机硬件系统、软件系统、计算机中信息的表示，最后列举了计算机的主要应用与发展趋势。

1.1　计算机的发展与分类

计算机的诞生是 20 世纪人类最伟大的发明创造之一。在远古时代，人类采用石块、贝壳进行简单的计数，唐代发明了算盘，欧洲中世纪发明了加法计算器、分析机等，直到今天的计算机，这些发明记录了人类计算工具的发展史。因此，计算机是人类计算技术的继承和发展，是现代人类社会生活中不可缺少的基本工具。过去几十年来，计算机改变了人们在家庭、工厂和学校的工作、生活方式，现在可以说"计算机无处不在"。

概括地说，计算机是处理数据并将数据转换为有用信息的电子设备。任何计算机都由程序指令控制，程序指令规定计算机的用途，并告诉计算机需要完成的工作。

1941 年夏天诞生的阿塔纳索夫-贝瑞计算机（Atanasoff–Berry Computer，ABC 计算机）是世界上第一台电子计算机，它使用了真空管计算器，二进制数值，可复用内存。

世界上第一台通用电子计算机是电子数值积分计算机（Electronic Numerical Integrator And Computer，ENIAC）。ENIAC 为美国陆军的弹道研究实验室所使用，用于计算火炮的火力表。ENIAC 在 1946 年 2 月 14 日公布，并于次日在宾夕法尼亚大学正式投入使用。ENIAC 被当时的新闻赞誉为"巨脑"，它的计算速度比机电机器提高了 1000 倍。

除了速度之外，ENIAC 最引人注目的就是它的体积和复杂性。ENIAC 包含了 17 468 个真空管、7200 个晶体二极管、1500 个继电器、10 000 个电容器，还有大约 500 万个手工焊接头。它的重量达 27 吨，体积大约是 2.4m×0.9m×30m，占地 167 平方米，耗电 150 千瓦。如图 1.1 所示是程序员贝蒂·让·詹宁斯和弗兰·Bilas 操作 ENIAC 主控制面板的画面。

ENIAC 是宾夕法尼亚大学的约翰·莫齐利和 J.·Presper·埃克特构思和设计的，公众领域内普遍将 ENIAC 认定为世界上第一台电子计算机，将莫齐利认定为电子计算机之父。然而，在 1973 年，美国联邦地方法院注销了 ENIAC 的专利，并得出结论：ENIAC 的发明者从阿塔纳索夫那里继承了电子数字计算机的主要构件思想。因此，ABC 被认定为世界上第一台电子计算机。

图 1.1　ENIAC 计算机

1.1.1　计算机的发展阶段

自 ENIAC 诞生后，人类社会进入了一个崭新的电子计算和信息化时代。计算机硬件早期的发展受电子开关器件的影响极大，为此，传统上，人们以元器件的更新作为计算机技术进步和划分阶段的主要标志。根据器件技术的更新换代，计算机的发展可分为下面几个阶段。

1. 电子管计算机（1946~1957年）

ENIAC作为第一台通用计算机，采用十进制表示数字与进行运算，没有采用二进制操作和存储程序控制，不具备现代电子计算机的主要特征。存储器由20个累加器组成，每个累加器存10位十进制数，每一位由10个真空管表示。采用手动编程，通过设置开关和插拔电缆来实现。

第一代计算机为电子管计算机，其逻辑元件采用电子管，存储器件为声延迟线或磁鼓，典型逻辑结构为定点运算。这个时期，"软件"一词尚未出现，编制程序所用工具为低级语言。电子管计算机体积大，速度慢（每秒千次或万次），存储器容量小。

ENIAC项目顾问、美籍匈牙利数学家冯·诺依曼（Von Neumann，被誉为计算机之父）提出"存储程序"（Stored-program）思想，并于1945年在关于新型计算机EDVAC（Electronic Discrete Variable Computer，电子离散变量计算机）的计划中首次公布了这一思想。"存储程序"的基本思想是：将事先编好的程序和原始数据送入主存后执行程序，一旦程序被启动执行，计算机能在不需操作人员干预下自动完成指令取出和执行的任务。几乎在同时，英国数学家、逻辑学家阿兰·图灵（Alan Turing，被称为计算机科学之父和人工智能之父）也提出了同样的构想。

1946年，冯·诺依曼和他的同事开始设计一种新的存储程序计算机——IAS计算机。如图1.2所示为IAS计算机的结构图。

（1）主存（Main Memory）：用来存储数据和指令。

（2）算术和逻辑单元（Arithmetic Logic Unit，ALU）：对二进制数据进行处理。

（3）控制单元（Control Unit）：解释并执行内存中指令。

（4）输入/输出（I/O）设备：由控制单元操纵。

2. 晶体管计算机（1958~1964年）

1948年，晶体管的发明大大促进了计算机的发展，晶体管代替了体积庞大的电子管（图1.3），电子设备的体积不断减小。1956年，晶体管在计算机中使用，晶体管和磁芯存储器导致了第二代计算机的产生。第二代计算机体积小、速度快、功耗低、性能更稳定。首先使用晶体管技术的是早期的超级计算机，主要用于原子科学的大量数据处理，这些机器价格昂贵，生产数量极少。

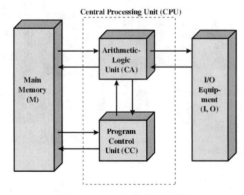

图1.2　IAS计算机的结构

图1.3　真空电子管（左）与晶体管（右）

1960 年，出现了一些成功地用在商业领域、大学和政府部门的第二代计算机。第二代计算机用晶体管代替电子管，还有现代计算机的一些部件，如打印机、磁带、磁盘、内存、操作系统等。计算机中存储的程序使得计算机有很好的适应性，可以更有效地用于商业用途。在这一时期出现了更高级的 COBOL 和 FORTRAN 等编程语言，以单词、语句和数学公式代替了二进制机器码，使计算机编程更容易。新的职业，如程序员、分析员和计算机系统专家，与整个软件产业一同诞生。

3. 集成电路计算机（1965～1971 年）

晶体管的缺点是产生的热量大，会损害计算机内部的敏感器件。1958 年，德州仪器的工程师 Jack Kilby 发明了集成电路（Integrated Circuit，IC），将 3 种电子元件集成到一片小小的硅片上。科学家使更多的元件集成到单一的半导体芯片上。于是，计算机变得更小，功耗更低，速度更快。这一时期的发展还包括开始使用操作系统，使得计算机在中心程序的控制协调下可以同时运行许多不同的程序。

计算机发展史上具有重要意义的事件是 1964 年 IBM 公司研制成功了 IBM360 系统，它是第一个采用集成电路的通用电子计算机系列。该系统采用了一系列计算机新技术，包括微程序控制、高速缓存、虚拟存储器和流水线技术等，一次就推出了 6 种机型，它们相互兼容，可广泛应用于科学计算、数据处理等领域。在软件方面它首先实现了操作系统，具有资源调度、人机通信和输入输出控制等功能。

4. 大规模集成电路计算机（1972 年至今）

20 世纪 70 年代初，微电子学飞速发展，而产生的大规模集成电路和微处理器，这些给计算机工业注入了新鲜血液。大规模集成电路（LSI）和超大规模集成电路（VLSI）成为计算机的主要器件，其集成度从 20 世纪 70 年代初的几千个晶体管／片（如 Intel 4004 为 2000 个晶体管）到 20 世纪末的千万个晶体管/片。Intel 公司的创始人之一戈登·摩尔（Gordon Moore）提出著名的摩尔定律：当价格不变时，集成电路上可容纳的晶体管数目，约每隔 24 个月（1975 年摩尔将 24 个月更改为 18 个月）便会增加一倍，性能也将提升一倍；即每一美元所能买到的计算机性能，将每隔 24 个月翻两倍以上。

这一时期另一个重要特点是计算机网络的发展与应用。计算机技术与通信技术的高速发展与密切结合，掀起了网络热潮，大量计算机联入不同规模的网络中，然后通过 Internet 与世界各地的计算机相联，大大扩展和加速了信息的交流，增强了社会的协调与合作能力，使计算机的应用方式也由个人计算方式向网络化方向发展。

1.1.2 微型计算机的发展

第四代计算机的另一个重要分支是以大规模、超大规模集成电路为基础发展起来的微处理器和微型计算机。全球第一个商业微处理器是 Intel 的 4004，在 1971 年 11 月 15 日发布。4004 并行处理 4 位（binarydigit，bit）数据，是 4 位处理器。在 30 年后的世纪末，嵌入式系统中的微处理器大多是 8 位、16 位或者 32 位的。到 AMD 公司于 2003 年发布 x86-64 处理器的这段时间中，Intel 80386 几乎全是 32 位，而现在处理器的位数已发展到 64 位。

1. 第一阶段（1971～1973 年）

第一阶段是 4 位和 8 位低档微处理器时代，通常称为第一代，其典型产品是 Intel 4004 和

Intel 8008 微处理器，和分别由它们组成的 MCS-4 和 MCS-8 微机。Intel 4004 是一种 4 位微处理器，可进行 4 位二进制的并行运算，Intel 8008 是世界上第一种 8 位的微处理器。

2. 第二阶段（1971~1977 年）

第二阶段是 8 位中高档微处理器时代，通常称为第二代，其典型产品是 Intel 8080/8085、Motorola 公司的 M6800、Zilog 公司的 Z80 等。其集成度提高约 4 倍，具有典型的计算机体系结构和中断、DMA 等控制功能。它采用汇编语言、BASIC、Fortran 编程，使用单用户操作系统。

3. 第三阶段（1978~1984 年）

第三阶段是 16 位微处理器时代，通常称为第三代，其典型产品是 Intel 公司的 8086/8088、Motorola 公司的 M68000、Zilog 公司的 Z8000 等微处理器。其集成度和运算速度都比第二代提高了一个数量级，指令系统更加丰富、完善，采用多级中断、多种寻址方式、段式存储机构、硬件乘除部件，并配置了软件系统。这一时期著名的微机产品有 IBM 公司的个人计算机。1981 年 IBM 公司推出的个人计算机采用 8088 CPU。1984 年，IBM 公司推出了以 80286 处理器为核心组成的 16 位增强型个人计算机 IBM PC/AT。由于 IBM 公司在发展个人计算机时采用了技术开放的策略，使个人计算机风靡世界。

4. 第四阶段（1985~1992 年）

第四阶段是 32 位微处理器时代，又称为第四代。其典型产品是 Intel 公司的 80386/80486、Motorola 公司的 M69030/68040 等。其集成度高达 100 万个晶体管/片，具有 32 位地址线和 32 位数据总线，每秒钟可完成 600 万条指令（Million Instructions Per Second，MIPS）。微型计算机的功能已经达到甚至超过超级小型计算机，完全可以胜任多任务、多用户的作业。同期，其他一些微处理器生产厂商（如 AMD 等）也推出了 80386/80486 系列的芯片。

80386DX 的内部和外部数据总线是 32 位，地址总线也是 32 位，可以寻址 4GB 内存。80486 是将 80386 和数学协微处理器 80387 以及一个 8KB 的高速缓存集成在一个芯片内。在 80x86 系列中，首次采用了精简指令集（RISC）技术，可以在一个时钟周期内执行一条指令。它还采用了突发总线方式，大大提高了与内存的数据交换速度。

5. 第五阶段（1993~2005 年）

第五阶段是奔腾（Pentium）系列微处理器时代，通常称为第五代。典型产品是 Intel 公司的奔腾系列芯片及与之兼容的 AMD 的 K6 系列微处理器芯片。内部采用了超标量指令流水线结构，并具有相互独立的指令和数据高速缓存。随着 MMX（Multimedia extended）微处理器的出现，使微机的发展在网络化、多媒体化和智能化等方面跨上了更高的台阶。

为了提高计算机在多媒体、3D 图形方面的应用能力，许多新指令集应运而生，其中最著名的 3 种便是英特尔的 MMX、SSE 和 AMD 的 3D NOW!。MMX（Multimedia Extensions，多媒体扩展指令集）是 Intel 于 1996 年发明的一项多媒体指令增强技术，包括 57 条多媒体指令，这些指令可以一次处理多个数据，在软件的配合下，可以得到更好的性能。

2005 年 Intel 推出的双核心处理器有 Pentium D 和 Pentium Extreme Edition，同时推出 945/955/965/975 芯片组来支持新推出的双核心处理器。

6. 第六阶段（2005 年至今）

第六阶段是酷睿（core）系列微处理器时代，通常称为第六代。"酷睿"是一款领先节能的新型微架构，设计的出发点是提供卓然出众的性能和能效，提高每瓦特性能，即所谓的能效比。早期的酷睿是基于笔记本处理器的。酷睿 2（Core 2 Duo）是 Intel 在 2006 年推出的新一代、基于 Core 微架构的产品体系统称，于 2006 年 7 月 27 日发布。酷睿 2 是一个跨平台的构架体系，包括服务器版、桌面版、移动版三大领域。其中，服务器版的开发代号为 Woodcrest，桌面版的开发代号为 Conroe，移动版的开发代号为 Merom。

1.1.3　计算机的分类

自 20 世纪 40 年代数字计算机发明以来，计算机根据其大小、成本、计算能力和使用目的已逐步分化为许多类型。现代计算机大致可以分为以下几类。

1. 嵌入式计算机

嵌入式计算机（Embedded Computer）集成在一个较大的设备或系统中，用以自动监控与控制物理过程或环境。它们被用于特定的目的，而不是通用的任务处理。其典型应用包括工业和家庭自动化、家电、通信产品和交通工具。用户甚至可能并不知道计算机在这类系统中发挥了作用。

2. 个人计算机

个人计算机（Personal Computer，PC 机）是第四代计算机时期出现的一个新机种。它虽然问世较晚，却发展迅猛，初学者接触和认识计算机多数是从 PC 机开始的。PC 机在家庭、教育机构以及商业与工程办公环境中广泛使用，但主要用于个人用途。个人计算机支持各种各样的应用，如通用计算、文档编制、计算机辅助设计、视听娱乐、人际交流和互联网浏览。

PC 机主要包括 5 种类型：台式计算机、笔记本电脑、平板电脑、手持式计算机、智能手机。台式计算机（Desktop Computer）可以满足一般的需求，并占用较少的工作空间。

便携式计算机（Portable Computer）和笔记本电脑（Notebook Computer）提供了个人计算机的基本功能，它们可以使用电池操作以提供一定的移动性，如图 1.4 所示。

图 1.4　笔记本电脑与平板电脑

PC 机的特点是轻、小、价廉、易用。虽然个人计算机由个人使用，但它们可以连接在一起，形成网络。网络互联已经成为个人计算机最重要的目的之一，即使很小的手持式计算机现在都可以连接到网络上。PC 机应用从工厂的生产控制到政府的办公自动化，从商店的数据处理到个人的学习娱乐，几乎无处不在，无所不用。

3. 工作站计算机

工作站计算机（Workstation Computer）通常配有高档 CPU、高分辨率的大屏幕显示器和大容量的内外存储器，具有较强的数据处理能力和高性能的图形功能。它主要用于图像处理、计算机辅助设计（CAD）等领域。科学家、工程师和动画设计师非常喜欢这类机器，因为他们在执行复杂的任务时，需要系统具有高于平均值的速度和功率。

4. 服务器

服务器（Server）和企业系统（Enterprise System）是能被大量用户共享的大型计算机，

用户通常会从某种形式的个人计算机上通过公有或私有网络访问服务器。服务器上可安装大型的数据库，为政府机构或商业组织提供信息处理服务。

5. 超级计算机和网格计算机

超级计算机（Super Computer）和网格计算机（Grid Computer）通常具备强大的性能，它们是最昂贵的、物理上最大型的计算机。

人们通常把最快、最大、最昂贵的计算机称为巨型机，也称为超级计算机，一般用在国防和尖端科学领域，如：战略武器的设计、空间技术、石油勘探、长期天气预报以及社会模拟等领域。世界上只有少数几个国家能生产巨型机，2013 年 6 月，我国制造的天河二号（图 1.5）成为目前世界上最快的超级计算机。

天河二号（Tianhe-2 或 Milkyway-2，TH-2）是一组由国防科技大学研制的异构超级计算机，为天河一号超级计算机的后继，置放于国家超级计算广州中心。天河二号的组装和测试由国防科技大学和浪潮集团负责，2013 年底交付使用后对外开放，接受运算项目任务，用于实验、科研、教育、工业等领域。

由于超级计算机需要很高的成本，因此出现了相对经济的网格计算。网格计算通过利用大量异构计算机（通常为台式机）的未用资源（CPU 周期和磁盘存储），将其作为嵌入在分布式电信基础设施中的一个虚拟的计算机集群，为解决大规模的计算问题提供一个模型。网格计算的设计目标是解决对于任何单一的超级计算机来说，仍然大得难以解决的问题，并同时保持解决多个较小的问题的灵活性。这样，网格计算就提供了一个多用户环境。它的第二个目标就是更好地利用可用计算力，迎合大型的计算练习的断断续续的需求。

6. 云计算模式

目前计算机界的一个新趋势是云计算（Cloud Computing）。云计算是一种基于互联网的计算方式，如图 1.6 所示。通过这种方式，共享的软硬件资源和信息可以按需求提供给计算机和其他设备。个人计算机用户为了自己的计算需求去访问广泛分布的计算和存储服务器资源。互联网提供了必要的通信设施。云端软硬件服务提供商把云作为一种工具进行运作，基于按使用付费的模式进行收费。

图 1.5 天河二号超级计算机

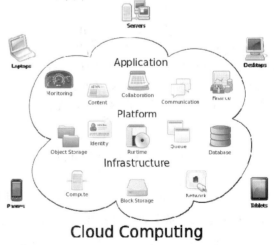

图 1.6 云计算示意图

云计算是继 1980 年代大型计算机到客户端-服务器的大转变之后的又一种巨变。用户不再需要了解"云"中基础设施的细节,不必具有相应的专业知识,也无需直接进行控制。云计算描述了一种基于互联网的新的 IT 服务增加、使用和交付模式,通常涉及通过互联网来提供动态易扩展而且经常是虚拟化的资源。

在"软件即服务(SaaS)"的服务模式当中,用户能够访问服务软件及数据。服务提供者则维护基础设施及平台以维持服务正常运作。SaaS 常被称为"随选软件",通常基于使用时数来收费,有时也会有采用订阅制的服务。

1.1.4 计算机的特点

计算机的基本特点如下:

1)记忆能力强

在计算机中有容量很大的存储装置,它不仅可以长久地存储大量的文字、图形、图像、声音等信息资料,还可以存储指挥计算机工作的程序。

2)计算精度高且逻辑判断准确

它具有人类无能为力的高精度控制或高速操作任务的能力,也具有可靠的判断能力,以实现计算机工作的自动化,从而保证计算机控制的判断可靠、反应迅速、控制灵敏。

3)高速的处理能力

它具有神奇的运算速度,其速度已达到每秒几十亿次乃至上百亿次。例如,为了将圆周率兀的近似值计算到 707 位,一位数学家曾花了十几年的时间,而如果用现代的计算机来计算,可能瞬间就完成了,可达到小数点后 200 万位。

4)能自动完成各种操作

计算机是由内部控制和操作的,只要将事先编制好的应用程序输入计算机,计算机就能自动按照程序规定的步骤完成预定的处理任务。

快速测试

1. 世界上第一台电子计算机是什么?
2. 计算机之父是谁?
3. 全球第一个商业微处理器是什么?
4. 世界上最快的超级计算机是什么?

1.2 硬件系统

尽管计算机技术自 20 世纪 40 年代第一部电子通用计算机诞生以来有了令人目眩的飞速发展,但是今天计算机仍然基本上采用的是存储程序结构,即冯·诺伊曼结构。这个结构实现了实用化的通用计算机。

1.2.1 冯·诺依曼结构

从 20 世纪 40 年代计算机诞生以来,尽管硬件技术已经经历了 4 个发展阶段,计算机体系结构也已经取得了很大的发展,但绝大部分计算机的硬件基本组成仍然具有冯·诺依曼结构计算机的特征。冯·诺依曼结构计算机(如图 1.7 所示,其中实线表示数据线,虚线表示控制线和反馈线)的基本思想主要包括以下几个方面。

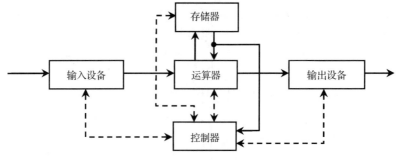

图 1.7　冯·诺依曼结构

（1）计算机应由运算器、控制器、存储器、输入设备和输出设备 5 个基本部件组成。

（2）各基本部件的功能是：

- 存储器不仅能存放数据，而且也能存放指令，形式上两者没有区别，但计算机能区分是数据还是指令。
- 控制器应能自动执行指令。
- 运算器应能进行加、减、乘、除 4 种基本算术运算，并且也能进行一些逻辑运算和附加运算。
- 操作人员可以通过输入设备、输出设备与主机进行通信。

（3）内部以二进制表示指令和数据。每条指令由操作码和地址码两部分组成，操作码指出操作类型，地址码指出操作数的地址。由一串指令组成程序。

（4）采用"存储程序"工作方式。

1.2.2　系统各部分的主要功能

1. 运算器

运算器也称为算术逻辑单元 ALU，是计算机中进行算术运算和逻辑运算的主要部件。在控制器的控制下，运算器接收待运算的数据，完成程序指令指定的、基于二进制数的算术运算或逻辑运算。

2. 控制器

控制器是计算机的指挥控制中心，它从存储器中逐条取出指令、分析指令，然后根据指令要求完成相应操作，产生一系列控制命令，使计算机各部分自动、连续并协调工作，成为一个有机的整体，实现程序的输入、数据的输入以及运算并输出结果。

3. 存储器

存储器可分为内部存储器（内存或主存储器）和外部存储器（外存或辅助存储器）。主存储器中存放将要执行的指令和运算数据，容量较小，但存取速度快。外存容量大、成本低、存取速度慢，用于存放需要长期保存的程序和数据。当存放在外存中的程序和数据需要处理时，必须先将它们读到内存中，才能进行处理。

内存储器由一组"存储单元"组成，用存放正在执行的程序和数据，以及运算的中间结果和最后结果的记忆装置。每一个"存储单元"都有一个编号，称为地址，可存储一个较小的定长（一般是一个或多个字节，一个字节等于 8 个 bit）信息。这个信息既可以是指令（告诉计算机去做什么），也可以是数据（指令的处理对象），即每一个存储单元既可以存放指令也可以存放数据。

4. 输入设备

输入设备是用来完成输入功能的部件，即向计算机输入程序、数据以及各种信息的设备。常用的输入设备有键盘、鼠标、扫描仪、磁盘驱动器和触摸屏等。

5. 输出设备

输出设备是用来将计算机工作的中间结果及处理后的结果进行表现的设备。常用的输出设备有显示器、打印机、绘图仪和磁盘驱动器等。

通常将运算器和控制器称为中央处理器（Central Processing Unit，CPU），将 CPU 整合到一块集成电路上则称作微处理器。将中央处理器和内存储器合称为主机，将输入设备、输出设备和外存储器称为外部设备（外设）。

1.2.3 计算机的工作过程

冯·诺依曼计算机是以运算器为核心、以存储程序为基础的。"存储程序"是把处理问题的步骤、方法（用指令描述）和所需的数据事先存入存储器中保存起来，工作时由计算机的控制部件逐条取出指令并执行之，从而使计算机自动连续进行运算。

处理问题的步骤、方法和所需的数据的描述称为程序，程序是由多条有逻辑关系的指令按一定顺序组成的对计算过程的描述。在计算机中，程序和数据均以二进制代码的形式存放在存储器中，存放位置由地址指定，地址也用二进制数形式来表示。

计算机工作时，由控制器控制整个程序和数据的存取以及程序的执行，而控制器本身也要根据指令来进行运作。根据冯·诺依曼的设计，计算机应能自动执行程序，而执行程序又归结为逐条执行指令。执行一条指令又可分为以下 5 个基本操作。

（1）取指令：从存储器某个地址单元中取出要执行的指令送到 CPU 内部的指令寄存器暂存。

（2）分析指令：或称指令译码，把保存在指令寄存器中的指令送到指令译码器，译出该指令对应的微操作信号，控制各个部件的操作。

（3）取操作数：如果需要，发出取数据命令，到存储器取出所需的操作数。

（4）执行指令：根据指令译码，向各个部件发出相应控制信号，完成指令规定的各种操作。

（5）保存结果：如果需要保存计算结果，则把结果保存到指定的存储器单元中。

快速测试

1. 现代计算机的工作原理是什么？
2. 冯·诺依曼结构的主要思想是什么？
3. 什么是 CPU？

1.3 软 件 系 统

计算机系统由计算机硬件和软件两部分组成。硬件包括中央处理机、存储器和外部设备等，是计算机的有形部分，建立了计算机应用的物质基础。没有配备软件的计算机称为"裸机"。软件是计算机的运行程序和相应的文档，是计算机中的非有形部分，提供了发挥硬件功能的方法和手段，扩大其应用范围，并能改善人机界面，方便用户使用。硬件与软件的形象比喻为：硬件是计算机的"躯体"，软件是计算机的"灵魂"。

1.3.1　软件的概念

计算机指令是包含有操作码和地址码的一串二进制代码。其中操作码规定了操作的性质（即什么样的操作），地址码表示了操作数和操作结果的存放地址。

程序是为解决某一问题而设计的一系列有序的指令或语句（程序设计语言的语句通常包含了一系列指令）的集合。

软件是能够指挥计算机工作的程序与程序运行时所需要的数据，以及与这些程序和数据有关的文字说明和图表资料的集合，其中文字说明和图表资料又称文档。

软件是用户与硬件之间的接口界面，用户主要通过软件与计算机进行交流。软件是计算机系统设计的重要依据。为了方便用户，为了使计算机系统具有较高的总体效用，在设计计算机系统时，必须全局考虑软件与硬件的结合，以及用户的要求和软件的要求。

1.3.2　软件的分类

软件可以分为系统软件、应用软件和介于这两者之间的中间件。其中系统软件为计算机使用提供最基本的功能，不针对某一特定应用领域。而应用软件则恰好相反，不同的应用软件根据用户和所服务的领域提供不同的功能。

1. 系统软件

系统软件负责管理计算机系统中各种独立的硬件，使得它们可以协调工作，提供基本的功能，并为正在运行的应用软件提供平台。系统软件使得计算机用户和其他软件将计算机当作一个整体而不需要考虑底层每个硬件是如何工作的。而各个硬件工作的细节则由驱动程序处理。

系统软件包括操作系统（如 DOS、Linux、Mac OS、OS/2、QNX、UNIX、Windows 等）和一系列基本的工具（如编译程序、存储器格式化、文件系统管理、用户身份验证、驱动管理、网络连接等）。

2. 应用软件

应用软件是为了某种特定的用途而被开发的软件。它可以是一个特定的程序，比如一个图像浏览器；也可以是一组功能联系紧密、可以互相协作的程序的集合，如：微软的 Office 软件；还可以是一个由众多独立程序组成的庞大的软件系统，比如数据库管理系统。

常见的应用软件如下：

- 文字处理软件，如 WPS Office、Microsoft Office、Libre Office、Google Docs。
- 数据库管理软件，如 Oracle Database、SQL Server。
- 辅助设计软件，如 AutoCAD。
- 图形图像软件，如 Adobe Photoshop、Corel DRAW、MAYA、Softimage、3DS MAX。
- 网页浏览软件，如 Internet Explorer、Firefox、Chrome、Safari、Opera。
- 网络通信软件，如 QQ、Windows Live Messenger、Yahoo! Messenger。
- 影音播放软件，如 MPlayer、RealPlayer、暴风影音、风雷影音。
- 音乐播放软件，如 Winamp、千千静听、酷我音乐、酷狗音乐。
- 下载管理软件，如迅雷、Orbit、快车、QQ 旋风。

- 电子邮件客户端，如 Foxmail、ThunderBird、Windows Live Mail、Outlook Express。
- 信息安全软件，如 360 安全卫士、小红伞、卡巴斯基、诺顿杀毒、金山毒霸。

1.3.3 程序设计语言

程序设计语言（Programming Language）是一组用来定义计算机程序的语法规则。它是一种被标准化的交流技巧，用来向计算机发出指令。程序设计语言让程序员能够准确地定义计算机所需要使用的数据，并精确地定义在不同情况下所应当采取的行动。程序设计语言种类很多，总的来说可分为机器语言、汇编语言、高级语言三大类。计算机每做的一个动作，都是按照已经用程序设计语言编好的程序来执行的，程序是计算机要执行的指令的集合，控制计算机可通过程序设计语言向计算机发出命令。

1. 机器语言

机器语言是直接用二进制代码指令表示的计算机语言，是计算机唯一能直接识别、直接执行的计算机语言。因不同计算机的指令系统不同，所以机器语言程序没有通用性。

2. 汇编语言

汇编语言是用一些助记符表示指令功能的计算机语言，它和机器语言基本上是一一对应的，更便于记忆。用汇编语言编写的程序称为汇编语言源程序，需要汇编程序将源程序汇编（即"翻译"）成机器语言源程序，计算机才能执行。

汇编语言和机器语言都是面向机器的程序设计语言，一般将它们称为"低级语言"。

3. 高级语言

高级语言与具体的计算机指令系统无关，其表达方式更接近人们对求解过程或问题的描述方式。高级语言包括很多种，最流行的有 Java、C、C++、C#、Pascal、Python、Lisp、Prolog 等。使用高级语言编写的程序称为"源程序"，必须编译成目标程序，再与有关的"库程序"连接成可执行程序，才能在计算机上运行。

高级语言所编制的程序不能直接被计算机识别，必须经过转换才能被执行，按转换方式可将它们分为两类：解释型和编译型。

（1）解释型：执行方式类似于我们日常生活中的"同声翻译"，应用程序的源代码一边由解释器"翻译"成目标代码（机器语言），一边执行，因此效率比较低，不生成可独立执行的可执行文件，应用程序不能脱离其解释器。但这种方式比较灵活，可以动态地调整、修改应用程序，如 Basic 语言。

（2）编译类：编译是指在应用源程序执行之前，就将程序源代码"翻译"成目标代码（机器语言），因此其目标程序可以脱离其语言环境独立执行，使用比较方便、效率较高。但应用程序一旦需要修改，必须先修改源代码，再重新编译生成新的目标文件（*.OBJ）才能执行，它只有目标文件而没有源代码，修改很不方便。现在大多数的编程语言都是编译型的，例如 FORTRAN、C、C++、Delphi 等。

快速测试

1. 计算机系统包括哪两大部分？
2. 软件可分为哪些类型？

3．程序设计语言有哪些类型？

4．Java、C、Basic 分别属于编译型还是解释型语言？

1.4 计算机中信息的表示

计算机可以处理多种类型的数据，如数值、文字、符号、图形、图像、声音等，但计算机无法直接"理解"这些信息，计算机需要采用数字化编码的形式对这些信息进行存储、加工和传送。本节讨论数值型数据之间的转换、机器内整数的表示、字符的表示，关于声音、图形图像的表示将在多媒体技术一章讨论。

1.4.1 进位计数制

凡是按进位的方式计数的数制都被称为进位计数制，简称为进位制。数据无论使用哪种进位制表示，都涉及基数（Radix）与各位数的"权"（Weight）。基数是指该进位制中允许选用的基本数码的个数，对任意进位制数都可以写成按权展开的多项式和的形式：

$$K_{n-1} \times R^{n-1} + K_{n-2} \times R^{n-2} + \cdots K_1 \times R^1 + K_0 \times R_0 + K_{-1} \times R^{-1} + \cdots + K_{-m} \times R^{-m} = \sum_{i=-m}^{n} K_i \times R^i$$

式中

    i：数位

    m,n：正整数

    R：基数

    K_i：第 i 位数码

位置计数法的数制均有以下几个主要特点：

（1）数码个数等于基数，最大数码比基数小 1。

（2）每个数码都乘以基数的幂次，而该幂次是由数码所在的位置决定的，即"位权"，简称权。

（3）低位向高位的进位是"逢基数进 1"。

众所周知，在计算机中采用二进制计数法。但在编程时，为了书写方便，常采用八进制或者十六进制数，特别是十六进制数，因为它们和二进制数之间有一种特殊的"缩写"关系，因此得到了广泛使用。而人们日常生活最习惯使用的是十进制数，这样它们之间就存在着一种对应转换关系。

计算机采用二进制数进行运算，并可通过进制的转换将二进制数转换成人们熟悉的十进制数。在常用的转换中为了计算方便，还会用到八进制和十六进制的计数方法。

1）十进制数

日常生活中人们普遍采用十进制。十进制的特点是：

● 10 个数码：0，1，2，3，4，5，6，7，8，9。

● 逢十进一。

例如：$(169.6)_{10} = 1 \times 10^2 + 6 \times 10^1 + 9 \times 10^0 + 6 \times 10^{-1}$。

2）二进制数

计算机内部采用二进制数进行运算、存储和控制。二进制的特点是：

● 两个数码：0 和 1。

● 逢二进一。

例如：$(1010.1)_2 = 1 \times 2^3 + 0 \times 2^2 + 1 \times 2^1 + 0 \times 2^0 + 1 \times 2^{-1}$

计算机采用二进制主要有下列原因：

● 二进制只有 0 和 1 两个状态，技术上容易实现，所需的物理元件最简单；

● 二进制数运算规则简单；

● 二进制数的 0 和 1 与逻辑代数的"真"和"假"相吻合，适合于计算机进行逻辑运算；

● 二进制数与十进制数之间的转换不复杂，容易实现。

3）八进制数

八进制数的特点是：

● 8 个数码：0，1，2，3，4，5，6，7。

● 逢八进一。

例如：$(133.3)_8 = 1 \times 8^2 + 3 \times 8^1 + 3 \times 8^0 + 3 \times 8^{-1}$

4）十六进制数

十六进制数的特点是：

● 16 个数码：0，1，2，3，4，5，6，7，8，9，A，B，C，D，E，F。

● 逢十六进一。

例如：$(2A3.F)_{16} = 2 \times 16^2 + 10 \times 16^1 + 3 \times 16^0 + 15 \times 16^{-1}$

二进制、八进制、十六进制与十进制的基本对应关系如表 1.1 所示。

表 1.1 二进制、八进制和十六进制基本对应关系

二进制数（4 位）	八进制数	十六进制数	十进制数
0000	00	0	0
0001	01	1	1
0010	02	2	2
0011	03	3	3
0100	04	4	4
0101	05	5	5
0110	06	6	6
0111	07	7	7
1000	10	8	8
1001	11	9	9
1010	12	A	10
1011	13	B	11
1100	14	C	12
1101	15	D	13
1110	16	E	14
1111	17	F	15

1.4.2 数制之间的转换关系

1. 任意进制数转换成十进制数

任意进制数转换成十进制数就是该数按权展开多项式之和。

例 1.1 二进制数 $(101.1)_2$ 转换成十进制数。

$$(101.1)_2 = 1 \times 2^2 + 0 \times 2^1 + 1 \times 2^0 + 1 \times 2^{-1} = +0 + 1 + 0.5 = 5.5$$

除了用一对圆括号加下标表示不同进制的数外，也可以用加后缀的方法表示，若后缀是 B，则表示二进制数，若后缀是 O，则表示八进制数，若后缀是 D，则表示十进制数，若后缀是 H，则表示十六进制数。因此，$(101.1)_2$ 与 101.1B 是相同的含义。

2. 十进制数转换成任意进制数

整数转换是除基数取余数法，即不断用基数除以商（第一次为整数本身），直到商为 0 时为止。第一次得到的余数为最低位，最后得到的余数为最高位。

例 1.2 $(28)_{10} = (?)_2$

```
2 | 28      余数
2 | 14       0
  2 | 7       0
    2 | 3      1
      2 | 1     1
          0     1
```

最后转换的结果是 $(28)_{10} = (11100)_2$

小数转换法就是乘基数取整数法，第一次得到的整数为小数的最高位，直到十进制小数部分乘积为 0 时为止，最后得到的是转换结果的小数最末位（若出现无限循环，可按要求取小数点后指定位数即可）。

例 1.3 $(0.125)_{10} = (?)_2$

```
      0.125  取整数部分
×       2
      0.250      0
×       2
      0.500      0
×       2
      1.000      1
```

最后转换的结果是 $(0.125)_{10} = (0.001)_2$

3. 二进制、八进制和十六进制之间的转换

因为每 3 个二进制位正好对应 1 个八进制位，每 4 个二进制位可以变换成 1 个十六进制位。基本的对应关系如表 1.1 所示。

把二进制数转换成八进制或十六进制数时，按每 3 位或每 4 位二进制位分组，应保证从小数点所在位置分别向左和向右进行划分，若整数部分的位数不是 3 或 4 的整数倍，可按对整数在数的最左侧补 0 的方法处理，对小数部分则按在数的最右侧补 0 的方法处理。

例 1.4 将二进制数 $(1011011.10101)_2$ 分别转换成八进制和十六进制数。

$(1011011.10101)_2 = 001, 011, 011.101, 010 = (133.52)_8$

$(1011011.10101)_2 = 0101, 1011.1010, 1000 = (5B.A8)_{16}$

1.4.3 带符号整数的机器数表示

这里简要介绍带符号的机器数表示方法。我们知道，整数在计算机内用二进制表示，若十进制数–100 对应的二进制数为–110 0100，这个带符号的二进制数称为真值。在计算机内表示这

个有符号数时，必须将符号也数字化，通常用 0 表示正，1 表示负，放在最高位。符号数值化后的数称为机器数，机器数通常有 3 种表示方法，分别是：原码表示、反码表示和补码表示。假定机器数用 8 位表示，最高位为符号位，数值部分占 7 位，下面分别介绍这 3 种表示方法。

1. 原码表示

原码表示也叫符号幅值表示，采用的方法是：最左边的位（即高位）是数的符号，余下的位用来表示数值的绝对值（或称幅值）。

十进制数+100 的原码表示为：0110 0100。

十进制数-100 的原码表示为：1110 0100。

原码表示法有两种表示 0 的方式，+0 和–0 不同。

+0 的原码表示为：0000 0000。

–0 的原码表示为：1000 0000。

对于 8 位表示的原码机器数，真值的十进制数范围为：–127～+127。

2. 反码表示

正整数的反码表示与原码相同，而负整数的反码表示方法是将负数的原码除符号位外每位变反而得到。

十进制数+100 的反码表示为：0110 0100。

十进制数-100 的反码表示为：1001 1011。

反码表示法有两种表示 0 的方式，+0 和–0 不同。

+0 的反码表示为：0000 0000。

–0 的反码表示为：1111 1111。

对于 8 位表示的反码机器数，真值的十进制数范围为：–127～+127。

3. 补码表示

正整数的补码与原码、反码相同，而负整数的补码为其反码加 1，也可以将原码除符号位外每位变反，末位加 1 而得到。

十进制数+100 的补码表示为：0110 0100。

十进制数-100 的补码表示为：1001 1100。

补码表示法有唯一种表示 0 的方式，+0 和–0 相同，都是：0000 0000。

对于 8 位表示的补码机器数，真值的十进制数范围为：–128～+127。比原码、反码多一个数：–128。

在计算机内整数采用补码表示，它优点是运算时符号位单独处理，同时减法可以变成加法来实现，简单化了加法和减法运算。值得注意的是，补码表示的数值的范围是非对称的，负数比正数多一个。

1.4.4 字符编码

在计算机中不能直接存储英文字母或专用字符。如果想把一个字符存放到计算机内存中，就必须用二进制代码来表示。国际上流行的字符编码有 ASCII 码、Unicode 等。

1. ASCII 码

ASCII 码是美国信息交换标准码（American Standard Code for Information Interchange）的

简称。它采用 7 位二进制编码，可表示 128 个字符：10 个阿拉伯数字 0～9、52 个大小写英文字母、32 个标点符号和运算符，以及 34 个控制符。其中，0～9 的 ASCII 码为 48～57，A～Z 为 65～90，a～z 为 97～122。详细的 ASCII 码表见附录 A。ASCII 码的最大缺点是只能用于显示现代美国英语，对更多其他语言却无能为力。

2. Unicode

Unicode（统一码、万国码、单一码、标准万国码）是计算机科学领域里的一项业界标准。它对世界上大部分的文字系统进行了整理、编码，使得计算机可以用更为简化的方式来呈现和处理文字。

Unicode 随着通用字符集（Universal Character Set）的标准而发展，同时也以书本的形式对外发表。Unicode 至今仍在不断增修，每个新版本都加入更多新的字符。目前最新的版本为第六版，已收入了超过 10 万个字符（第 10 万个字符在 2005 年被采纳）。Unicode 涵盖的资料除了视觉上的字形、编码方法、标准的字符编码外，还包含了字符特性，如大小写字母。

Unicode 备受认可，并广泛地应用于计算机软件的国际化与本地化过程。有很多新科技，如可扩展置标语言、Java 编程语言，以及现代的操作系统，都采用 Unicode 编码。

3. GB2312

GB2312 或 GB2312-80 是《信息交换用汉字编码字符集·基本集》，由中国国家标准总局发布，1981 年 5 月 1 日实施。GB2312 的出现，基本满足了汉字的计算机处理需要。GB 2312 标准共收录 6763 个汉字，其中一级汉字 3755 个，二级汉字 3008 个；同时收录了包括拉丁字母、希腊字母、日文平假名及片假名字母、俄语西里尔字母在内的 682 个字符。

快速测试

1．二进制有哪几个数码？十六进制有哪几个数码？
2．$(100.1)_2$、$(100.1)_8$、$(100.1)_{16}$ 对应的十进制数分别是多少？
3．将十进制数 1000 转换为二进制数、注意，最好先将 1000 转换为十六进制数，再将十六进制数转换为二进制，这种方法比直接转换要好。
4．假定机器数用 8 位表示，最高位为符号位，数值部分占 7 位，写出-80 和+80 的原码、反码和补码表示。
5．常见的字符编码有哪些？

1.5 计算机的应用与发展趋势

计算机是一种令人惊奇的机器，很少有工具能像计算机这样执行如此之多的不同任务。无论是跟踪投资、发布邮件、建筑设计物，还是天气预报，利用计算机都可以做到，可以说是计算机应用无处不在。另外，计算机也不断向巨型化、微型化、多媒体化、网络化和智能化方向发展。

1.5.1 计算机应用的分类

1．科学计算

科学计算又称为数值计算，早期的计算机主要用于科学计算。目前，科学计算仍然是计算机应用的一个重要领域，如高能物理、工程设计、地震预测、气象预报、航天技术等。由于计算机具有极高的运算速度和精度，以及逻辑判断能力，因此出现了计算力学、计算物理、计算化学、生物控制论等新的学科。

2. 过程检测与控制

利用计算机对工业生产过程中的某些信号自动进行检测，并把检测到的数据存入计算机，再根据需要对这些数据进行处理，这样的系统称为计算机检测系统。特别是仪器仪表引进计算机技术后所构成的智能化仪器仪表，将工业自动化推向了一个更高的水平。

3. 信息管理

信息管理是目前计算机应用最广泛的一个领域，即利用计算机来加工、管理与操作任何形式的数据资料，如企业管理、物资管理、报表统计、账目计算、信息情报检索等。近年来，国内许多机构纷纷建设自己的管理信息系统（MIS）；生产企业也开始采用制造资源规划软件（MRP），商业流通领域则逐步使用电子信息交换系统（EDI），即无纸贸易。

4. 计算机辅助系统

（1）计算机辅助设计、制造、测试：用计算机辅助进行工程设计（Computer-Aided Design，CAD）、产品制造（Computer-Aided Manufacturing，CAM）、性能测试（Computer Aided Testing，CAT）。

（2）办公自动化：用计算机处理各种业务、商务；处理数据报表文件；进行各类办公业务的统计、分析和辅助决策。

（3）经济管理：国民经济管理，公司企业经济信息管理，计划与规划，分析统计，预测，决策；物资、财务、劳资、人事等管理。

（4）情报检索：图书资料、历史档案、科技资源、环境等信息检索自动化；建立各种信息系统。

（5）自动控制：工业生产过程综合自动化，工艺过程最优控制，武器控制，通信控制，交通信号控制。

（6）模式识别：应用计算机对一组事件或过程进行鉴别和分类，它们可以是文字、声音、图像等具体对象，也可以是状态、程度等抽象对象。

5. 人工智能

人工智能（Artificial Intelligence，AI）主要目的是用计算机来模拟人的智能，开发一些具有人类某些智能的应用系统，用计算机来模拟人的思维判断、推理等智能活动，使计算机具有自学习适应和逻辑推理的功能，如计算机推理、智能学习系统、专家系统、机器人等，帮助人们学习和完成某些推理工作。

6. 现今计算机应用的热点

云计算（Cloud Computing）是一种基于互联网的计算方式，通过这种方式，共享的软硬件资源和信息可以按需求提供给计算机和其他设备。人们可以用自己的浏览器访问通过因特网运行的文字处理应用，可以使用在线应用来管理自己的电子邮件，创建楼层平面图，制作演示文稿，还可以把自己的数据存储在云端，在任何一台连接到因特网的计算机上都能访问自己存储在云端的数据。

物联网（Internet of Things，IOT）是指物物相连的互联网。世界上的万事万物，小到手表、钥匙，大到汽车、楼房，只要嵌入一个微型感应芯片，都能被变得智能化。借助无线网络技术，人们就可以和物体"对话"，物体和物体之间也能"交流"。物联网行业应用将不断增长，如：智能交通、环境保护、平安家居、智能消防、工业监测、老人护理、个人健康、花卉栽培、水系监测、食品溯源等。

大数据（Big data 或 Megadata）是指所涉及的数据量规模巨大到无法通过人工在合理时间内截取、管理、处理，并整理成为人类所能解读的信息。在总数据量相同的情况下，与个别分析独立的小型数据集相比，它将各个小型数据集合并后进行分析可得出许多额外的信息和数据关系性，可用来察觉商业趋势、判定研究质量、避免疾病扩散、打击犯罪或测定实时交通路况等。

1.5.2　计算机的发展趋势

计算机发展的趋势是：巨型化、微型化、多媒体化、网络化和智能化。

1. 巨型化

巨型化是指发展高速、大储量和强功能的超大型计算机，它既能满足天文、气象、原子、核反应等尖端科学以及进一步探索新兴科学，诸如宇宙工程、生物工程的需要，也能让计算机具有人脑学习、推理的复杂功能。在目前知识信息急剧增加的情况下，记忆、存储和处理这些信息是必要的。20 世纪 70 年代中期的巨型机的计算速度每秒已达 1.5 亿次，现在则高达每秒数百亿次。美国正在计划开发每秒数百万亿次的超级计算机。

2. 微型化

因大规模、超大规模集成电路的出现，计算机微型化发展迅速。因为微型机可渗透至诸如仪表、家用电器、导弹弹头等中、小型机无法进入的区域，所以 20 世纪 80 年代以来发展异常迅速。可以想见其性能指标将进一步提高，而价格则逐渐下降。当前微机的标志是将运算部件和控制部件集成在一起，今后将逐步发展到对存储器、通道处理机、高速运算部件、图形卡、声卡的集成，进一步将系统的软件固化，达到整个微型机系统的集成。

3. 多媒体化

多媒体是"以数字技术为核心的图像、声音与计算机、通信等融为一体的信息环境"的总称。多媒体技术的目标是：无论在何时何地，只需要简单的设备就能自由地以交互和对话的方式交流信息。其实质是让人们利用计算机以更加自然、简单的方式进行交流。

4. 网络化

计算机网络是计算机技术发展中崛起的又一重要分支，是现代通信技术与计算机技术结合的产物。从单机走向联网，是计算机应用发展的必然结果。所谓计算机网络，就是在一定的地理区域内，将分布在不同地点的不同机型的计算机和专门的外部设备由通信线路互联在一起，组成一个规模大、功能强的网络系统，在网络软件的协助下，共享信息、共享软硬件和数据资源。1969 年，美国建成的阿帕网（ARPANET），已迅速发展成为今天的国际互联网Internet，把国家、地区、单位和个人联成一体，深入到每一个寻常百姓家。

5. 智能化

智能化是让计算机模拟人的感觉、行为、思维过程的机理，从而使计算机具备和人一样的思维和行为能力，形成智能型和超智能型的计算机。智能化的研究包括模式识别、物形分析、自然语言的生成和理解、定理的自动证明、自动程序设计、专家系统、学习系统、智能机器人等。人工智能的研究使计算机远远突破了"计算"的最初含义，从本质上拓宽了计算机的能力，可以越来越多地、更好地代替或超越人的脑力劳动。

目前还处于研制阶段的采用光器件的光子计算机和采用生物器件的生物计算机是迄今为止最新的一代计算机，它们从本质上已经超越了"电子计算机"的含义。生物计算机的存储能力巨大，处理速度极快，能量消耗极低，而总体具有模拟人脑的能力，有人称之为未来型计算机。

快速测试

1. 天气预报系统属于哪类计算机应用领域？
2. 列举几个你在生活中见到的计算机应用实例。

习　　题

一、术语解释

ENIAC、ALU、CU、IC、ULSI、CPU、ASCII、CAD、AI、IT

二、选择题

1. 一般认为，世界上第一台电子数字计算机诞生于（　　）。

　　A. 1946 年　　　　　　B. 1952 年　　　　　　C. 1959 年　　　　　　D. 1962 年

2. 计算机硬件系统的主要组成部件有五大部分，下列各项中不属于这五大部分的是（　　）。

　　A. 运算器　　　　　　B. 软件　　　　　　C. I/O 设备　　　　　　D. 控制器

3. 断电后，会使存储的数据丢失的存储器是（　　）。

　　A. RAM　　　　　　B. 硬盘　　　　　　C. ROM　　　　　　D. 软盘

4. 计算机软件一般分为系统软件和应用软件两大类，不属于系统软件的是（　　）。

　　A. 操作系统　　　　　B. 数据库管理系统　　　C. 客户管理系统　　　D. 语言处理程序

5. 计算机当前已应用于各种行业、各种领域，而计算机最早的设计是针对（　　）。

　　A. 数据处理　　　　　B. 科学计算　　　　　C. 辅助设计　　　　　D. 过程控制

6. 计算机有多种技术指标，而决定计算机的计算精度的则是（　　）。

　　A. 运算速度　　　　　B. 字长　　　　　　C. 存储容量　　　　　D. 进位数制

7. 在下面关于计算机内部采用二进制形式存储数据的说法中，不正确的是（　　）。

　　A. 计算方式简单　　　　　　　　　　　　B. 二进制在物理上容易实现

　　C. 用二进制表示数值直观、简洁　　　　　D. 与逻辑电路硬件相适应

8. 二进制数 10110001 相对应的十进制数应是（　　）。

　　A. 123　　　　　　　B. 167　　　　　　　C. 179　　　　　　　D. 177

9. 十进制数 160 相对应的二进制数应是（　　）。

　　A. 10010000　　　　B. 01110000　　　　C. 10101010　　　　D. 10100000

10. 汉字国标码（GB2312-80）规定每个汉字占两个字节，每个字节的最高位都是 0。一个 16×16 的汉字字形码占（　　）个字节。

A. 2   B. 4   C. 16   D. 32

11. 微型计算机的微处理器芯片上集成的是（   ）。

　　A. 控制器和运算器　　B. 控制器和存储器　　C. CPU 和控制器　　D. 运算器和 I/O 接口

12. 保持微型计算机正常运行必不可少的输入输出设备是（   ）。

　　A. 键盘和鼠标　　　　B. 显示器和打印机　　C. 键盘和显示器　　D. 鼠标和扫描仪

13. 在计算机程序设计语言中，可以直接被计算机识别并执行的只有（   ）。

　　A. 机器语言　　　　　B. 汇编语言　　　　　C. 算法语言　　　　D. 高级语言

14. 计算机系统中，最贴近硬件的系统软件是（   ）。

　　A. 语言处理程序　　　B. 数据库管理系统　　C. 服务性程序　　　D. 操作系统

15. 在计算机中，信息的最小单位是（   ）。

　　A. 字节　　　　　　　B. 二进制位　　　　　C. 字　　　　　　　D. KB

16. "深蓝"战胜国际象棋大师，是计算机在（   ）方面的应用。

　　A. 多媒体技术　　　　B. 过程控制　　　　　C. 计算机辅助设计　　D. 人工智能

17. 计算机由（   ）控制。

　　A. 硬件　　　　　　　B. 信息　　　　　　　C. 指令　　　　　　D. 数据

18. 下列（   ）属于功能强大的个人计算机，而且深受工程师等专业人员的青睐。

　　A. 工作站　　　　　　B. 笔记本计算机　　　C. 大型计算机　　　D. 超级计算机机

三、简答题

1. 什么是计算机？计算机的特点是什么？

2. 计算机的发展经历了哪几代？各以什么器件为其主要特征？

3. 计算机有哪些方面的应用？请举例说明。

4. 列出 6 种个人使用的计算机。

5. 什么是冯·诺依曼原理？

6. 简述计算机的五大部件及其功能。

7. 计算机系统由哪几部分组成？

8. 假定机器数用 16 位表示，最高位为符号位，数值部分占 15 位，写出-180 和+180 的原码、反码和补码表示。

四、填空题

1. 二进制数 11101.010 转换成十进制数是_____。

2. 十进制数 125.5 转换成二进制数是_____，转换成八进制数是_____，转换成十六进制数是_____。

3. 十六进制数 A7.123BD 转换成二进制数是_____，转换成八进制数是_____。

4. 计算机中存储一个汉字内码占用_____个字节，存储一个 ASCII 字符占用_____个字节。

5. 已知字母 C 的 ASCII 码的二进制形式为 0100 0011，字符 G 对应的 ASCII 码的十六进制表示是_____。

第2章　计算机硬件组成

本章介绍计算机硬件系统组成，主要包括：分析运算器和控制器的功能，说明存储器的分类（内存储器和外存储器）及各类存储器的功能，介绍常见的输入设备/输出设备，包括键盘、鼠标、显示器、打印机等，最后介绍了总线及常见总线标准。

2.1　计算机硬件组成结构

2.1.1　桌面计算机的外观组成

计算机硬件（Computer Hardware）是计算机系统中由电子、机械和光电元件等组成的各种物理装置的总称，这些物理装置按系统结构的要求构成一个有机整体，为计算机软件运行提供物质基础。计算机硬件的功能是输入并存储程序和数据，以及执行程序，把数据加工成可以利用的形式。

从外观上来看，桌面计算机由主机箱和外部设备组成，如图2.1所示。

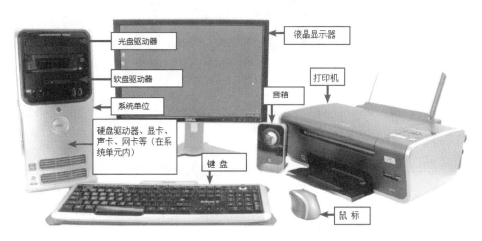

图 2.1　桌面计算机的基本组成

主机箱是一个相对封闭的空间，箱体一般由钢或铝等金属制成，内部安放与固定了CPU、内存、主板、硬盘驱动器、光盘驱动器、显卡、声卡、网卡、连接线、电源等硬件设备。机箱设有许多通风口，以促进箱内空气流动，防止内部温度过高。

外部设备包括鼠标、键盘、显示器、音箱等，这些设备通过接口和连接线与主机相连。

2.1.2　系统主板

主板，又叫主机板（Mainboard）、系统板、母板。它安装在机箱内，是微机最基本的也是最重要的部件之一，图2.2是LGA 1366主板，包含南桥和北桥。典型的主板能提供一系列接合点，供处理器、显卡、声效卡、硬盘、存储器、对外设备等设备接合。它们通常直接插入对应的插槽，或用线缆连接。主板上最重要的构成组件是芯片组（Chipset），而芯片组通常由北桥和南桥组成，也有些以单片机设计，以增强其性能。这些芯片组为主板提供一个通用平台，供不同设备连接，控制不同设备的沟通。它亦包含对不同扩充插槽的支持，例如处理器、PCI、ISA、AGP 和 PCI Express。芯片组亦为主板提供额外功能，例如集成显核、集成声效卡（也称内置显核和内置声卡）。一些主板也集成红外通信技术、蓝牙和 802.11（WiFi）等功能。

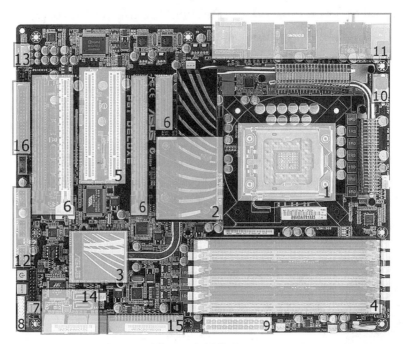

图 2.2　主板外形

2.1.3　计算机硬件的逻辑组成

从逻辑上（功能上）讲，计算机是以某种方式与其外部环境交互的实体，通常，它与外部环境的所有连接可以划分为外围设备和通信线路。计算机硬件主要包括中央处理器、主存储器、外部设备和各类总线等。计算机本身的内部结构包括 4 种主要组件：

（1）中央处理器（Central Processing Unit，CPU）：它控制计算机的操作并且执行数据处理功能。

（2）主存储器（也称为内存）：用来存储正在执行的程序和数据。当程序运行时，程序和数据从外存（如磁盘）调入内存。

（3）I/O（Input/Output）设备：用来在计算机及其外部环境之间传输数据。

（4）系统互连：为 CPU、主存储器和 I/O 之间提供一些通信机制。系统互连常见的例子是系统总线（system bus），系统总线是用来连接 CPU、内存、外存和各种输入输出设施并协调它们工作的一个控制部件，其主要组成部分是用于在各部件间运载信息的一组（或多组）公用的传输线。

图 2.3 中除了系统总线以外，还包括存储总线、I/O 总线。I/O 设备（如键盘、鼠标、显示器、磁盘等）通过 I/O 接口（USB 控制器、图形适配器、磁盘控制器）与 I/O 总线相连。

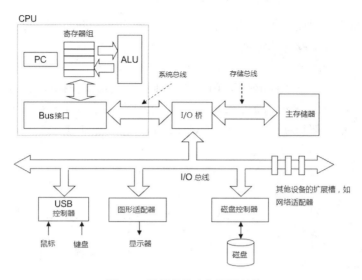

图 2.3　计算机的内部逻辑结构

快速测试

1．微机硬件系统包括哪些组成部分？
2．主机板主要包括哪些组件？
3．系统总线的作用是什么？

2.2　中央处理器

中央处理器是计算机的大脑，其任务是从内存中获取指令并对指令进行译码，然后按照程序规定的顺序对正确的数据执行各种操作。CPU 可分为两部分。

1．数据通道

数据通道是由存储单元（寄存器）和算术逻辑单元（Arithmetic Logic Unit，ALU，对数据执行各种操作）所组成的网络，这些组件是通过总线（总线是传递数据的电子线路）连接起来，并利用时钟来控制时序。

2．控制单元

控制单元（Control Unit，CU）负责对各种操作进行排序，并保证各种正确的数据适时地出现在所需的地方。CPU 与系统总线的关系及 CPU 的内部结构如图 2.4 所示。

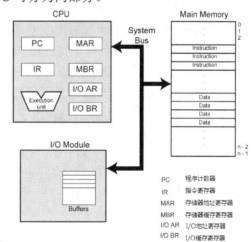

图 2.4　系统总线与各部件的关系

2.2.1　寄存器

CPU 内部用寄存器组存储数据、地址或控制信息。某些寄存器有专门的用途，或只能用与存放地址，或只用于存储各种控制信息。而其他一些寄存器则属于通用类型，可以在不同时刻分别保存数据、地址或控制信息。

CPU 至少有以下几类寄存器：

（1）指令寄存器 IR（Instruction Register），用来保存当前正在执行的一条指令。

（2）程序计数器 PC（Program Counter），又称指令计数器，用来存放下一条将要执行的指令的地址。多数指令都是顺序执行的，所以 PC 具有自动加 1 的功能。若遇到转移指令如 JMP 时，则后继指令的地址必须从指令寄存器中的地址字段取得。

（3）数据地址寄存器 MAR（Memory Address Register），用来保存当前 CPU 所访问的数据 Cache 存储器中单元的地址。

（4）数据缓冲寄存器 MDR（Memory Buffer Register），用来暂时存放 ALU 运算结果、由数据存储器读出的一个数据字以及来自外部接口的一个数据字。其作用是：作为 ALU 运算结果和通用寄存器之间信息传送中时间上的缓冲，补偿 CPU 与内存、外围设备之间在操作速度上的差别。

（5）通用寄存器组，当算术逻辑单元 ALU 执行算术或逻辑运算时，为 ALU 提供一个工作区，例如存放运算的结果。

（6）状态字寄存器 PSW（Program Status Word），用来保存由算术指令和逻辑指令运算或测试结果建立的各种条件代码，如运算结果进位标志（C），运算结果溢出标志（V），运算结果为零标志（Z），运算结果为负标志（N）等。此外，状态条件寄存器还保存中断和系统工作状态信息。

2.2.2　运算器

运算器主要由算术逻辑单元（arithmetic logic unit，ALU）、寄存器（包括通用寄存器、暂存寄存器、标志寄存器等）以及一些控制数据传送的电路组成。

算术逻辑单元在程序执行过程中用于对数据进行加、减、乘、除等基本算术运算，以及与、或、非等逻辑运算。通过控制单元发出的信号，控制 ALU 执行各种规定的运算，不断得到由存储器提供的数据，运算后把结果（含中间结果）送回存储器保存起来。运算过程是在控制器统一指挥下，按程序中编排的操作次序进行的。

寄存器是运算器中的数据暂存器，在运算器中往往设置多个寄存器，每个寄存器能够保存一个数据。寄存器可以直接为算术逻辑单元提供参加运算的数据，运算的中间结果也可以保存在寄存器中。简单运算过程可以在运算器内部完成，避免了频繁地访问存储器，从而提高了运算速度。

运算器中还设有标志寄存器，它用来存放运算结果的特征，如进位标志（C）、零标志（Z）、符号标志（S）等。在不同的机器中，标志寄存器的标志位有不同的规定。

2.2.3　控制器

控制器是计算机的控制中心，计算机的工作就是在控制器的控制下有条不紊地协调进行的。控制器通过地址访问内存储器，逐条取出选中单元的指令，然后分析指令，并根据指令产生相应的控制信号作用于其他部件，控制这些部件完成指令所要求的操作。上述过程周而复始，保证了计算机能自动、连续地工作。

控制器主要由 PC、IR、指令译码器（instruction decoder，ID）、时序电路及操作控制器等电路组成。控制器控制所有指令的执行过程，一条指令执行过程包括取指、译码、执行 3 个子周期。CPU 首先提取一条指令，即将指令从主存储器转移到指令寄存器，接着对指令进行译码，即确定指令的操作码和提取执行该指令所需的数据，然后执行这条指令。当一个程序最初被装入 CPU 中时，第一条指令的地址也被装入 PC 中。具体执行步骤如下：

（1）将 PC 中的内容复制到 MAR，MAR→PC。

（2）CPU 转向主存储器，提取由 MAR 给出的地址单元中的指令，并将该指令放入指令寄存器 IR 中，同时 PC 自动加 1（假定主存是按字编址的，PC 增 1 则为下一个字的地址）。

（3）对 IR 指令进行译码，以确定操作。

（4）如果需要，CPU 将使用 MAR 中的地址转向存储器提取数据，并将该数据放入 MBR 中，然后执行该指令。

2.2.4　CPU 的性能指标

每台计算机都有一个内部时钟，该时钟以固定速度发射电子脉冲。这些脉冲用于控制和同步各种操作的步调。时钟速度越快，它在给定时间段内执行的指令就越多。时钟速度的计量单位是赫兹（Hz），1 赫兹相当于每秒 1 个脉冲。计算机的时钟速度通常是以兆赫（MHz）来表示的（1MHz 就是 100 万 Hz）。CPU 的速度在不断提高，Intel 公司的奔腾 3 处理器的运行速度是 500MHz 左右，而奔腾 4 处理器的运行速度大约是 3GHz。

通常把计算机一次所能处理的数据的最大位数称为该机器的字长。机器字长越长，一次所处理的信息越多，计算精度越高。机器字长是 CPU 性能的一个重要标志。

为提高计算机的处理性能，现在采用多核心处理器。多核心中央处理器是在中央处理器芯片或封装中包含多个处理器核心，核心数目多为偶数，一般共用二级缓存。如今使用双核心和四核心以上处理器的个人计算机已相当普遍。另外也有少数三核心、六核心、八核心、十核心处理器等。如图 2.5 所示为一个多核 CPU 图片。

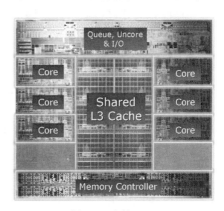

图 2.5　多核 CPU

快速测试

1. CPU 包括哪些组成部分？
2. CPU 主要包括哪些性能指标？
3. 控制器中的 PC、IR 寄存器是用来做什么？

2.3　存　储　系　统

计算机系统的一个重要特征是具有极强的"记忆"能力，能够把大量程序和数据存储起来。存储器是计算机系统内最主要的记忆装置，既能接收计算机内的信息（数据和程序），又能保存信息，还可以根据命令读取已保存的信息。实际上计算机存储器系统不是一个单一的存储器，而是一个具有不同容量、成本和访问时间的存储设备的层次结构，主要由 CPU、高速缓存存储器（Cache）、主存、磁盘构成，一个存储器层次是下一层次的缓存，如图 2.6 所示。

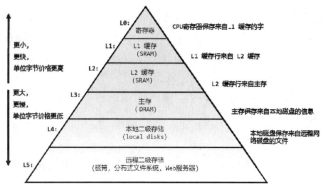

图 2.6 存储器的多层次结构及其关系

2.3.1 内存

内存直接与 CPU 相连，可由 CPU 直接读写信息，是 CPU 能根据地址线直接寻址的存储空间。它一般用来存放正在执行的程序或正在处理的数据。由于内存的数据交换非常频繁，因此内存的速度会直接影响整机的性能。

目前各类计算机的内存普遍采用半导体存储器，按读写功能来划分，半导体存储器可分为随机存储器和只读存储器。

1. 随机存储器

随机存取存储器（Random Access Memory，RAM），其特点是可以读写，存取任一单元所需的时间相同，通电时存储器内的内容可以保持，断电后存储的内容立即消失。

RAM 可分为动态（Dynamic RAM）和静态（Static RAM）两大类。

动态随机存储器 DRAM 是用 MOS 电路和电容作存储元件（如图 2.7 左图所示）。由于电容会放电，所以需要定时充电，以维持存储内容的正确，如每隔 2ms 刷新一次，因此称为动态存储器。

静态随机存储器 SRAM 是用双极型电路或 MOS 电路的触发器作存储元件（如图 2.7 右图所示），它没有电容放电造成的刷新问题，只要有电源正常供电，触发器就能稳定地存储数据。

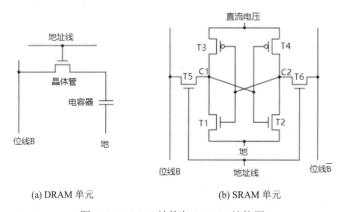

(a) DRAM 单元   (b) SRAM 单元

图 2.7 DRAM 结构与 SRAM 结构图

SRAM 由 D 触发器电路构成，SRAM 速度比 DRAM 快。但是 DRAM 的存储密度高，功耗小。因此，DRAM 用作主存储器，而 SRAM 用作高速缓存存储器。DRAM 的特点是集成密度高，主要用于大容量存储器。SRAM 的特点是存取速度快，主要用于缓冲存储器。

2. 只读存储器

除了 RAM 存储器外，大部分计算机系统还使用了一定数目的 ROM（Read Only Memory，ROM）存储器来存放一些运行计算机系统所需要的关键信息。ROM 属于非易失性的存储器，它只能读出原有的内容，不能由用户再写入新内容。其中存储的内容由厂家一次性写入并永久保存。

有 5 种不同类型的 ROM 存储器：ROM、PROM、EPROM、EEPROM 和闪存。

- PROM（ProgrammableROM）称为可编程只读存储器，它是 ROM 的一种改进类型。
- EPROM（Erasable ProgrammableROM）为可擦除 PROM（利用紫外线擦除），是一种可重复编程的可编程存储器。
- EEPROM（Electrically Erasable ProgrammableROM）是电可擦除 PROM。
- 闪存（Flash Memory）本质上也是一种 EEPROM，支持按块来擦写数据。

3. 存储容量的计算

存储器中存储信息最基本的单位是一个二进制位（0 或 1），内存储器通常按字节（英文单词为 Byte，一个字节等于 8 个二进制位，简写为 B）编址，因此它是存储器的容量最基本的存取单位。除用字节表示存储容量外，还用 KB、MB、GB、TB 作为存储容量单位，它们的关系为：

$1B = 8bit$　　$1KB = 2^{10}B = 1024B$　　$1MB = 2^{10}KB = 1024KB$

$1GB = 2^{10}MB = 1024MB$　　$1TB = 2^{10}GB = 1024GB$

2.3.2 Cache

CPU 的运行速度一般比主存的读取速度快，主存储器周期（访问主存储器所需要的时间）包括几个时钟周期。由于 CPU 的速度比内存和硬盘的速度要快得多，在从主存中访问数据时会使 CPU 等待，从而影响计算机的速度，造成 CPU 资源的浪费。Cache 采用存取速度较快的 SRAM 技术，使数据存取的速度适应 CPU 的处理速度，当 CPU 处理数据时，先到 Cache 中去寻找，若所访问的数据已存入 Cache，则 CPU 不需要再从主存中读取数据。

Cache 基于"程序执行与数据访问的局域性"原理，即在一定程序执行时间和空间内，被访问的指令集中于一部分。为了充分发挥高速缓存的作用，不仅依靠"暂存刚刚访问过的数据"，还要使用硬件实现的指令预测与数据预取技术，尽可能把将要使用的数据预先从内存中取到 Cache 中。Cache 的设置正是计算思维方法的体现。

有了 Cache，可以先把数据预写到其中，需要时直接从它读出，这就缩短了 CPU 的等待时间。先将内存中频繁使用的数据放入 Cache，CPU 要访问这些数据时，就会先到 Cache 中去找，从而提高整体的运行速度。

CPU 请求的数据就驻留 Cache，则称为命中；CPU 请求的数据不在 Cache 中，则成为缺失。访问 Cache 时，CPU 找到所需数据的百分比称为命中率，CPU 找不到的百分比称为缺失率。

例 2.1　假设 CPU 执行某段程序时，共访问 Cache 1000 次，访问主存 20 次。已知 Cache 的存取周期为 20ns，主存的存取周期为 100ns。求 Cache－主存系统的命中率、平均访问时间。

解：

（1）Cache 的命中率为 1000/(1000+20) = 0.98

（2）平均访问时间 = 20ns×0.98＋100ns×(1–0.98) = 41.2ns

高速缓存曾经是用在超级计算机上的一种高级技术，现在普通个人计算机上的微处理器芯片内都集成了大小不等的数据高速缓存和指令高速缓存。Intel 486 CPU 有 8K 的高速缓存，

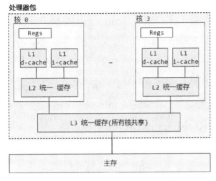

图 2.8　Intel Core i7 Cache 的结构图

Intel Pentium 有 16K 的高速缓存，Pentium II 有 32K 一级缓存（L1 Cache）。如图 2.8 所示为 Intel Core i7 Cache 的结构图，它带有三级高速缓存，L1 指令 Cache 和数据 Cache 分别为 32KB，L2 统一 Cache 为 256KB，L3 统一 Cache 为 8MB。

2.3.3　外部存储器

外部存储设备主要有以下 4 种类型：磁盘驱动器（硬盘）、光盘驱动器 ［只读光盘（CD-R）、可擦写光盘（CD-RW）和数字化视频磁盘（DVD）］、磁带驱动器、USB 闪存驱动器。

1.　硬盘

硬盘包括控制电路和一个或多个金属或玻璃盘片（称为盘片），每张盘片都有一个悬浮在其上方几微英寸（1 英寸的百万分之一）处的读写头，读写头通常安装在一个旋转的磁盘驱动臂上，读写头通过磁化盘片上的微粒写入数据，并通过感应微粒的磁极读取数据。对于一个堆叠的磁盘结构，磁盘上的各个磁道上下一一对应，形成一个圆柱面。硬盘的可用面上都有一个磁头，硬盘磁头从不会触及磁盘的表面，而是悬浮在磁盘表面的上方。

寻道时间是指磁盘驱动臂定位到指定的磁道上所需的时间。一些高性能磁盘驱动器会在磁盘的每个可用面的每个磁道上都提供一个读写头，这样可以消除寻道时间。

旋转延迟是读写头定位到指定的扇区上方所需要的时间。旋转延迟时间和寻道时间的和称为存取时间。将存取时间与从磁盘上实际读取数据所需要的时间相加，就得到了传输时间。

为了防止污垢接触盘片而造成磁头碰撞，硬盘被封装在盒子里。在使用硬盘时，震动硬盘也会造成磁头碰撞。虽然近年来硬盘确实更坚固了，但搬动和运输它们时仍需小心。用户还应备份硬盘中存储的数据，以防磁头碰撞造成的数据损坏。

硬盘的性能指标主要包括存储容量和转速（每分钟的转数），如"1TB 8ms 7200 转/分的硬盘"表示硬盘驱动器有 1TB 的容量，访问时间是 8 毫秒，而且速度是每分钟 7200 转。

2.　光盘

CD（Compact Disc，光盘）技术起初是为存放 74 分钟的录制音乐而设计的，能为计算机数据提供 650MB 的存储空间。改进后的 CD 标准将容量增加到 80 分钟的音乐或 700MB 的数据。

DVD（Digital Video Disc，数字视频光盘；或 Digital Versatile Disc，数字多用途光盘）是 CD 技术的变体。最初 DVD 的标准容量是 4.7GB（4700MB），大约是 CD 容量的 7 倍。DVD 技术不断改进，双层 DVD 在同一面上有两个可记录层，可存储 8.5GB 的数据。

蓝光（Blu-ray）是指一种高容量存储技术，它的每个记录层都具有 25GB 的容量。蓝光技术的名称来源于用来读取蓝光光盘数据的蓝紫色激光。DVD 技术使用的是红色激光，而 CD 技术使用了近红外线激光。

CD、DVD 和蓝光存储技术都属于光存储，它们通过光盘表面的微光点和暗点存储数据。暗点称为凹点，盘片上没有凹点的更亮的平面区域则称为平面。每个凹点的直径都小于 1 微米（百万分之一米），1500 个凹点挨个排列起来大约只有钉头那么宽。光驱动器有一个使光盘绕着激光透镜旋转的轴。激光透镜可将激光束投射到光盘的下面。由于光盘表面上暗的"凹点"和亮的"平面"反射的光不同，随着透镜读取光盘，这些不同的反射光便转换为表示数据的 0 和 1 序列。

光盘的表面涂有一层明亮的塑料，使得光盘持久耐用，而且让存储在光盘上的数据比存储在磁介质上的数据更不易受外界环境灾害的影响。光盘（如 CD）不会受到潮湿、指纹、灰尘、磁铁或饮料滴溅的影响。光盘表面的划痕可能会影响数据传输，但可以使用牙膏对光盘表面进行抛光，这可以在不损坏光盘数据的前提下去除划痕。光盘的使用寿命通常在 30 年以上。

最初的 CD 驱动器能以 150KB/s 的速率访问数据。它的下一代驱动器使数据传输速率加倍，因而称为"2×"（×表示倍数）驱动器。52× 的 CD 驱动器传输速率是 7800KB/s，但这与传输速率平均为 57 000KB/s 的硬盘驱动器相比仍然非常慢。

3. 磁带

磁带（tape）主要用于备份数据和程序。不同于磁盘和光盘，磁带是顺序存储信息的。计算机必须按照信息被存储的顺序来获取信息。磁带速度非常慢。备份 1GB 的硬盘需要一两个小时。新的趋势是使用闪存或者外挂硬盘来备份数据。

4. 固态存储器

固态存储器（有时也叫做"闪存"）是能将数据存储到可擦除和可重写的电路（而不是存储到旋转的磁盘或一长串磁带）上的技术。它广泛应用于如数码相机、便携式媒体播放器、iPad 和手机之类的消费型便携式设备中。它还可用在某些笔记本电脑和上网本上，作为硬盘存储器的替代品。固态存储器包括：存储卡、固态硬盘和 U 盘。

存储卡是一块平整的固态存储介质，常用于从数码相机和媒体播放器向计算机传输文件。将其称为内存卡，可能会让用户认为这与随机访问存储器（RAM）是类似的，但这些内存卡是不易失存的，将它们从计算机和其他设备中取出，数据不会丢失。

固态硬盘（Solid State Drive，SSD）是一种可以替代硬盘驱动器的设备，它由一系列闪存芯片构成。SSD 广泛用作手持计算机（如 iPhone 和 iPad）的主存储设备。一些笔记本电脑和上网本也使用 SSD 替代了硬盘驱动器。

U 盘（USB flash drive）是一种便携式存储设备，可以利用内置的接口直接插到计算机的系统单元上。U 盘体积小，且结实耐用，可以直接挂在钥匙链上。U 盘的容量从 16MB 到 256GB 不等，平均能以 10～35MB/s 的速度传输数据。存储在 U 盘上的文件可以直接打开、编辑、删除和运行，Windows 会检测 U 盘并显示"自动播放"窗口，这样用户就能够快速访问文件了。

快速测试

1. DRAM 与 SRAM 的区别是什么？
2. ROM 包括哪些类型？
3. CD 光盘的最大容量是多少？DVD 盘片单面的最大容量是多少？
4. 闪存是什么？有什么特点？

2.4 常见输入/输出设备

用户是通过输入设备和输出设备与计算机进行通信的。通常，输入设备是指键盘（keyboard）和鼠标（mouse），而输出设备是指显示器（monitor）和打印机（printer）。

2.4.1 键盘

计算机键盘是计算机的重要输入设备之一，是向计算机输入文本及其他数据的首要方式。计算机键盘包含打字机上的所有字母和数字键，还包含一些执行特殊功能的键。

Esc 键位于键盘的左上方，是英文单词 Escape 的缩写。在 Windows 程序中，可使用 Esc 键在命令执行前取消命令。当对话框打开时，按 Esc 键的效果和单击 Cancel（取消）按钮相同。这个动作将关闭对话框，并忽略在对话框中所作的修改。

功能键（function key）位于键盘的最上方，都是以 F 为前缀。它们的功能取决于软件的设置。功能键通常作为程序功能或命令的快捷方式。例如，在许多 Windows 程序中，按 F1 键可以启动在线帮助系统。

Shift、Ctrl（控制）和 Alt（换挡）键称为修改键，这些键和其他键组合使用时，可以发出命令。例如，在许多程序中，按 Ctrl+S（按住 Ctrl 键的同时按 S 键）将把打开的文档保存到磁盘中。

Enter 键又称为"回车键"，是键盘上被用得较多的按键之一。在 Windows 中，回车键有两个作用，一是确认输入的执行命令，二是在文字处理中起换行的作用，在字处理程序等应用程序中创建段落。

方向键（arrow key）位于主键盘和数字小键盘之间，用于上下左右地移动光标。在任何 Windows 应用程序中，一个闪动的竖条（称为光标或插入点）表示下一个字符出现的位置，使用光标移动键可把光标移动到不同的位置，按照箭头指示的方向向上、下、左、右移动光标。

Del 键可以擦除光标右边的字符，退格键可以擦除光标左边的字符。在许多应用程序中，Home 和 End 键可以把光标移动到一行的开始或末尾，在与修改键组合使用时，可以把光标移动到更远的位置。插入键（Insert）、删除键（Delete）、向上翻页键（Page Up）和向下翻页键（Page Down）都位于方向键的上方，分别用来在字处理过程中完成插入、删除、向上翻页和向下翻页的功能。使用 Page Up 和 Page Down 键可以在一个文档中快速滚动、一次向前或向后滚动一个屏幕。

2.4.2 鼠标

鼠标是定点设备，因形似老鼠而得名"鼠标"，是用来在屏幕上移动光标的电子指针，或者用于点击屏幕上的对象来触发它以响应这个动作。利用鼠标可以轻松地操作计算机，Windows 和基于 Windows 的程序都是面向鼠标的，利用鼠标可以完成这些程序的功能和命令。

通常，鼠标的左按钮是主按钮，单击这个按钮可以选择命令和执行其他任务。右按钮将打开特殊的"快捷菜单"，其内容取决于正在使用的程序。

（1）单击对象时，首先指向这个对象，然后快速按下和释放左按钮一次。通常，单击对象即可选中该对象，或者告诉 Windows 用户对这个对象执行的动作。

（2）双击对象时，首先指向这个对象，然后快速按下和释放左按钮两次。通常，双击一个对象将选中和激活这个对象。例如，在桌面上双击一个程序的图标时，将启动执行这个程序。

（3）右击对象时，首先指向这个对象，然后快速按下和释放右按钮一次。通常，右击一个对象将打开一个快捷菜单，其中的选项可以用来处理这个对象。

（4）可以使用鼠标在屏幕上移动对象。例如，可把一个图标移动到 Windows 桌面上的不同位置。这个过程通常被称为拖放编辑。要拖动一个对象，首先需要指向这个对象，然后按住鼠标的左按钮，把这个对象拖到期望的位置，然后释放鼠标按钮。

2.4.3 显示器

显示器是主要的输出设备，用于显示图像及色彩。计算机显示设备常用的技术有两种：LCD 和 LED。液晶显示器（Liquid Crystal Display，LCD）通过过滤经过一层液体晶状单元的光线产生图像，LCD 是笔记本电脑的标准设备，LCD 显示器的优点是显示清晰、辐射低、便于移动且结构紧凑。

在标准的 LCD 显示器中，光源通常是一些冷阴极荧光灯管（Cold Cathode Fluorescent Lamp，CCFL），这种灯管不环保。现在 CCFL 背光技术正逐渐被低功耗的发光二极管（Light-Emitting Diode，LED）替代。使用这种技术的计算机显示器称为 LED 显示器。

图像质量取决于屏幕尺寸、点距、视角宽度、响应速率、分辨率和色深。屏幕尺寸是从屏幕的一个角到其对角的长度，用英寸度量。屏幕的尺寸各异，小至上网本的 11 英寸，大到家庭娱乐系统的 60 英寸及以上（1 英寸为 2.54 厘米）。

点距（dot pitch，dp）是度量图像清晰度的一种方式。点距越小意味着图像越清晰。从技术角度来讲，点距是带有颜色的像素点之间的距离，点距以毫米为单位，而像素是形成图像的小光点。现在显示设备的点距一般为 0.23～0.26 毫米。

显示设备的视角宽度指出了观察者在距离显示器侧面多远的地方仍能够清晰地看到屏幕图像。有了 170 度或更大的视角宽度，就可以在不妨碍图像质量的情况下从多种位置观看屏幕。

响应速率（response rate）是指一个像素点从黑色变为白色再变回黑色所需的时间。有着较快响应速率的显示设备在显示运动物体时图像也很清晰，基本不会出现模糊或"拖影"现象。响应速率是按毫秒（ms）度量的。对游戏系统而言，响应速率要在 5ms 或者 5ms 以下。

显示器可以显示的颜色数量称为色深或位深。大多数 PC 机的显示设备能显示数百万种颜色。将色深设为 24 位（有时称为"真彩色"）时，PC 机可以显示 1600 万种颜色，并且可以产生被视为照片级质量的图像。

屏幕分辨率（screen resolution）是指显示设备屏幕上水平像素和垂直像素的总数目。标准分辨率是 4∶3 的宽高比，宽屏显示器的宽高比是 16∶9。分辨率可以手工设置，分辨率越高，图像越锐化、越清晰。大多数显示器都有推荐分辨率，在该分辨率下图像和文本是最清晰的。

除了显示器外，计算机显示系统还需要用图形电路（显卡）生成用来在屏幕上显示图像的信号。"集成显卡"内置在主板上的图形电路，而独立显卡则位于小型电路板上的图形电路。显卡一般会含有图形处理单元（Graphics Processing Unit，GPU）和专用的视频内存（一般称为"显存"），显存可以存储正在处理而未被显示的屏幕图像。大量的显存是进行快速的动作游戏、三维建模和图形密集型桌面出版时快速更新屏幕的关键。

2.4.4 打印机

打印机是最流行的个人计算机输出设备之一。当今最畅销的打印机一般使用喷墨或激光技术，而且是一种兼具扫描仪、复印机和传真机功能的多功能设备。

喷墨打印机使用喷嘴状的打印头将墨滴喷射到纸上，从而形成字符和图形。彩色喷墨打印机的打印头由一系列的喷嘴组成，每个喷嘴都有自己的墨盒。大多数喷墨打印机使用了 CMYK 色彩。CMYK 色彩只使用靛青色（蓝）、洋红色（粉红）、黄色和黑色墨水来产生数千种颜色的输出。有些打印机选择使用 6 色或 8 色的墨水来打印，这样便可产生中间色调的阴影，从而产生更加逼真一些的照片级图像。

喷墨打印机比其他类型的打印机更畅销，因为它们价格便宜，而且能产生彩色和黑白的打印输出，多用在家庭和小型企业中。很多照片打印机也利用了喷墨技术，照片打印机是针对打印由数码相机和扫描仪产生的高质量图像的功能进行过优化的打印设备。

激光打印机采用与复印机相同的技术，将光点印在光感鼓膜上，经过静电充电的墨水被放置到鼓膜上，然后再转印到纸上。激光技术比喷墨技术更复杂，激光打印机的价格比较高。普通的激光打印机只能产生黑白打印输出。彩色的激光打印机比普通的黑白激光打印机要贵得多。激光打印机通常作为商用打印机，特别是应用于需要打印大量文件材料的企业。

点阵打印机利用纤细的金属丝网格产生字符和图形。随着打印头带着"咔嗒咔嗒"的噪声与纸张接触，金属丝敲击色带，便在纸上产生出 PC 机所要求的图案。点阵打印机能打印文本和图形，有些甚至能使用彩色色带来打印。现在，点阵打印机主要作为"后勤"应用，它的运营成本低且可靠，不过打印质量不高。点阵打印机与激光打印和喷墨打印技术不同，由于它会实际击打纸张，因此能在复写纸上打印。

快速测试

1．键盘上 Delete 键与 BackSpace 键有何区别？
2．鼠标器上按键的作用分别是什么？
3．显示器的重要技术指标包括哪些？
4．显示卡是用来做什么的？

2.5 系 统 总 线

总线是连接两个或多个设备的通信通路，如图 2.9 所示。其关键特征是共享传输介质。若将主板比作一座城市，则总线就是其中的公共汽车（bus），能按照固定行车路线，传输来回不停运作的二进制位（bit）。

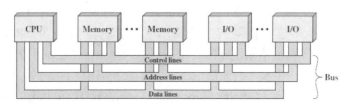

图 2.9 总线互连

多个设备连接到总线上，并且任何一个设备发出的信号可以被其他所有连接到总线上的设备所接收。如果两个设备同时发送，它们的信号将会重叠，这样会引起混淆。因此，每次只有一个设备能够成功地利用总线发送数据。

总线由多条通信路径或线路组成，每条线能够传送代表二进制 1 和 0 的信号。总线的几条线放在一起，就能够用来同时（并行地）传送二进制数字。如：8 位的数据能通过总线中的 8 条线传送。

计算机系统含有多种总线，它们在计算机系统的各个层次提供部件之间的通路。连接计算机的主要部件（处理器、存储器、I/O）的总线称为系统总线。最常见的计算机互连结构是基于一个或多个系统总线的使用。

2.5.1 总线的分类

按照总线传输信息的不同，总线可分为数据总线（Data Bus）、地址总线（Address Bus）和控制总线（Control Bus）。

数据总线用来在系统模块间传送数据。典型的数据总线包含 32、64、128 或更多的分离导线，这些线的数目称为数据总线的宽度。因为每条线每次能传送 1 位，总线的数目决定了每次能同时传送多少位，所以数据总线宽度是决定系统总体性能的关键因素。如：若数据总线为 32 位，而每条指令 64 位，则处理器在取指令时必须访问内存储器两次。

地址总线用于指定数据总线上数据的来源或去向。若处理器从存储器中读取一个字，则将所需字的地址放在地址线上。地址总线的宽度决定了系统能够使用的最大的存储器容量。

控制总线用来控制对数据线和地址线的存取和使用。数据总线和地址总线被所有模块共享，必须用一种方法来控制它们的使用。控制信号在系统模块之间发送命令和时序信号。时序信号指定了数据和地址信号的有效性，命令信号指定了要执行的操作。下面列出部分控制信号：

- 存储器写（Memory Write）：引起总线上的数据写入被寻址的单元。
- 存储器读（Memory Read）：使所寻址单元的数据放到总线上。
- 总线请求（Bus Request）：表示模块需要获得对总线的控制。
- 总线允许（Bus Grant）：表示发出请求的模块已经被允许控制总线。
- 中断请求（Interrupt Request）：表示某个中断正在悬而未决。
- 中断响应（Interrupt ACK）：未决的中断请求被响应。

2.5.2 总线标准

总线标准就是系统与各模块，模块与模块之间的一个互连的标准界面。目前流行的总线标准有以下几种。

1. 系统总线

（1）ISA：工业标准体系（Industry Standard Architecture），它是最早出现的微型计算机总线标准，应用在 IBM 的 AT 机上。直到现在，微型计算机主板或工作站主板上还保留有少量的 ISA 扩展槽。

（2）EISA：扩展工业标准体系（Extended Industry Standard Architecture），主要用于 286 微机。EISA 对 ISA 完全兼容。

（3）PCI：外围设备互联（Peripheral Component Interconnection），PCI 局部总线是高性能的 32 位或 64 位总线，它是专门为高集成度的外围部件、扩充插板和处理器/存储器系统而设计的互连机制。

（4）AGP：是一种新型的视频接口的技术标准，专用于连接主存和图形存储器。AGP 总线宽 32 位，时钟频率 66MHz，能以 133MHz 工作，最高的传输速率可达 533Mbps。

2. 设备总线

（1）IDE：集成驱动电子设备（Integrated Drive Electronics），它是一种在主机处理器和磁盘驱动器之间广泛使用的集成总线。绝大部分 PC 的硬盘和相当数量的 CD-ROM 驱动器都是通过这种接口和主机连接的。

（2）SCSI：小型计算机系统接口（Small Computer System Interface），现在已成为各种计算机（包括工作站、小型机、甚至大型机）的系统接口。

（3）RS-232（Recommended Standard-232C）：是由美国电子工业协会 EIA（Electronic Industries Association）推荐的一种串行通信总线标准。

（4）USB（Universal Serial Bus）接口：基于通用的连接技术，可实现外设的简单快速连接，以达到方便用户、降低成本、扩展微机连接外设范围的目的。

快速测试

1．总线一般包括哪几种类型？

2．控制总线是用来做什么的？

3．总线标准 PCI、USB 是指什么？

习 题

一、术语解释

多核处理器、RAM、ROM、Cache、主板、总线、主频、USB、PCI

二、选择题

1．在微型计算机的性能指标中，用户可用的内存容量通常是指（　　　）。

    A．ROM 的容量　　　　　　　　　　　B．RAM 的容量

    C．CD-ROM 的容量　　　　　　　　　　D．RAM 和 ROM 的容量之和

2．微机系统中存取容量最大的部件是（　　　）。

    A．硬盘　　　　　　B．主存储器　　　　　C．高速缓存　　　　　D．软盘

3．在微机中，（　　　）是输出设备。

    A．键盘　　　　　　B．鼠标　　　　　　　C．光笔　　　　　　　D．绘图仪

4．在一般情况下,外存中存放的数据,在断电后（　　　）丢失。

    A．不会　　　　　　B．少量　　　　　　　C．完全　　　　　　　D．多数

5．微型计算机的字长取决于（　　　）。

    A．地址总线　　　　B．控制总线　　　　　C．通信总线　　　　　D．数据总线

6．运算器的主要功能是进行（　　　）运算。

    A．逻辑　　　　　　B．算术与逻辑　　　　C．算术　　　　　　　D．数值

7．存储容量常用 KB 表示,4KB 表示存储单元有（　　　）。

    A．4000 个字　　　B.4000 个字节　　　　C.4096 个字　　　　　D．4096 个字节

8．在表示存储器的容量时,M 的准确含义是（　　　）。

    A．1 米　　　　　　B．1024K　　　　　　C．1024 字节　　　　　D．1024

9．可从（　　　）中随意读出或写入数据。

    A．PROM　　　　　B．ROM　　　　　　　C．RAM　　　　　　　D．EPROM

10．高速缓存的英文为（　　　）。

    A．Cache　　　　　B．VRAM　　　　　　C．ROM　　　　　　　D．RAM

11．和外存储器相比,内存储器的特点是（　　　）。

    A．容量大 速度快 成本低　　　　　　B．容量大 速度慢 成本高

    C．容量小 速度快 成本高　　　　　　D．容量小 速度慢 成本低

12. ROM 和 RAM 的最大区别是（　　　）。

    A. 不都是存储器　　　B. ROM 是只读，RAM 可读可写

    C. 访问 RAM 比访问 ROM 快　　　　　　　　D. 访问 ROM 比访问 RAM 快

13. 运算器的主要功能是进行（　　　）运算。

    A. 算术与逻辑　　　B. 逻辑　　　　　　　C. 算术　　　　　　　D. 数值

14. 存储器分为外存储器和（　　　）。

    A. 内存储器　　　B. ROM　　　　　　　C. RAM　　　　　　　D. 硬盘

15. 计算机内存储器比外存储器更优越，其特点为（　　　）。

    A. 便宜　　　　　B. 存取速度快　　　C. 贵且存储信息少　　D. 存储信息多

三、判断题

1. 主存储器包含于 CPU 中。

2. 中央处理器由控制器、外围设备及存储器所组成。

3. 计算机的存储器可以分主存储器与辅助存储器两种。

4. 运算器是完成算术和逻辑操作的核心处理部件，通常称为 CPU。

5. 计算机系统由 CPU、存储器和输入输出设备组成。

6. 主存储器用来存储正在执行的指令和处理的数据。

7. 只读存储器内所存的数据是固定不变的。

8. 所存数据只能读取、无法将新数据写入的存储器称为 RAM。

9. 用 4KB 表示存储器容量，准确地说就是 4000 个字节的存储容量。

10. 若突然断电，RAM 中保存信息会全部丢失，ROM 中保存的信息不受影响。

四、填空题

1. 微型计算机又称_____，简称_____。微型计算机的种类型很多，主要分成两类：_____和_____。

2. 字长是指计算机_____之间一次能够传递的数据位，位宽是 CPU 通过外部数据总线与_____之间一次能够传递的数据位。

3. 微型计算机的中央处理器由_____和_____两部分组成。

4. Cache 是介于_____之间的一种可高速存取信息的芯片，是 CPU 和 RAM 之间的桥梁。

5. CPU 按指令计数器的内容访问主存，取出的信息是_____；按操作数地址访问主存，取出的信息是_____。

6. 根据在总线内传输信息的性质，总线可分为_____、_____和_____。

五、简答题

1. 查看你所使用的计算机的硬件组成及其主要技术指标。

2. 简述 CPU 的基本组成及各部分的功能。

3. 简述你所见到的输入、输出设备，并描述它们的功能。

4. 什么是 Cache？你所使用的计算机中有没有 Cache？

5. 什么是多核 CPU？你所使用的计算机是不是采用的多核处理器？

第3章　操作系统基础

操作系统是管理计算机硬件与软件资源的计算机程序，也是计算机系统的内核与基石，它在整个计算机系统中起着至关重要的作用。本章介绍操作系统的定义、功能、特征，以及几种典型的操作系统。最后介绍 Windows 7 的基本操作，以及文件管理、控制面板、资源管理器使用方法。

3.1　操作系统概述

操作系统（Operating System，OS）是控制和管理计算机系统的硬件和软件资源，合理地组织计算机的工作流程，以充分发挥计算机系统的工作效率和方便用户充分而有效地使用计算机资源的一种系统软件。

操作系统在硬件系统上运行，它常驻内存内，并提供给上层两种接口：操作接口和编程接口。操作接口由一系列操作命令组成，用户通过操作接口可以方便地使用计算机；编程接口由一系列的系统调用组成各种程序。可以使用这些系统调用让操作系统为其服务，并通过操作系统来使用硬件和软件资源。其他程序是在操作系统提供的功能基础上运行的。

3.1.1　操作系统的功能

1. 资源管理软件

操作系统充当处理机、存储器（内存）、设备等硬件资源以及信息软件资源的管理者，使它们正常运行；通过合理地组织计算机的工作流程，使计算机的资源得到高效的利用。主要包括以下几个功能。

1）处理机管理（Processing management）

处理器管理是操作系统资源管理功能的重要内容。在一个允许多道程序同时执行的系统里，操作系统会根据一定的策略将处理器交替地分配给系统内等待运行的程序。一道等待运行的程序只有在获得了处理器后才能运行。一道程序在运行中若遇到某个事件，例如启动外部设备而暂时不能继续运行下去，或一个外部事件的发生等，操作系统就要来处理相应的事件，然后重新分配处理器。

2）存储管理（Memory management）

存储管理负责把内存单元分配给需要内存的程序，以便让它执行，在程序执行结束后将它占用的内存单元收回以便再使用。对于提供虚拟存储的计算机系统，操作系统还要与硬件配合做好页面调度工作，根据执行程序的要求分配页面，在执行中将页面调入和调出内存，以及回收页面等。

3）设备管理（Device drivers）

设备管理功能主要是分配和回收外部设备，以及控制外部设备按用户程序的要求进行操作等。对于非存储型外部设备，如打印机、显示器等，它们可以直接作为一个设备分配给一个用户程序，在使用完毕后回收以便给另一个需求的用户使用。对于存储型的外部设备，如磁盘、磁带等，则是提供存储空间给用户，用来存放文件和数据。

4）文件管理（File system）

信息主要以文件的形式存储在外存中，一般将文件和外存进行统一管理，称为文件管理。信息管理是操作系统的一个重要的功能，主要是向用户提供一个文件系统。一般说，一个文件系统向用户提供创建文件、撤销文件、读写文件、打开和关闭文件等功能。有了文件系统后，用户可按文件名存取数据而无需知道这些数据存放在哪里。这种做法不仅便于用户使用，而且还有利于用户共享公共数据。此外，由于文件建立时允许创建者规定使用权限，可以保证数据的安全性。

2. 用户接口

操作系统是普通用户与计算机系统打交道的界面。用户通过使用操作系统提供的各种服务与功能接口来使用计算机的各类系统资源，而用户不必知道各种系统资源的细节和控制过程。

现在大部分的操作系统都包含图形用户界面（Graphical User Interface，GUI，又称图形用户接口），采用图形方式显示的计算机操作用户界面，可以通过用鼠标点击窗口、菜单、按键等方式，来方便地操作计算机。

与早期的命令行用户界面（Command line User Interface，CLI）相比，图形界面对于用户来说在视觉上更易于接受，使用更简单，极大地方便了非专业用户使用计算机。

还有一种用户接口是程序接口方式（Application Programming Interface，API），提供一系列的系统调用和高级语言库函数，供用户程序和系统程序内部调用操作系统的功能。

3.1.2 操作系统的发展

操作系统与计算机硬件的发展息息相关。随着计算机硬件的发展和社会需求的不断增加，操作系统发展历程可以分为若干阶段，在每个阶段，操作系统的设计都与相应的软件、硬件和体系结构的发展密切相关。

1. 批处理操作系统

批处理操作系统属于操作系统发展的早期。这时，计算机硬件还比较昂贵，用户一般不可能独占一个处理器，用户要求使用计算机完成一个任务，事先按统一规定的格式将要求计算机完成的各种任务组织成作业，提交给计算机，等计算机有空时一次性处理。

批处理系统的优点如下：

（1）系统资源利用率高。

（2）作业吞吐量（单位时间完成的作业总量）大。

批处理系统的缺点如下：

（1）用户交互性差，用户一旦提交作业就失去对其运行的控制，只有当整个作业完成后或者中间出错时才能进行交互。

（2）作业周转时间（从作业开始提交到最后完成的时间间隔）长。

2. 分时操作系统

分时操作系统是为了用户与计算机交互式请求而出现的。工作过程为：一台主机连接若干台终端；每个用户使用一台终端，交互式地向系统提出请求作业；系统在接受每个用户请求的同时，采用时间片轮转调度策略（操作系统将 CPU 的执行时间划分为若干个大小相同的时间片，然后操作系统以时间片为单位，轮流为每个终端用户提供服务，一次服务只占一个时间片）的方式处理服务请求，并在终端上向用户显示结果。

分时操作系统的特点如下。

（1）多路性：允许在一台主机上同时联接多台终端，系统按分时原则为每个用户提供服务。宏观上，是多个用户同时工作；而微观上，则是每个用户轮流运行一个时间片。

（2）独立性：每个用户各占一台终端，每个用户请求分时共享 CPU 的执行时间。

（3）用时性：用户请求能在很短的时间内获得响应，此时间间隔是由人们所能接受的等待时间来确定的，通常为 2～3 秒。

（4）交互性：用户只要向系统发出请求，系统处理后立即向用户显示结果。

3. 实时操作系统

实时操作系统是计算机及时响应外部事件的请求，在严格的规定时间内完成对该事件的处理，并控制所有的实时任务协调一致的运行的操作系统。

实时操作系统的主要功能如下。

（1）实时时钟管理：实时操作系统需提供系统日期、时间、定时和延时等时钟管理功能。

（2）过载保护措施：对于短期过载，把输入的任务按一定的策略在缓冲区中排队，等待调度；对持续性过载，可能要拒绝某些任务的输入；在实时控制系统中，需要及时处理某些任务，可能就放弃某些任务或者降低对某些任务提供服务的频率。

（3）高度可靠性和安全性：实时操作系统需要提供容错能力，使计算机能在其处理能力内，高度可靠和安全地完成任务。

（4）连续的人机交互：实时操作系统需要具连续的人机交互能力。

4. 个人计算机操作系统

个人计算机操作系统是一种联机的、交互式的单用户操作系统，它提供的联机交互功能与分时系统所提供的相似。随着个人计算机的应用普及，要求提供更加友好的用户接口；网络的兴起，也要求个人计算机操作系统具有一定的网络管理、通信、安全、资源共享和各种网络应用等功能。

5. 网络操作系统

网络操作系统是在原来各自计算机操作系统的基础上，按照网络体系结构中的各种协议标准进行开发，具有完善的网络管理、通信、安全、资源共享和各种网络应用等功能的计算机操作系统。

6. 分布式操作系统

分布式操作系统用于管理分布式系统的运行，以全局方式管理系统资源，它可以为用户任意调度网络资源，并且调度过程是"透明"的。当用户提交一个作业时，分布式操作系统能够根据需要在系统中选择最合适的处理器，将用户的作业提交到该处理程序，在处理器完成作业后，将结果传给用户。在这个过程中，用户并不会意识到有多个处理器的存在，这个系统就像是一个处理器一样。

7. 嵌入式操作系统

嵌入式操作系统是运行在嵌入式系统环境中，对整个嵌入式系统以及它所操纵、控制的各种部件装置等资源进行统一协调、调度指挥的系统软件。嵌入式操作系统具有通用操作系统的基本特点，能够有效管理复杂的系统资源，并且把硬件虚拟化。同时，它具有微型化、可裁剪性、实时性、高可靠性、易移植性等物性。

3.1.3 操作系统的层次结构

操作系统一般分为硬件层、操作系统层、实用程序层和应用层。

（1）硬件层：包括各种硬件资源，它的对外界面由机器指令系统组成，是操作系统工作的基础。它以硬件为依托，完成外层的请求、运算和指令的操作。

（2）操作系统层：以操作系统为依托，是对硬件的首次扩充，它的对外界面是系统调用或者系统服务。

（3）实用程序层：由软件定义的操作系统界面和硬件指令系统的某些部分组成。对外提供的界面由一组操作系统控制下的实用程序组成。实用层软件的功能是为应用层软件及最终用户处理自己的程序或者数据提供服务。实用程序是计算机系统的基本组成部分，通常包括各种语言的编译程序、文本编辑程序、调试程序、连接编辑程序、系统维护程序、文本加密程序、终端通信程序、图文处理软件、数据库管理系统软件等。

（4）应用层：包括用户在操作系统和实用软件支持下自己开发的应用程序，以及软件厂家为行业用户开发的专用应用程序包等，是最终用户使用的界面。应用层软件可由用户根据自己的需要选购，自主开发，或者委托软件厂商定点开发。

3.1.4 操作系统的基本特征

1. 并发性

并发性（concurrence）是指两个或两个以上的事件或活动在同一时间间隔内发生。操作系统的并发性指它具有处理和调度多个程序同时执行的能力。如：多个 I/O 设备同时进行输入输出；设备 I/O 和 CPU 同时进行计算；内存中同时有多个系统和用户程序被启动交替、穿插地执行。

采用了并发技术的系统又称为多任务系统（multitasking system），计算机系统中，并发实际上是一个物理 CPU 在若干道程序之间多路复用，这样就可以实现运行程序之间的并发，以及 CPU 与内存 I/O 设备、I/O 设备与 I/O 设备之间的并行。

在多处理器系统中，程序的并发性不仅体现在宏观上，而且在微观上（即在多个 CPU 上）也是并发的，又称并行的。

并行性（parallelism）是指两个或两个以上事件或活动在同一时刻发生。在多道程序环境下，并行性使多个程序同一时刻可在不同 CPU 上同时执行。而在分布式系统中，多台计算机的并存使程序的并发性得到了更充分的发挥。可见并行性是并发性的特例，而并发性是并行性的扩展。

2. 共享性

共享性（sharing）是指操作系统中的资源（包括硬件资源和信息资源）可被多个并发执行的进程共同使用，而不是被一个进程所独占。资源共享的方式可以分成两种：

（1）互斥访问。系统中的某些资源如打印机、磁带机、卡片机，虽然它们可提供给多个进程使用，但在同一时间内却只允许一个进程访问这些资源，即要求互相排斥地使用这些资源。这种同一时间内只允许一个进程访问的资源称为临界资源。

（2）同时访问。系统中还有许多资源，允许同一时间内多个进程对它们进行访问，这里"同时"是宏观上的说法。典型的可供多进程同时访问的资源是磁盘。

3. 异步性

异步性（asynchronism），也称随机性。在多道程序环境中，允许多个进程并发执行，由于资源有限而进程众多，多数情况下进程的执行不是一直到底，而是"走走停停"。例如，一个进程在 CPU 上运行一段时间后，由于等待资源满足或事件发生，它被暂停执行，CPU 转让给另一个进程执行。系统中的进程何时执行？何时暂停？以什么样的速度向前推进？进程总共要用多少时间执行才能完成？这些都是不可预知的，或者说该进程是以异步方式运行的，其导致的直接后果是程序执行结果可能不唯一。

异步性给系统带来了潜在的危险，有可能导致进程产生与时间有关的错误，但只要运行环境相同，操作系统必须保证多次运行进程，都会获得完全相同的结果，否则将会导致不良后果。

4. 虚拟性

虚拟性（virtual）是指操作系统中的一种管理技术，它是把物理上的一个实体变成逻辑上的多个对应物，或把物理上的多个实体变成逻辑上的一个对应物的技术。如：在多道程序系统中，物理 CPU 可以只有一个，每次也仅能执行一道程序，但通过多道程序和分时使用 CPU 技术，宏观上有多个程序在执行，就好像有多个 CPU 在为各道程序工作一样，物理上的一个 CPU 变成了逻辑上的多个 CPU。

SPOOLing 技术是低速输入输出设备与主机交换的一种技术，通常也称为"假脱机真联机"，其核心思想是以联机的方式得到脱机的效果。低速设备经通道和外设在主机内存的缓冲存储器与高速设备相联，该高速设备通常是辅存。为了存放从低速设备上输入的信息，或者存放将要输出到低速设备上的信息（来自内存），在辅存开辟缓冲区："输出井"（对输出来说）、"输入井"（对输入来说）。从低速设备传入缓冲区，再传到高速设备的输入井，然后从高速设备的输出井传到缓冲区，再传到低速设备。

快速测试

1. 操作系统的功能有哪些？
2. 什么是 GUI、CLI、API？
3. 什么是时间片轮转调度？
4. 并发与并行有什么区别？

3.2 典型的操作系统

3.2.1 DOS 操作系统

DOS 是磁盘操作系统（Disk Operating System）的缩写，它是一个单用户、单任务的操作系统。DOS 操作系统是在 IBM-PC 及其兼容机上运行的早期操作系统，它起源于 SCP86-DOS，是 1980 年基于 8086 微处理器而设计的单用户操作系统。1981 年，微软的 MS-DOS1.0 版面世，经历了从 MS-DOS1.0 版到 MS-DOS7.0 版的升级。

DOS 的主要功能是进行文件管理和设备管理。其中文件管理负责建立、删除、读/写、检索文件，而设备管理负责驱动显示器、键盘、磁盘、打印机以及异步通信口的工作。但由于该操作系统采用字符界面，对内存的管理也局限在 640KB 的范围内，在计算机日益发展的今天已不能满足需求，基本上已被淘汰。常用的 DOS 操作命令如表 3.1 所示。

表 3.1 常用的 DOS 操作命令

命　　令	参数及功能
dir	无参数：查看当前所在目录的文件和文件夹 /s：查看当前目录及其所有子目录的文件和文件夹 /a：查看包括隐藏文件的所有文件 /ah：只显示隐藏文件 /w：以紧凑方式显示文件和文件夹 /p：以分页方式（显示一页之后会自动暂停）显示
cd	cd 目录名：进入指定的目录 cd\：退回到根目录 cd..：退回到上一级目录
del	del 文件名：删除一个文件 del *.*：删除当前文件夹下所有文件
md	md 文件夹名称：创建指定的文件夹
rd	rd 文件夹名称：删除指定的文件夹（该文件件必须为空，如果文件夹下有文件，可先执行 del 命令删除文件）
cls	清屏
copy	copy 路径\文件名路径\文件名：把一个文件复制到另一个地方
move	move 路径\文件名路径\文件名：把一个文件移动到另一个地方
format	format X：：X 代表盘符，格式化一个分区。该命令会导致该分区原有信息丢失，使用时要慎重
type	type 文本文件名：显示出文本文件的内容
ren	ren 旧文件名新文件名：对文件进行重命名
ping	ping 主机 ip 或域名：向目标主机发送 4 个 icmp 数据包，测试对方主机是否收到并响应，一般用于做普通网络是否通畅的测试。但是 ping 不通不代表网络不通，有可能是目标主机装有防火墙并且阻止了 icmp 响应
netstat	netstat 主机：查看主机当前的 tcp/ip 连接状态、协议、外部地址等的状态
pathping	Pathping 主机：查看从你自己到目标主机经过的路由节点。例如：pathping www.sina.com.cn，等待后就会看到你经过的一个个路由节点。tracert 命令与该命令类似
ipconfig	无参数：显示当前机器的网络接口状态 ipconfig /all：显示本机 TCP/IP 配置的详细信息 ipconfig /release：DHCP 客户端手工释放 IP 地址 ipconfig /renew：DHCP 客户端手工向服务器刷新请求 ipconfig /flushdns：清除本地 DNS 缓存内容 ipconfig /displaydns：显示本地 DNS 内容 ipconfig /registerdns：DNS 客户端手工向服务器进行注册 ipconfig /showclassid：显示网络适配器的 DHCP 类别信息 ipconfig /setclassid：设置网络适配器的 DHCP 类别

3.2.2　Windows 操作系统

Windows 是由微软公司成功开发的操作系统。Windows 是一个多任务的操作系统，采用图形窗口界面，用户对计算机的各种复杂操作只需点击鼠标就可以实现。

Microsoft Windows 系列操作系统是在微软给 IBM 机器设计的 MS-DOS 的基础上设计的

图形操作系统。Windows 系统，如 Windows 2000、Windows XP 皆是以 Windows NT 内核为基础的。NT 内核是由 OS/2 和 OpenVMS 等系统上借用来的。Windows 可以在 32 位和 64 位的 Intel 和 AMD 的处理器上运行，但是早期的版本也可以在 DEC Alpha、MIPS 与 PowerPC 架构上运行。由于人们对于开放源代码作业系统兴趣的增加，Windows 的市场占有率有所下降。

Windows XP 在 2001 年 10 月 25 日发布，2004 年 8 月 24 日发布服务包 2，2008 年 4 月 21 日发布最新的服务包 3。微软上一款操作系统 Windows Vista（开发代码为 Longhorn）于 2007 年 1 月 30 日发售。Windows Vista 增加了许多功能，尤其是系统的安全性和网络管理功能，并且其拥有界面华丽的 Aero Glass。但是整体而言，其在全球市场上的口碑并不是很好。

微软在 2012 年 10 月正式推出 Windows 8，系统有着独特的 metro 开始界面和触控式交互系统，2013 年 10 月 17 日晚上 7 点，Windows 8.1 在全球范围内通过 Windows 上的应用商店进行更新推送。2014 年 1 月 22 日，微软在美国旧金山举行发布会，正式发布了 Windows 10 消费者预览版。

Windows 操作系统的主要特点如下：

1）直观、高效的面向对象的图形用户界面

用户界面和开发环境是面向对象的（Object Oriented，OO）。用户采用"选择对象-操作对象"的方式工作。如：打开一个文档，可用鼠标或键盘选择该文档，然后从右键菜单中选择"打开"操作，打开该文档。这种操作方式模拟了现实世界的行为，易于理解、学习和使用。

2）丰富的管理工具和应用软件

提供了办公管理工具，如计算、记事本、时钟设置等；提供了磁盘扫描程序、磁盘碎片整理程序等磁盘管理工具；提供了文字、图形处理等功能完善的文字处理和绘画工具等。

3）多任务

Windows 是一个多任务的操作环境，它允许用户同时运行多个应用程序，或在一个程序中同时做几件事情。每个程序在屏幕上占据一块矩形区域，这个区域称为窗口，窗口是可以重叠的。用户可以移动这些窗口，或在不同的应用程序之间进行切换，并可以在程序之间进行手工和自动的数据交换和通信。同一时刻计算机可以运行多个应用程序，但仅有一个是处于活动状态的，其标题栏呈现高亮颜色。

4）强大的网络功能与 Internet 完美结合

Windows 与通信服务紧密集成，提供文件和打印服务、能运行客户机/服务器应用程序，内置了 Internet/Intranet 功能，集成了多种 Internet 工具，使用户收发电子邮件、传真和访问 Internet 十分便捷。

5）即插即用的硬件管理

Windows 提供了通用串行总路线的即插即用功能，使得用户添加或删除硬件不必重新启动计算机而直接完成操作。

3.2.3　UNIX 操作系统

UNIX 是一个强大的多用户、多任务操作系统，支持多种处理器架构，按照操作系统的分类，属于分时操作系统。UNIX 最早由 Ken Thompson 和 Dennis Ritchie 于 1969 年在美国 AT&T 的贝尔实验室开发。

类 UNIX（UNIX-like）操作系统指各种传统的 UNIX 以及各种与传统 UNIX 类似的系统。它们虽然有的是自由软件，有的是商业软件，但都在相当程度上继承了原始 UNIX 的特性，有许多相似处，并且都在一定程度上遵守 POSIX 规范。类 UNIX 系统可在非常多的处理器架构下运行，在服务器系统上有很高的使用率。

UNIX 操作系统通常被分成 3 个主要部分：内核（Kernel）、Shell 和文件系统，如图 3.1 所示。

图 3.1　UNIX 操作系统的架构图

内核是 UNIX 操作系统的核心，直接控制着计算机的各种资源，能有效地管理硬件设备、内存空间和进程等，使得用户程序不受错综复杂的硬件设备细节的影响。

Shell 是 UNIX 内核与用户之间的接口，是 UNIX 的命令解释器。目前常见的 Shell 有 Bourne Shell（sh）、Korn Shell（ksh）、C Shell（csh）、Bourne-again Shell（bash）。

文件系统是指对存储在存储设备（如硬盘）中的文件所进行的组织管理，通常是按照目录层次的方式进行组织。每个目录可以包括多个子目录以及文件，系统以/为根目录。常见的目录有 /etc （常用于存放系统配置及管理文件）、/dev （常用于存放外围设备文件）、/usr（常用于存放与用户相关的文件）等。

3.2.4　Linux 操作系统

Linux 最初由芬兰人 Linus Torvalds 开发，其源程序在互联网上公布后，引起了全球计算机爱好者的开发热情，许多人根据自己的需求完善某一方面的功能，再发回到互联网上。来自全世界的无数程序员参与了 Linux 的修改、编写工作，程序员可以根据自己的兴趣和灵感对其进行改变，这让 Linux 吸收了无数程序员的精华，因而不断壮大。

Linux 是一套免费使用和自由传播的类 UNIX 操作系统，是一个基于 POSIX 和 UNIX 的多用户、多任务、支持多线程和多 CPU 的操作系统。它能运行主要的 UNIX 工具软件、应用程序和网络协议，支持 32 位和 64 位硬件。Linux 继承了 UNIX 以网络为核心的设计思想，是一个性能稳定的多用户网络操作系统。

Linux 的基本思想有两点：第一，一切都是文件；第二，每个软件都有确定的用途。其中第一条详细来讲就是系统中的所有都归结为一个文件，包括命令、硬件和软件设备、操作系统、进程等在内，对于操作系统内核而言，都被视为拥有各自特性或类型的文件。至于说 Linux 是基于 UNIX 的，很大程度上也是因为这两者的基本思想十分相近。

3.2.5　iOS 操作系统

iOS 操作系统是由苹果公司开发的手持设备操作系统。它也是以 Darwin 为基础的，因此同样属于类 UNIX 的商业操作系统。原本这个系统名为 iPhone OS，直到 2010 年 6 月 7 日 WWDC 大会上宣布改名为 iOS。最初是设计给 iPhone 使用的，后来陆续套用到 iPod Touch、iPad 以及 Apple TV 等苹果系列产品上。

3.2.6　Android 操作系统

Android 是一种以 Linux 为基础的开放源代码操作系统，主要用于便携设备。Android 操作系统最初由 Andy Rubin 开发，主要支持手机。2005 年由 Google 收购注资，并组建开放手机联盟开发改良，逐渐扩展到平板电脑及其他领域。2011 年第一季度，Android 在全球的市场份额首次超过塞班系统，跃居全球第一。2012 年 11 月数据显示，Android 占据全球智能手机操作系统市场 76%的份额，在中国的市场占有率为 90%。2013 年的第四季度，Android 平台手机的全球市场份额已经达到 78.1%。2013 年 9 月 24 日，谷歌开发的操作系统 Android 在迎来了 5 岁生日，全世界采用这款系统的设备数量已经达到 10 亿台。

快速测试

1. Dos 命令 ping 和 ipconfig 的功能是什么？
2. MS-DOS 与 Windows 之间的关系是什么？
3. Windows 操作系统的主要特点是什么？
4. Linux 的基本思想是什么？
5. Linux 与 Android 的关系是什么？

3.3　Windows 7 简介

Microsoft 开发的 Windows 是彩色界面的操作系统，它支持键盘和鼠标功能。目前，Windows 操作系统是世界上用户最多、兼容性最强的操作系统。

Windows 7 是 Windows 操作系统比较新的一个版本，Windows 7 的主要特点如下。

（1）易用：快速最大化，窗口半屏显示，跳跃列表，系统故障快速修复等。

（2）快速：缩减启动时间，中低端配置下运行，系统加载时间一般不超过 20 秒。

（3）简单：搜索和使用信息简单，用户体验直观，自动化应用程序提交。

（4）安全：改进安全和功能合法性，将数据保护和管理扩展到外围设备。

3.3.1　Windows 7 的启动与关闭

Windows 7 启动时有一个登录界面，若系统中存在多个用户，该登录界面中同时出现这些用户，让用户选择性登录，输入相应的登录密码后就登录到 Windows 7 系统的桌面；若系统中仅存在一个用户，并且没有设置密码，就会直接登录到 Windows 7 系统的桌面。

当用户不再使用计算机时，应使用正确的方法来关闭计算机。单击"开始"图标→选择开始菜单右边栏目中的"关机"。

3.3.2　Windows 7 的桌面

桌面就是用户启动计算机登录到系统后看到的整个屏幕区域，在桌面上能够完成许多任务，如显示窗口、排列窗口、打开程序、连接到 Internet 等。

桌面由图标和任务栏两部分组成。每台计算机的设置不同，用户看到的 Windows 桌面设置也不同，桌面上显示的图标数目取决于系统设置情况。

图标是系统资源的符号表示，包含了对象的相关信息，它由小图像和文字说明两部分构成。小图像下面的文字说明就是图标打开后的窗口标题，图标可以表示应用程序、数据文件、文件夹、驱动器、打印机等，如图 3.2 所示。

1.　桌面图标功能

（1）"计算机"图标：包含当前计算机系统资源的图标。双击或者单击右键选择"打开"即可打开计算机窗口，该窗口中通常包含当前计算机中可用的驱动器的图标，比如：C:、D:、E: 等。

图 3.2 Windows 7 的桌面

（2）"回收站"图标：回收站是硬盘上的一块区域，用于存放被用户删除的文件或者文件夹，在清空回收站前，利用回收站可以还原被用户错误删除的文件或者文件夹。

（3）"网络"图标：用于显示与当前计算机连接共享资源。

（4）"控制面板"图标：主要用于添加或删除程序、用户账户控制、网络连接设置、显示设置等。

2. 桌面图标的设置

合理设置桌面图标，可以让系统的桌面变得更为整洁。在桌面空白处单击鼠标右键，从弹出菜单中选择"查看"用于更改桌面图标的显示方式；选择"排序方式"用于更改桌面图标的排序方式。可以更改桌面图标的显示方式：大图标、中等图标、小图标、自动排列图标、将图标与网络对齐、显示桌面图标、显示桌面小工具。

更改桌面图标的排序方式有如下 4 种，如图 3.3 所示。

（1）名称：按图标名称开头的字母或者拼音顺序排序。

（2）大小：按图标所代表文件的大小顺序排序。

（3）项目类型：按图标所代表文件的项目类型排序。

（4）修改时间：按图标所代表文件的修改时间排序。

图 3.3 桌面图标排序方式

3. 任务栏

任务栏是位于屏幕最下方的一个长条，它显示了系统正在运行的程序和打开的窗口、系统时间等。最为主要的是开始菜单按钮，它位于任务栏的最左端。

（1）开始菜单按钮：单击该图标按钮可以打开"开始"菜单，系统中安装的所有程序都位于开始菜单的"所有程序"中。

（2）快速启动栏：由一些锁定到任务栏的程序图标构成，通过它们可以快速地打开程序。

（3）任务窗口按钮：当用户启动某项任务后，该任务的窗口就在任务栏上以图标按钮的方式显示。通过它们可以快速地切换任务。

（4）显示桌面：该按钮位于任务栏的最右端，当鼠标移动到该按钮上时会显示桌面，鼠标离开时又回到原来的任务窗口，若想快速地切换到桌面可以单击该按钮。

3.4 Windows 7 的基本操作

3.4.1 Windows 7 的窗口

窗口是 Windows 7 的基本对象，是 Windows 7 操作系统与用户之间的交互界面。在打开文件、文件夹以及应用程序时，在计算机屏幕上呈现给用户的矩形区域称为窗口，如图 3.4 所示。

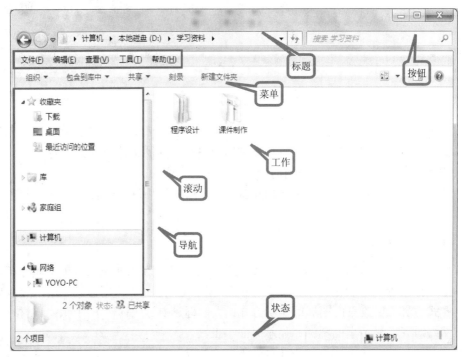

图 3.4　Windows7 的窗口

1. 窗口的组成

（1）标题栏：位于在窗口顶部，包含窗口名称（如：程序名或文档名）的称为标题栏。

（2）菜单栏：位于标题栏下方，有一系列的菜单命令构成，通过这些菜单命令可以完成各种功能。

（3）最小化、最大化或还原以及关闭按钮：位于标题栏的最右端，由最小化、最大化或还原（当窗口处于最大化时显示还原按钮；当窗口不是最大化时显示最大化按钮）以及关闭这 3 个按钮构成，用鼠标单击可完成最小化、最大化（或还原）以及关闭窗口的功能。

（4）工具栏：工具栏可以显示在窗口中的指定位置，也可以将其隐藏。它是由一系列的小图标构成，单击小图标可完成一项指定的功能。

（5）滚动条：当前需要显示的内容无法在窗口中用一屏显示完时，就会出现滚动条，其功能是通过鼠标拖动滚动条来查看其他内容。滚动条分为水平滚动条和垂直滚动条，水平滚动条使窗口中的内容左右滚动；垂直滚动条使窗口中的内容上下滚动。

（6）状态栏：它位于整个窗口的最下方，显示当前操作对象的一些相关信息。

（7）工作区：它在窗口中所占的比例最大，位于工具栏下面的区域，用于显示和处理各工作对象的信息。

2. 窗口的操作

1）窗口的打开

通过以下几种方法均可打开相应的窗口：

（1）双击桌面上的快捷方式图标。

（2）单击"开始"菜单中的"程序"下的子菜单。

（3）在"计算机"中双击某一程序或文档图标。

2）窗口的关闭

通过以下几种方法均可完成窗口的关闭：

（1）双击程序窗口左上角的控制图标。

（2）单击窗口右上角的"关闭"按钮。

（3）按 Alt+F4 组合键。

（4）选择窗口的"文件"菜单中的"关闭"命令。

（5）将鼠标指针指向任务栏中的该窗口的图标按钮并单击右键，然后选择"关闭"选项。

（6）在标题栏最左端单击控制按钮图标，然后选择"关闭"。

3）窗口的移动

当窗口没有处于最大化的状态时，可以通过以下几种方法来进行窗口的移动：

（1）在需要移动的窗口的标题栏上按下鼠标左键不放然后拖动。

（2）在需要移动的窗口的标题栏上按鼠标右键，从弹出的快捷菜单中选择"移动"菜单命令，出现移动状态的鼠标指针，按下鼠标左键移动到需要的位置后松开，即可完成窗口的移动操作。

❖注意：窗口处于最大化状态时，不能进行窗口的缩放。

4）窗口的缩放

当窗口没有处于最大化状态时，可以将鼠标移动到窗口的边框上来完成对窗口的缩放操作。

（1）垂直缩放：当鼠标指针移动到窗口的垂直边框上，鼠标指针变成垂直双向箭头时，按下鼠标左键不放并拖动，即可改变窗口的宽度。

（2）水平缩放：当鼠标指针移动到窗口的水平边框上，鼠标指针变成水平双向箭头时，按下鼠标左键不放并拖动，即可改变窗口的高度。

（3）垂直、水平同时缩放：当鼠标指针移动到窗口的任意边角上，鼠标指针变成双向箭头时，按下鼠标左键不放并拖动，即可同时改变窗口的宽高。

5）窗口的最小化、最大化、还原及关闭

（1）最小化按钮：对于暂时不需要操作的窗口，可以把它最小化到任务栏上。方法是在标题栏的最右端单击最小化按钮，窗口会以按钮的形式缩小到任务栏。

（2）最大化按钮：在窗口没有处于最大化的状态时，单击标题栏上最右端的最大化按钮，窗口即可铺满整个屏幕。此时，窗口不能再进行移动或者缩放。

（3）还原按钮：当窗口最大化后，在标题栏最后端会显示一个还原按钮，通过该按钮可以将最大化的窗口还原成原来打开时的状态。

（4）关闭按钮：单击标题上最右端的关闭按钮，可以实现关闭窗口操作。

❖**注意：**可以通过双击标题栏在窗口最大化和还原两种窗口状态之间的切换。

6）窗口的切换

当打开了多个任务窗口时，可以通过以下几种方法实现快速切换：

（1）在任务栏上单击要切换的任务窗口按钮。

（2）用组合键 Alt+Tab 完成任务窗口的切换。在键盘上先按下 Alt 键不放，然后再多次按下 Tab 键实现选择"切换任务窗口"中的任务窗口，然后松开两个键即可完成窗口的切换，如图 3.5 所示。

（3）用组合键 Alt+Esc 完成任务窗口的切换。该方法用于在所有打开且没有最小化的任务窗口之间的切换。

图 3.5　切换任务窗口

3.4.2　Windows 7 控件的使用

1. 菜单

大多数程序包含几十个甚至几百个使程序运行的命令（操作），其中很多命令组织在菜单下面。为了使屏幕整齐，会隐藏这些菜单，只有在标题栏下的菜单栏中单击菜单标题之后才会显示菜单。通常菜单分为如下几类。

（1）灰色菜单：这类菜单表明该命令在当前的操作中无效，如图 3.6 所示。

（2）对话框菜单：带有"…"结尾的菜单命令，该命令会打开一个对话框，如图 3.7 所示。

（3）级联式菜单：该类菜单会有" ▶ "箭头，表明该菜单还有下一级子菜单，如图 3.8 所示。

　　图 3.6　灰色菜单　　　图 3.7　对话框菜单　　　　图 3.8　级联式菜单

（4）选择标记菜单：在某些菜单中会有选择或者不选择这两种状态，选择后会加上标记"√"。

（5）单选菜单：在某些菜单组中，只能选择其中一个选项，选择后加上标记"●"，如图 3.9 所示。

（6）右键快捷菜单：用鼠标右键单击某个应用程序图标或者对象时，会弹出一个快捷菜单，菜单提供了该对象的各种操作命令，如图 3.10 所示。

2. 滚动条

当文档、网页或图片超出窗口大小时，会出现滚动条，可用于查看当前处于视图之外的信息，如图3.11所示。

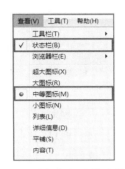

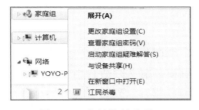

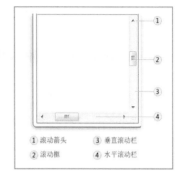

图3.9　选择标记和单选菜单　　　图3.10　右键快捷菜单　　　图3.11　水平滚动条和垂直滚动条

3. 选项按钮

选项按钮可以在两个或多个选项中选择一个选项（只能选择一个选项）。选项按钮经常出现在对话框中。图3.12中显示了两个选项按钮，其中，"启用，应用当前设置"选项处于选中状态。

4. 复选框

复选框可以选择一个或多个独立选项。与选项按钮不同的是，选项按钮限制选择一个选项，而复选框可以同时选择多个选项，单击空的复选框可选择该选项，如图3.13所示。

图3.12　选项按钮　　　　　　　图3.13　复选框

使用复选框的步骤如下：

（1）单击空的方框可选择或"启用"该选项。正方形中将出现复选标记，表示已选中该选项。

（2）若要禁用选项，通过单击该选项可清除（删除）复选标记。

（3）当前无法选择或清除的选项以灰色显示。

5. 滑块

滑块一般用于沿着值的范围调整其设置。它的外观如图3.14所示。

沿滚动条上的滑块显示当前选中的值。滑块位于"慢"和"快"的中间，表示指针速度为中等。若要使用滑块，将滑块拖动到想要的值即可。

6. 选项卡

在一些对话框中，选项分为两个或多个选项卡，一次只能查看一个选项卡或一组选项。当前选定的选项卡将显示在其他选项卡的前面。若要切换到其他选项卡，单击该选项卡即可，如图3.15所示。

图 3.14 滑块

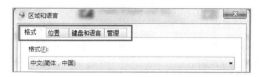

图 3.15 选项卡

3.4.3 Windows 7 开始菜单和任务栏的设置

1. 自定义开始菜单

在 Windows 7 操作系统中，对出现在"开始"菜单上的程序和文件具有更多控制。"开始"菜单在本质上是一个白板，可以组织和自定义以适合用户操作的首选项。比如：通过组织"开始"菜单更易于查找常用的程序和文件夹。

1）将程序图标锁定到"开始"菜单和解锁

长期使用的程序可以通过将该程序图标锁定到"开始"菜单，以创建程序的快捷方式。锁定的程序图标将出现在"开始"菜单的左侧，操作步骤如下：

（1）右键单击想要锁定到"开始"菜单中的程序图标。

（2）单击弹出菜单中的"附到'开始'菜单"，如图 3.16 所示。

（3）如果要更改固定项目的显示顺序，可以将程序图标拖动到列表中的新位置。

若要将已经锁定到"开始"菜单的程序图标进行解锁，则可按如下步骤操作：

（1）若要解锁程序图标，右键单击它。

（2）在弹出菜单中单击"从'开始'菜单解锁"，如图 3.17 所示。

图 3.16 将程序图标锁定到"开始"菜单

图 3.17 将锁定到"开始"菜单的程序图标解锁

2）自定义"开始"菜单的右窗格

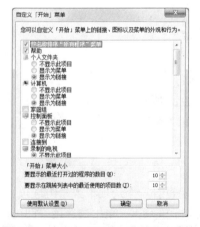

图 3.18 自定义"开始"菜单的右窗格

Windows 7 操作系统中可以添加或删除出现在"开始"菜单右侧的项目，比如：计算机、控制面板、运行命令以及最近使用的项目等。操作步骤如下：

（1）在"开始"菜单空白处单击鼠标右键。

（2）在弹出菜单中单击"属性"菜单命令打开任务栏和"开始"菜单"属性"对话框。

（3）单击"开始菜单"选项卡→"自定义"按钮，打开"自定义开始菜单"对话框。

（4）在"自定义开始菜单"对话框中，从列表里选择所需选项。

（5）单击"确定"按钮，再次单击"确定"按钮完成设置，如图 3.18 所示。

2．自定义任务栏

任务栏是位于屏幕底部的水平长条。与桌面不同的是，桌面可以被打开的窗口覆盖，而任务栏几乎始终可见。它由以下 3 个主要部分构成：

（1）"开始"按钮：用于打开"开始"菜单。

（2）"中间部分"：显示已打开的程序和文件，并可以在它们之间进行快速切换。

（3）"通知区域"：包括时钟以及一些告知特定程序和计算机设置状态的图标。

Windows 7 操作系统中，可以将程序直接锁定到任务栏，以便快速方便地打开该程序，而无需在"开始"菜单中查找打开该程序。操作步骤如下：

（1）如果该程序已经在运行，则右键单击任务栏上此程序的图标（或将该图标拖向桌面）来打开此程序的跳转列表，然后单击"将此程序锁定到任务栏"。

（2）如果此程序没有运行，则单击"开始"菜单，查找到此程序的图标，右键单击此图标并单击"锁定到任务栏"，如图 3.19 所示。

注：还可以通过将程序的快捷方式从桌面或"开始"菜单拖动到任务栏来锁定程序。如果要从任务栏中解除某个锁定的程序，则在该程序的图标上单击鼠标右键，打开此程序的"跳转列表"，然后单击"将此程序从任务栏解锁"，如图 3.20 所示。

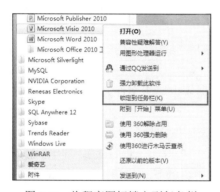
图 3.19　将程序图标锁定到任务栏

图 3.20　将程序图标从任务栏上解锁

3.5　Windows 7 的文件管理

3.5.1　文件与文件夹

1．文件的概念

文件是一组相关信息的集合，由文件名标识进行区别。文件是操作系统用来存储和管理信息的基本单位，计算机中所有的信息都存放在文件中，并存放在 U 盘、硬盘等存储介质上。

2．文件名的组成及命令名规则

1）文件名的组成

文件是"按名存取"的，所以每个文件必须有一个确定的名字。文件的名称由文件名和扩展名组成，扩展名和文件名之间有一个"．"字符隔开。扩展名通常由 1～5 个合法字符组成。

2）文件或文件夹的命名规则

（1）Windows 中，允许主文件名（或文件夹名）的最大长度为 255 个字符。

（2）在主文件名（或文件夹名）中，可以使用空格，但不能包含如下符号：\ / : * ? " <> |。

（3）可以使用大小写字母命名文件和文件夹，Windows 将保留用户指定的大小写格式，但不用大小写来区分文件名。

（4）同一文件夹中不能有相同文件名的文件，不同文件夹中可以有相同文件名的文件。

扩展名一般代表文件的类型，表 3.2 列出了常见文件类型的扩展名。

表 3.2　常见文件类型的扩展名

扩展名	文件类型	扩展名	文件类型
.EXE	可执行程序文件	.JPG	压缩图片文件
.COM	系统程序文件	.BMP	位图文件
.BAT	批处理文件	.DOCX	Word 2010 文件
.SYS	系统文件	.XLSX	Excel 2010 文件
.BAK	备份文件	.PPTX	PowerPointer 2010 文件
.ZIP	压缩文档文件	.ACCDB	ACCESS 2010 文件
.GIF	图像文件	.TXT	文本文件

3）文件夹

文件夹是文件和子文件夹的集合，文件夹的组织结构是分层次的，Windows 7 按树形结构以文件夹的形式来组织和管理文件。

从广义方面来讲，计算机的桌面、磁盘驱动器等也属于文件夹。

4）文件的路径

路径是一串用"\"分隔开的文件夹名称，用来标识文件和文件夹的位置。路径分为两种：绝对路径和相对路径。绝对路径是以磁盘符号 +":\"开头（根目录），比如：D:\计算机基础课程\第二章\练习题.doc。而相对路径则以当前文件夹的下一级子文件夹开始的路径，比如当前路径为：D:\计算机基础课程，那么可以指定的相对路径为：\第二章\练习题.doc。

5）通配符的使用

通配符一般用于查找文件或者文件夹，可以通过使用通配符（"?"、"*"）来表示多个文件或者文件夹。其中通配符"?"表示该位置为任意一个字符；"*"表示该位置为任意多个字符。比如：*.docx 表示所有 Word 2010 文档；jsj?.docx 表示以 jsj 开头、后面匹配任意一个字符的 Word 2010 文档；*.*则表示所有文件。

3.5.2　资源管理器

在 Windows 操作系统中，资源管理器是使用最为频繁的对象之一。Windows 资源管理器显

图 3.21　Windows 资源管理器

示了计算机上文件、文件夹、驱动器、网络上的计算机、库以及网络映射驱动器等的分层结构。打开资源管理器的操作步骤：依次单击"开始"图标→"所有程序"→"附件"→"Windows 资源管理器"来打开资源管理器，单击左侧窗格中的"计算机"，如图 3.21 所示。

"Windows 资源管理器"显示了计算机上的文

件、文件夹和驱动器的分层结构，同时显示了映射到计算机上的驱动器号的所有网络驱动器名称。

如果磁盘、文件夹名称前带有加号"▷"，表示它们处于折叠状态。如果磁盘、文件夹名称前带有减号"◢"，表示它们处于展开状态。选择某一磁盘或文件夹之后，在右侧的窗格内显示所选磁盘或文件夹包含的子文件夹及其文件，双击文件夹图标，可逐级展开它所包含的内容，直到出现文件为止。

3.5.3 文件与文件夹的基本操作

对用户来说，在 Windows 操作系统中，文件或文件夹是最基本的对象，因此，文件或文件夹的操作是一种非常重要的操作。

1. 文件和文件夹的选定

1）选定单个文件或文件夹

用鼠标左键单击所要选择的文件或者文件夹。

2）选定多个连续的文件或文件夹

（1）单击所要选择的第一个文件或者文件夹，然后按住 Shift 键不放，单击最后一个文件或者文件夹。

（2）在工作区域内拖动鼠标指针，通过在要包括的所有项目外围划一个框来进行选择。

3）选定多个不连续的文件或文件夹

单击所要选择的第一个文件或者文件夹，然后按下 Ctrl 键不放，单击其他要选择的文件或者文件夹。

4）选定所有对象

单击"编辑"→"全选"命令，或者按下 Ctrl+A 组合键完成全选。

5）反向选择

先选定要排除的那些文件或者文件夹，然后单击"编辑"→"反向选择"。

若要清除选择，可以单击窗口的空白区域。如果要从已经选择的项目中排除一个或多个项目，先按住 Ctrl 键不放，然后单击这些要排除的项目。

选择文件或文件夹后，可以执行许多常见任务，例如复制、删除、重命名、压缩和查看属性等。只需右键单击选择的项目，然后单击相应的选项即可。

2. 文件或文件夹的删除

文件或者文件夹的删除方法如下：

（1）菜单法：鼠标左键单击选定所要删除的文件或者文件夹，然后在菜单栏中单击"文件"→"删除"，确认删除。

（2）键盘法：鼠标左键单击选定所要删除的文件或者文件夹，然后按下 Delete 键，确认删除。

（3）快捷菜单法：用鼠标右键单击所要删除的文件或者文件夹，从弹出菜单中单击"删除"，确认删除。

（4）拖动法：选定所要删除的文件或者文件夹，然后用鼠标直接将其拖到桌面图标"回收站"上。

在以上的键盘法和拖动法删除文件或者文件夹时，如果按下 Shift 键不放，然后按下 Delete

键；或者在拖动要删除的文件或者文件夹时按下 Shift 键不放，那么该文件或者文件夹将不会被保存在"回收站"当中，而是被彻底删除。

3. 文件或文件夹的重命名

文件或者文件夹重命名的方法如下：

（1）菜单法：鼠标左键单击选定所要重命名的文件或者文件夹，然后在菜单栏中单击"文件"→"重命名"，然后输入新的文件或者文件夹名即可。

（2）快捷菜单法：用鼠标右键单击所要重命名的文件或者文件夹，从弹出的快捷菜单中单击"重命名"菜单命令，然后输入新的文件或者文件夹名即可。

重命名时需注意以下几点：

（1）重命名的文件或者文件夹的新名称不能与已经存在的文件或者文件夹的名称相同。

（2）不能对正在使用的文件重命名。

（3）不能更改系统文件夹的名称。

4. 文件或文件夹的属性

Windows 7 中文件或文件夹包含两种普通属性：只读、隐藏；以及两种高级属性：存档和索引属性、压缩和加密属性。对设置成只读属性的文件，只能以只读方式打开该文件，从而不允许修改该文件的内容。对设置成隐藏属性的文件或者文件夹，在常规显示方式下，该文件或者文件夹不会显示在工作区域中。可以通过菜单栏中的"文件夹选项"→"查看"选项卡，来设置是否显示隐藏文件或者文件夹。

文件或者文件夹的属性可由用户自行设定，如图 3.22 所示。设置方法如下：

图 3.22　文件或文件夹属性设置窗口

（1）菜单法：鼠标左键单击选定所要设置的文件或者文件夹，然后在菜单栏中单击"文件"→"属性"，然后在对话框中进行设置。

（2）快捷菜单法：用鼠标右键单击所要重命名的文件或者文件夹，从弹出的快捷菜单中单击"属性"菜单命令，然后在对话框中进行设置。

5. 文件或文件夹的复制和移动

在使用 Windows 操作系统时，文件或者文件夹的复制和移动属于常用操作。

复制文件或者文件夹是指：将文件或者文件夹复制一份放到新的目标位置，源位置和目标位置同时存在该文件或者文件夹。

移动文件或者文件夹是指：将源位置的文件或者文件夹移动到新的目标位置，源位置不再有该文件或者文件夹。

文件或者文件夹的复制和移动有如下方法：

（1）鼠标拖放法：选定所要复制或者移动的文件或者文件夹，然后在选中的对象上按下鼠标左键不放并拖动选中的对象到目的位置后，松开鼠标左键即可完成。拖放文件时所产生的操作取决于你是否按下了控制键以及将文件拖放到什么位置，如图 3.23 所示。

（2）粘贴法复制文件或文件夹：打开要复制的文件或文件夹所在的位置；右键单击该文

件或文件夹，然后单击"复制"；打开要用来存储副本的位置；右键单击该位置中的空白区域，然后单击"粘贴"。这样，原始文件或文件夹的副本已存储在新位置。

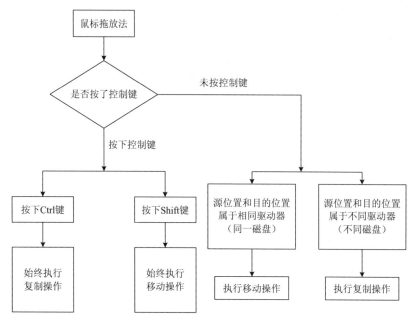

图 3.23　鼠标拖放法执行的操作

（3）粘贴法移动文件或文件夹：打开要移动的文件或文件夹所在的位置；右键单击该文件或文件夹，然后单击"剪切"；打开要移动到的目的位置。

右键单击该位置中的空白区域，然后单击"粘贴"。这样，源文件或文件夹就被移动到新位置。

以上操作还以通过单击菜单栏上"编辑"→"复制"或者"剪切"，在目的位置单击菜单栏上"编辑"→"粘贴"来实现文件或文件夹的复制和移动。同时，还可以用如下键盘组合键来完成文件或文件夹的复制和移动：复制，Ctrl+C；剪切，Ctrl+X；粘贴，Ctrl+V。

6. 文件或文件夹的创建

1）创建文件夹

创建文件夹的步骤如下：

（1）转到要新建文件夹的位置（例如，某个文件夹或桌面）。

（2）在桌面上或文件夹窗口中右键单击空白区域，从弹出菜单中指向"新建"，然后单击"文件夹"。

（3）键入新文件夹的名称，然后按 Enter 键或者用鼠标左键单击工作区的空白处即可，新文件夹将显示在指定位置。

当然，也可以通过菜单栏的"文件"→"新建"来完成。如果在库中新建文件夹，则将在库的默认保存位置内创建该文件夹。

2）创建文件

打开要创建新文件的文件夹，在工作区域的空白处单击鼠标右键，指向弹出的快捷菜单中的"新建"，选择你要新建文件的文件类型，在当前文件夹内出现带临时名称的文件，键入新文件的名称后，单击工作区空白处即可。也可以通过菜单栏的命令来实现，如图 3.24 所示。

7. 文件或文件夹的查找

当需要查找某个文件或者文件夹，以及文件或者文件夹中包含的字符时，可以利用文件或者文件夹的查找来实现，如图 3.25 所示。操作方法如下：

（1）打开桌面上的"计算机"。

（2）在左侧的导航窗格中单击选择你要查找的位置。

（3）在窗口的右上角地址栏右边的搜索框中输入需要计算机匹配的字符，可以使用通配符"?""*"。

（4）按 Enter 键，资源管理工作区域内就会显示计算机查找到的匹配内容。

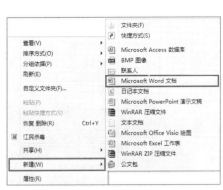

图 3.24　新建文件

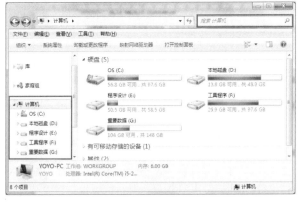

图 3.25　查找文件

8. 设置文件的打开方式

在 Windows 7 中打开一个文件时，存在以下几种情况需要设置文件打开方式：操作系统使用错误的程序打开该文件；该文件类型的文件被关联到了其他兼容程序；该文件无法打开，需要使用该文件的兼容程序打开。

可以为单个文件更改此设置，也可以更改此设置让 Windows 7 使用所选的软件程序打开同一类型的所有文件。操作步骤如下：

图 3.26　设置文件的打开方式

（1）打开包含要更改的文件的文件夹。

（2）右键单击要更改的文件，根据文件类型，单击"打开方式"或者指向"打开方式"，然后单击"选择默认程序"，如图 3.26 所示。

（3）单击要用来打开此文件的程序。

（4）如果要使用相同的软件程序打开该类型的所有文件，选中"始终使用选择的程序打开这种文件"复选框，然后单击"确定"按钮。

（5）如果仅希望这一次使用此软件程序打开该文件，清除"始终使用选择的程序打开这种文件"复选框，然后单击"确定"按钮。

9. 文件夹的共享

Windows 7 提供了特殊的网络共享方式：家庭组，使其在网络共享方面的功能更为方便。

1）传统的共享方式（用于与其他版本的 Windows 操作系统兼容）

（1）鼠标右键单击需要共享的文件夹，从弹出菜单中选择"属性"命令。

（2）单击"共享"选项卡，单击"高级共享"，如图 3.27 所示。

（3）选择复选框"共享此文件夹"，设置该文件夹的共享名称，如图 3.28 所示。

（4）单击设置访问权限的按钮"权限"，如图 3.29 所示。

图 3.27　设置高级共享

图 3.28　设置文件夹的共享名称

图 3.29　设置文件夹的访问权限

2）家庭组共享方式

使用家庭组，可轻松在家庭网络上共享文件和打印机，可以与家庭组中的其他人共享图片、音乐、视频、文档以及打印机。值得注意的是，仅有 Windows 7 家庭高级版及以上版本才能创建家庭组，所有版本的 Window 7 均可以加入家庭组。

加入家庭组后，即可访问家庭组内计算机的共享资源。在 Windows 7 中除了可以共享文件夹之外，还可以以库的方式共享资源。在家庭组共享资源的步骤如下：

（1）鼠标右键单击需要共享的文件夹，选择"共享"命令菜单。

（2）选择共享方式"家庭组（读取）"或者"家庭组（读取/写入）"，如图 3.30 所示。

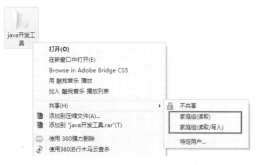
图 3.30　家庭组中共享文件夹

10．文件夹选项设置

1）统一文件夹或文件的显示视图

浏览"计算机"中的文件或文件夹时，可以将当前视图设置应用到计算机上的所有文件夹（针对与打开的文件夹相同的内容进行了优化）。例如，针对图片文件优化了"我的图片"文件夹。如果打开此文件夹并将视图更改为"大图标"，则可将"大图标"视图应用到针对图片优化的每个文件夹（使用库查看文件和文件夹时，不会应用此设置）。

（1）打开文件夹，单击工具栏上"视图"按钮旁的箭头，选择一个视图设置。

（2）在工具栏上，单击"组织"，然后单击"文件夹和搜索选项"。

（3）在"文件夹选项"对话框中，依次单击"查看"选项卡→"应用到文件夹"→"是"按钮，然后单击"确定"按钮，如图 3.31 所示。

❖　若要更改优化文件夹所针对的文件类型，请右键单击该文件夹，并依次单击"属性""自定义"选项卡和"优化此文件夹"列表中的文件夹类型，然后单击"确定"按钮，如图 3.32 所示。

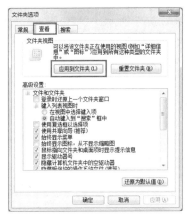 

图 3.31　统一文件夹或文件的显示视图　　　图 3.32　优化文件夹

2）显示已知文件类型的扩展名

查看作为文件名一部分的文件扩展名，可确保文件不是伪装成普通文件的恶意软件。

（1）在工具栏上，单击"组织"，然后单击"文件夹和搜索选项"。

（2）在"文件夹选项"对话框中，依次单击"查看"选项卡。

（3）在高级设置列表视图中，清除"隐藏已知文件类型的扩展名"复选框，然后单击"确定"按钮，如图 3.33 所示。

❖若要隐藏已知文件类型的扩展名，只需给该复选框加上选择标记，然后单击"确定"按钮即可。

3）显示或不显示隐藏的文件、文件夹或驱动器

浏览"计算机"中的文件或文件夹时，显示或不显示标记为"隐藏"的文件、文件夹和驱动器的设置步骤如下：

（1）在工具栏上，单击"组织"，然后单击"文件夹和搜索选项"。

（2）在"文件夹选项"对话框中，单击"查看"选项卡。

（3）在高级设置列表视图中，选择"不显示隐藏的文件、文件夹和驱动器"和"显示隐藏的文件、文件夹和驱动器"两个单选按钮，然后单击"确定"按钮，如图 3.34 所示。

图 3.33　显示已知文件类型的扩展名　　　图 3.34　隐藏文件、文件夹和驱动器的显示设置

快速测试

1．要将文件的扩展名始终显示出来，该如何设置？

2．如何更改文件的打开方式？

3．如何显示出系统的隐藏文件或者文件夹？

3.6 Windows 7 的控制面板

控制面板是 Windows 操作系统提供的一个综合管理工具，通过"控制面板"可以更改 Windows 操作系统各项的设置。这些设置控制有关 Windows 外观和工作方式，可以使 Windows 更适合用户的需要和方便用户的操作。

打开控制面板的操作方法如下：

（1）用鼠标双击桌面上的"控制面板"图标。

（2）用鼠标单击"开始"菜单图标，单击开始菜单右窗格中的"控制面板"。

（3）用鼠标单击"开始"菜单图标，单击"所有程序"菜单，单击"附件"，单击"系统工具"，单击"控制面板"。

查看控制面板有 3 种方式：类别、大图标、小图标。

控制面板中图标的查看方式默认为按类别显示，如图 3.35 所示。在该查看方式下，包含以下几个主要部分。

图 3.35 控制面板的分类视图

- 系统和安全：管理工具、系统、操作中心、Windows 防火墙的设置以及备份和还原等。
- 用户账户和家庭安全：管理系统用户和家长控制的设置。
- 网络和 Internet：管理网络和共享中心、家庭组、无线网以及 Internet 选项设置。
- 外观：用于设置系统外观和一些个性化的设置。包括：显示、桌面小工具、任务栏和开始菜单以及文件夹选项等。
- 硬件和声音：设置管理系统中的硬件以及声音，比如：打印机的添加和设置、管理音频设备等。
- 时钟、语言和区域：用于设置系统时间以及语言和区域的设置。
- 程序：用于添加和卸载程序。

3.6.1 外观设置

通过控制面板中的"外观"选项，可以更改计算机的桌面背景、调整计算机屏幕的分辨率以及刷新率等。

1．更改桌面背景

在控制面板中单击"外观"选项，然后单击"更改桌面背景"，就可以为计算机设置新的桌面背景。

2．调整屏幕分辨率

在控制面板中单击"外观"选项，然后单击"调整屏幕分辨率"，就可以更改计算机的屏幕分辨率，如图 3.36 所示。

3. 调整屏幕刷新率

在控制面板中单击"外观"选项，单击"调整屏幕分辨率"，再单击"高级设置"按钮，然后从弹出的对话框中单击"监视器"选项卡，就可以更改计算机的屏幕刷新率，如图 3.37 所示。

图 3.36　设置新的屏幕分辨率　　　　　　　图 3.37　设置新的屏幕刷新率

3.6.2　设置文本服务与输入语言

Windows 7 操作系统中的文本服务与输入语言的设置，可通过如下操作方法来实现：

（1）打开"控制面板"，单击打开"时钟、语言和区域"。

（2）单击打开"区域和语言"。

（3）在"区域和语言"对话窗口中单击选项卡"键盘和语言"，单击按钮"更改键盘"，打开"文本服务和输入语言"设置窗口，如图 3.38 所示。其中，"常规"选项卡：设置默认的输入语言，添加、删除输入语言；"语言栏"选项卡：设置语言栏的显示方式；"高级键设置"选项卡：设置输入语言的热键。

（4）选中要删除的输入法，单击"删除"按钮进行输入语言的删除操作。

（5）单击"添加"按钮进行输入语言的添加操作，如图 3.39 所示。选择要添加的输入语言后，单击"确定"按钮。

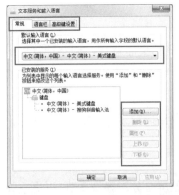

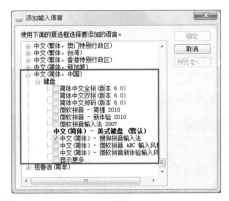

图 3.38　文本服务和输入语言设置　　　　　　图 3.39　添加输入语言

3.6.3 管理网络和共享中心

Windows 7 操作系统的"网络和共享中心"主要用于管理当前系统中的有线网络、无线网络以及添加、删除网络连接等。操作方法如下：

（1）打开"控制面板"。

（2）单击"网络和 Internet"。

（3）单击"网络和共享中心"，如图 3.40 所示。

图 3.40　网络和共享中心

● "管理无线网络"：主要用于管理当前系统中可连接的无线网络，包含无线连接设置、安全方面的设置和修改等，如图 3.41、图 3.42、图 3.43 所示。

图 3.41　管理无线网络

● "更改适配器设置"：主要用于设置和修改当前系统中网络连接使用的网络适配器，如图 3.44、图 3.45、图 3.46 所示。

● "更改高级共享设置"：主要用于网络共享设置，包含网络发现、文件和打印机共享、文件共享连接的加密方式以及设置共享的密码保护等。

● "设置新的连接和网络"：主要用于添加新的网络连接。以添加 ADSL 为例，操作步骤如下：

（1）单击"设置新的链接和网络"。

（2）在设置连接和网络窗口中选择"连接到 Internet"，单击"下一步"按钮。

（3）单击"宽带(PPPoE)(R)"，输入 ISP（互联网提供商）提供的账号和密码。

（4）单击"连接"按钮完成 ADSL 宽带连接设置。

图 3.42　设置无线网络的连接属性

图 3.43　设置无线网络安全属性

图 3.44　设置本地连接属性

图 3.45　设置连接

图 3.46　选择 IP 地址和 DNS 域名服务器

3.6.4　家长控制

计算机普及发展迅速，在现代社会中计算机的作用不言而喻，然而很多家长却面临一个头疼的问题：如何让自己的孩子合理地使用计算机。

Windows 7 操作系统内置了家长控制功能，可以协助对儿童使用计算机的方式进行管理，不仅可以控制儿童使用计算机的时间段，还可以控制可以玩的游戏类型以及可以使用的程序，让他们远离不良信息。Windows 7 操作系统提供的这些人性化功能，可以帮助我们在日常生活中免除烦恼，也许这就是科技服务于生活的最好证明。

设置家长控制功能的操作方法如下：

（1）打开"控制面板"，单击"用户账户和家庭安全"。

（2）单击"家长控制"，如果系统提示您输入管理员密码或进行确认，请键入该密码或提供确认。

（3）单击要设置家长控制的标准用户账户。如果尚未设置标准用户账户，请单击"创建新用户账户"设置一个新账户，如图 3.47 所示。

图 3.47 选择要启用家长控制的用户账户

（4）单击"启用，应用当前设置"，如图 3.48 所示。

图 3.48 家长控制功能的设置

（5）为孩子的标准用户账户启用家长控制后，可以调整要控制的以下个人设置：

- 时间限制：对允许儿童登录到计算机的时间进行控制。时间限制可以禁止儿童在指定的时段登录计算机。如果在分配的时间结束后其仍处于登录状态，则将自动注销账户。
- 游戏：可以控制对游戏的访问、选择年龄分级级别、选择要阻止的内容类型、确定是允许还是阻止未分级游戏或特定游戏。
- 允许或阻止特定程序：可以禁止儿童运行家长不希望其运行的程序。

3.7 Windows 7 的磁盘管理

磁盘管理是 Windows 7 操作系统提供的一种用于管理硬盘及其所包含的卷或分区的系统实用工具。使用磁盘管理可以初始化磁盘、清理磁盘、磁盘的碎片整理、备份磁盘中的重要数据、创建卷，以及使用 FAT、FAT32 或 NTFS 文件系统格式化卷。

磁盘管理可以使用户无需重新启动系统或中断用户，就能执行与磁盘相关的大部分任务，多数配置的更改可立即生效。

3.7.1　磁盘分区

通过 Windows 7 操作系统提供的磁盘管理程序，可以方便地创建分区、磁盘转换和扩展和收缩分区等。若要在硬盘上创建分区或卷（这两个术语通常互换使用），必须以管理员身份登录，并且硬盘上必须有未分配的磁盘空间或者在硬盘上的扩展分区内必须有可用空间。

如果没有未分配的磁盘空间，则可以通过收缩现有分区、删除分区或使用第三方分区程序创建一些空间。创建和格式化新分区（卷）的步骤如下：

（1）右键单击桌面上的"计算机"图标，然后单击"管理"菜单。如果系统提示输入管理员密码或进行确认，输入该密码或提供确认。

（2）在"计算机管理"窗口的左窗格中的"存储"下面，单击"磁盘管理"。

（3）右键单击硬盘上未分配的区域，然后单击"新建简单卷"。

（4）在"新建简单卷向导"中，单击"下一步"按钮。

（5）输入要创建的卷的大小（MB）或接受最大默认大小，然后单击"下一步"按钮。

（6）接受默认驱动器号或选择其他驱动器号以标识分区，然后单击"下一步"按钮。

（7）在"格式化分区"对话框中，执行下列操作之一，如果不想立即格式化该卷，单击"不要格式化这个卷"，然后单击"下一步"按钮；若要使用默认设置格式化该卷，单击"下一步"按钮。

（8）复查之前的选择，然后单击"完成"按钮。

3.7.2　磁盘格式化

格式化现有分区（卷）的步骤如下：

（1）右键单击桌面上的"计算机"图标，然后单击"管理"菜单。如果系统提示输入管理员密码或进行确认，输入该密码或提供确认。

（2）在"计算机管理"窗口的左窗格中的"存储"下面，单击"磁盘管理"。

（3）右键单击要格式化的卷，然后单击"格式化"。

（4）若要使用默认设置格式化卷，在"格式化"对话框中单击"确定"按钮，然后再次单击"确定"按钮。

❖注意：无法对当前正在使用的磁盘或分区（包括包含 Windows 操作系统的分区）进行格式化。"执行快速格式化"选项将创建新的文件表，但不会完全覆盖或擦除卷。"快速格式化"比普通格式化快得多，后者会完全擦除卷上现有的所有数据。

❖格式化卷将会破坏分区上的所有数据。请确保备份所有要保存的数据，然后再开始操作。

3.7.3　磁盘清理

如果要减少硬盘上不需要的文件数量，以释放磁盘空间以便让计算机运行得更快，可使用磁盘清理。该程序可删除临时文件、清空回收站，并删除各种系统文件和其他不再需要的项。

以下过程清除与用户账户关联的文件，还可以使用磁盘清理来清除计算机上的所有文件。清除与用户账户关联的文件的步骤如下：

（1）单击"开始菜单"图标→"所有程序"→"附件"→"系统工具"→"磁盘清理"。

（2）在"驱动器"列表中，单击要清理的硬盘驱动器，然后单击"确定"按钮。

（3）在"磁盘清理"对话框中的"磁盘清理"选项卡中，选中要删除的文件类型的复选框，然后单击"确定"按钮。

（4）在出现的对话框中单击"删除文件"。

3.7.4　磁盘碎片整理

磁盘碎片整理程序可以重新排列碎片数据，以便磁盘和驱动器能够更有效地工作。磁盘碎片整理程序可以按计划自动运行，但也可以手动分析磁盘和驱动器以及对其进行碎片整理。操作步骤如下：

（1）单击"开始菜单"图标→"所有程序"→"附件"→"系统工具"→"磁盘碎片整理程序"。

（2）在"当前状态"下，选择要进行碎片整理的磁盘。

（3）若要确定是否需要对磁盘进行碎片整理，单击"分析磁盘"。如果系统提示输入管理员密码或进行确认，输入该密码或提供确认。在 Windows 完成分析磁盘后，可以在"上一次运行时间"列中检查磁盘上碎片的百分比。如果数字高于 10%，则应该对磁盘进行碎片整理。

（4）单击"磁盘碎片整理"。如果系统提示输入管理员密码或进行确认，输入该密码或提供确认。

（5）磁盘碎片整理程序可能需要几分钟到几小时才能完成，具体时间取决于硬盘碎片的大小和程度。在碎片整理过程中，仍然可以使用计算机。

❖注意：如果磁盘已经由其他程序独占使用，或者磁盘使用 NTFS 文件系统、FAT 或 FAT32 之外的文件系统格式化，则无法对该磁盘进行碎片整理；不能对网络位置进行碎片整理；如果此处未显示希望在"当前状态"下看到的磁盘，则可能是因为该磁盘包含错误。应该首先尝试修复该磁盘，然后返回磁盘碎片整理程序重试。

❖应尽量避免经常使用"磁盘碎片整理程序"，因为该程序会对硬盘进行大量的读、写操作，在一定程度上会降低硬盘的使用寿命。

3.7.5　磁盘数据的备份与还原

1．磁盘数据的备份

为了帮助确保不会丢失用户文件，应当定期备份这些文件。可以设置自动备份或者随时手动备份文件。操作方法如下：

（1）打开"控制面板"。

（2）单击打开"系统和安全"。

（3）单击打开"备份和还原"。

（4）执行以下操作之一：如果以前从未使用过 Windows 备份，单击"设置备份"，然后按照向导中的步骤操作，如果系统提示输入管理员密码或进行确认，输入该密码或提供确认；如果以前创建了备份，则可以等待定期计划备份发生，或者可以通过单击"立即备份"手动创建新备份，如果系统提示输入管理员密码或进行确认，输入该密码或提供确认。

❖**注意**：建议不要将文件备份到安装 Windows 的硬盘中；始终将用于备份的介质（外部硬盘、DVD 或 CD）存储在安全的位置，以防止未经授权的人员访问文件。

2. 磁盘数据的还原

从备份还原文件，可以还原丢失、受到损坏或意外更改的备份版本的文件，也可以还原个别文件、文件组或者已备份的所有文件。

（1）打开"控制面板"，单击打开"系统和安全"。

（2）单击打开"备份和还原"。

（3）执行以下操作之一：若要还原文件，单击"还原我的文件"；若要还原所有用户的文件，单击"还原所有用户的文件"，如果系统提示输入管理员密码或进行确认，输入该密码或提供确认。

（4）执行以下操作之一：若要浏览备份的内容，单击"浏览文件"或"浏览文件夹"，浏览文件夹时，将无法查看文件夹中的个别文件，若要查看个别文件，使用"浏览文件"选项；若要搜索备份的内容，单击"搜索"，输入全部或部分文件名，然后单击"搜索"，提示如果搜索的是与特定用户账户相关联的文件或文件夹，则可通过在"搜索"框中键入文件或文件夹的位置得到较精确的搜索结果。例如，若要搜索已备份的所有 JPG 文件，在"搜索"框中输入 JPG；若要仅搜索与用户 Bill 相关联的 JPG 文件，在"搜索"框中输入 C:\Users\Bill\JPG。可以使用诸如*.jpg 之类的通配符搜索备份的所有 JPG 文件。

快速测试

1. 屏幕分辨率和刷新率的区别是什么？
2. 如何添加或修改输入法？

习　　题

一、术语解释

Windows、Linux、Android、GUI、CLI、进程、线程、控制面板

二、单选题

1. Windows 7 中，复制的快捷键是（　　　）。

　　A．Ctrl+C 　　　　　　B．Ctrl+A 　　　　　　C．Ctrl+X 　　　　　　D．Ctrl+B

2. 想在 Windows 7 下的 MS-DOS 方式中再返回到 Windows 窗口方式下，键入（　　　）命令后回车。

　　A．Esc 　　　　　　　B．Exit 　　　　　　　C．Cls 　　　　　　　D．Windows

3. Windows 7 中，粘贴的快捷键是（　　　）。

　　A．Ctrl+V 　　　　　　B．Ctrl+A 　　　　　　C．Ctrl+X 　　　　　　D．Ctrl+C

4. 在 Windows 7 中，将某一程序项移动到打开的文件夹中，应（　　　）。

　　A．单击鼠标左键 　　B．双击鼠标左键 　　C．拖曳 　　　　　　D．单击或双击鼠标右键

5. 在 Windows 7 中，连续两次快速按下鼠标器左键的操作称为（　　　）。

　　A．单击 　　　　　　　B．双击 　　　　　　　C．拖曳 　　　　　　　D．启动

6. 在 Windows 7 中，（　　　）颜色的变化可区分活动窗口和非活动窗口。

　　A．标题栏 　　　　　　B．信息栏 　　　　　　C．菜单栏 　　　　　　D．工具栏

7. Windows 操作系统提供了一种 DOS 下所没有的（　　）技术，以方便进行应用程序间信息的复制或移动等信息交换。

    A．编辑　　　　　　　B．拷贝　　　　　　　C．剪贴板　　　　　　D．磁盘操作

8. Windows 7 资源管理器操作中，当打开一个子目录后，全部选中其中内容的快捷键是（　　）。

    A．Ctrl+V　　　　　　B．Ctrl+A　　　　　　C．Ctrl+X　　　　　　D．Ctrl+C

9. 在 Windows 7 中，允许同时打开（　　）应用程序窗口。

    A．一个　　　　　　　B．两个　　　　　　　C．多个　　　　　　　D．三个

10. Windows 7 是一种（　　）。

    A．操作系统　　　　　B．字处理系统　　　　C．电子表格系统　　　D．应用软件

11. 在 Windows 7 资源管理器中，单击第一个文件名后，按住（　　）键，再单击另外一个文件，可选定一组不连续的文件。按住（　　）键，再单击另外一个文件，可选定一组连续的文件。

    A．Ctrl　　　　　　　B．Alt　　　　　　　C．Shift　　　　　　　D．Tab

12. 在资源管理器中，按（　　）键可删除文件。

    A．F7　　　　　　　　B．F8　　　　　　　　C．ESC　　　　　　　D．DELETE

13. 在 Windows 7 中，当一个窗口已经最大化后，下列叙述错误的是（　　）。

    A．该窗口可以被关闭　　　　　　　　　B．该窗口可以移动

    C．该窗口可以最小化　　　　　　　　　D．该窗口可以还原

14. （　　）操作会清除磁盘上的所有数据。

    A．清理磁盘　　　　　B．格式化　　　　　　C．剪切　　　　　　　D．取消

三、填空题

1. 在 Windows 7 中，文件名最长可以达到＿＿＿＿个字符。

2. 在 Windows 7 中，我们可以通过＿＿＿＿或＿＿＿＿组合键在应用程序之间进行切换。

3. 在 Windows 7 操作中，弹出快捷菜单一般单击鼠标＿＿＿＿。

4. Windows 7 中将应用程序窗口关闭的快捷键是＿＿＿＿。

5. 在 Windows 7 中，按下鼠标左键在不同驱动器不同文件夹内拖动某一对象，结果是＿＿＿＿该对象；按下鼠标左键在相同驱动器不同、文件夹内拖动某一对象，结果是＿＿＿＿该对象。

6. Windows 7 中在查找文件时，可以使用通配符"？"和＿＿＿＿代替文件名中的一部分。

7. 在 Windows 7 中，如要需要彻底删除某文件或者文件夹，可以按＿＿＿＿组合键。

8. Windows 7 中要将回收站中的内容全部清除，只需在该窗口的"文件"菜单中执行＿＿＿＿命令。

四、简答题

1. 简述操作系统的定义和在计算机系统中的作用和地位。

2. 操作系统的功能包含哪几个方面？

3. 简述文件夹与文件的关系，说明为什么要建立不同的文件夹。

4. 简述通配符"*"、"？"的作用分别是什么。

5. 什么是面向对象的操作系统？面向对象的操作系统有什么特点？

6. 简述 Linux、Android 的区别和联系。

7. 如果计算机桌面和任务栏上的输入法工具栏消失了，且不能通过键盘上的快捷键切换出来，请简述如何重新设置或者添加输入法。

第 4 章　Word 2010 应用技术

本章首先对办公软件进行简述，之后简介 Office 2010 的主要组件、功能及特点。最后详细介绍 Word 2010 基本操作及高级排版等各个方面的使用方法与技巧。

4.1　办公软件概述

办公软件指可以进行文字处理、表格制作、幻灯片制作、简单数据库的处理等方面工作的软件。包括微软 Office 系列、金山 WPS 系列、永中 Office 系列、Apache OpenOffice 等。办公软件已经成为现代办公不可缺少的工具，几乎成了每部计算机上的必备软件。

4.1.1　Microsoft Office

Microsoft Office 是微软公司开发的一套基于 Windows 操作系统的办公软件套装，目前应用非常广泛，常用组件有 Word、Excel、PowerPoint、Access 等。Microsoft Office 2010 是微软公司推出的新一代办公软件，开发代号为 Office 14，实际是第 12 个发行版。它采用 Ribbon 新界面主题，新界面干净整洁，清晰明了，没有丝毫混淆感。

4.1.2　WPS Office

WPS Office 是金山软件公司的一种办公软件，它包括 WPS 文字、WPS 表格、WPS 演示等组件。最初出现于 1989 年，在微软 Windows 系统出现以前，DOS 系统盛行的年代，WPS 曾是中国最流行的文字处理软件。

WPS 2013 主打灵巧便捷特性，超小体积，不必耗时等待下载，也不必为安装费时头疼，可实现 1 分钟下载安装，并深度兼容微软 Office。"WPS 文字"深度兼容于 Microsoft Office Word，"WPS 表格"深度兼容于 Microsoft Office Excel，"WPS 演示"深度兼容于 Microsoft Office PowerPoint。它采用 Windows 7 风格界面，在功能上提供 10 大文档创作工具，具备 100 项功能改进。

1）两种界面切换

遵循 Windows 7 主流设计风格的 2012 新界面，赋予用户焕然一新的视觉享受。WPS 2012 充分尊重用户的选择与喜好，提供双界面切换，用户可以无障碍地在新界面与经典界面之间转换，选择符合自己使用习惯、提高工作效率的界面风格与交互模式。让老用户得以保留长期积累的习惯和认知，同时能以最小学习成本去适应和接受新的界面与体验。

2）三大资源宝库

（1）在线模板。WPS Office 2012 在线模板首页全新升级，更新上百个热门标签让用户查找更方便，还可以收藏多个模板，并将模板一键分享到论坛、微博。无论是节假日还是热点事件，模板库都会"与时俱进"随时更新。

（2）在线素材。WPS Office 2012 内置全新的在线素材库 Gallery，集合千万精品办公素材。不仅如此，用户还可以上传、下载、分享他人的素材，群组功能允许用户方便地将不同素材分类。按钮、图标、结构图、流程图等专业素材可将思维和点子变成漂亮专业的图文格式，付诸于文档、演示和表格。

（3）知识库。在 WPS 知识库频道，来自 Office 能手们的亲身体验出的"智慧结晶"能够帮助用户解决一切疑难杂症。无论是操作问题、功能理解，还是应用操作，WPS 知识库的精品教程都会助你一臂之力。办公技巧不再是独家秘技，而是人人都可学，人人都能用的知识。

3）"云"办公

随时随地办公的乐趣，想要得到吗？使用快盘、Android 平台的移动。

Kingsoft Office，随时随地阅读、编辑和保存文档，还可将文档共享给工作伙伴，跟随你各处行走的办公软件。

现在我国很多政府机关都装有 WPS Office 办公软件。WPS 作为国产软件一直在向着"真正成为符合国人使用的办公软件"这一目标不断努力，并取得了不少成效。

快速测试

1. 什么是办公软件？
2. Microsoft Office 是什么软件？
3. WPS 是什么软件？

4.2 Word 2010 界面及功能区简介

Word 2010 是 Microsoft 公司开发的 Office 2010 办公组件之一，于 2010 年 6 月 18 日上市，主要用于文字处理工作。Word 的最初版本是由 Richard Brodie 为了运行 DOS 的 IBM 计算机而在 1983 年编写的。随后的版本可运行于 Apple Macintosh（1984 年）、SCO UNIX 和 Microsoft Windows（1989 年），并成为了 Microsoft Office 的一部分。

Microsoft Word 从 Word 2007 升级到 Word 2010，其最显著的变化就是使用"文件"按钮代替了 Word 2007 中的 Office 按钮，使用户更容易地从 Word 2003 和 Word 2000 等旧版本中转移。另外，Word 2010 同样取消了传统的菜单操作方式，而代之于各种功能区。

4.2.1 Word 2010 界面简介

Word 2010 的界面如图 4.1 所示。对应图中的标号，下面是其相关的名称和简介。

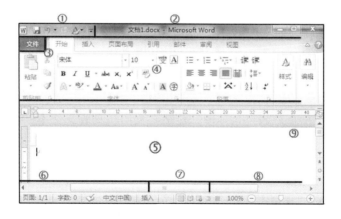

图 4.1 Word 2010 界面

① 快速访问工具栏：常用命令位于此处，例如"保存""撤消"和"恢复"。在快速访问工具栏的末尾是一个下拉菜单，在其中可以添加其他常用命令或经常需要用到的命令。

② 标题栏：显示正在编辑的文档的文件名以及所使用的软件名。其中还包括标准的"最小化""还原"和"关闭"按钮。

③ "文件"选项卡：单击此按钮可以查找对文档本身而非对文档内容进行操作的命令，如"新建""打开""另存为""打印"和"关闭"。

④ 功能区：工作时需要用到的命令位于此处。功能区的外观会根据监视器的大小改变。Word 通过更改控件的排列来压缩功能区，以便适应较小的监视器。

⑤ 编辑窗口：显示正在编辑的文档的内容。

⑥ 状态栏：显示正在编辑的文档的相关信息。

⑦ "视图"按钮：可用于更改正在编辑的文档的显示模式以符合用户的要求。

⑧ 显示比例：可用于更改正在编辑的文档的显示比例设置。

⑨ 滚动条：可用于更改正在编辑的文档的显示位置。

4.2.2　功能区简介

在 Word 2010 窗口上方看起来像菜单的名称，其实是功能区的名称，当单击这些名称或者"选项卡"时并不会打开菜单，而是切换到与之相对应的功能区面板。该"选项卡"下属的功能显示在如图 4.1 中的④指示的区域上，每个功能区根据功能的不同又分为若干个组。由于屏幕大小的限制，展示不下的功能项被折叠起来。应用中，打开下面 3 种图标能看到更多的功能。

● 　按钮是在窗口和选项卡模式下打开、使用该功能组更多的选项。

● 　按钮是使用该功能更多的设置选项。

● 带…的功能项是打开下级设置窗口。

每个功能区的功能描述如下：

1）"文件"选项卡

"文件"选项卡是针对文档而不是文档内容设置的一些操作功能，包括文档的新建、保存、打开、关闭、打印、发送等设置功能，还有文档的保护处理、最近编辑过的文档列表、帮助信息、退出等。

2）"开始"功能区

"开始"功能区中包括剪贴板、字体、段落、样式和编辑 5 个组，对应 Word 2003 的"编辑"和"段落"菜单部分命令。该功能区主要用于帮助用户对 Word 2010 文档进行文字编辑和格式设置，是用户最常用的功能区。

3）"插入"功能区

"插入"功能区包括页、表格、插图、链接、页眉和页脚、文本、符号等几个组，对应 Word 2003 中"插入"菜单的部分命令，主要用于在 Word 2010 文档中插入各种数据元素。

4）"页面布局"功能区

"页面布局"功能区包括主题、页面设置、稿纸、页面背景、段落、排列几个组，对应 Word 2003 的"页面设置"菜单命令和"段落"菜单中的部分命令，用于帮助用户设置 Word 2010 文档页面样式。

5）"引用"功能区

"引用"功能区包括目录、脚注、引文与书目、题注、索引和引文目录几个组，用于实现在 Word 2010 文档中插入目录等比较高级的功能。

6）"邮件"功能区

"邮件"功能区包括创建、开始邮件合并、编写和插入域、预览结果和完成几个组，该功能区的作用比较专一，专门用于在 Word 2010 文档中进行邮件合并方面的操作。

7）"审阅"功能区

"审阅"功能区包括校对、语言、中文简繁转换、批注、修订、更改、比较和保护几个组，主要用于对 Word 2010 文档进行校对和修订等操作，适用于多人协作处理 Word 2010 长文档。

8）"视图"功能区

"视图"功能区包括文档视图、显示、显示比例、窗口和宏几个组，主要用于帮助用户设置 Word 2010 操作窗口的视图类型，以方便操作。

9）"加载项"功能区

加载项是安装的、用于向 Microsoft Word 2010 程序添加自定义命令或新功能的功能。加载项 Acrobat 加载项可用于各种能够提高用户生产力的新增或更新的功能。"加载项"功能区可以在 Word 2010 中添加或删除加载项。在使用加载项时，可能需要了解有关数字签名和证书的详细信息，数字签名和证书会对加载项、受信任的发布者和常常创建加载项的软件开发人员进行身份验证。

快速测试

1．Word 2010 的界面组成是怎样的？
2．为什么要用"功能区"代替传统的"菜单"？优点是什么？
3．"开始"功能区有哪些功能选项？

4.3　Word 2010 的基本使用

4.3.1　Word 2010 的启动

1．双击 Word 2010 快捷图标

双击桌面上的 Microsoft Office Word 2010 的快捷方式图标。除桌面外，其他位置上有这种快捷图标也可以启动。

2．利用"开始"菜单

单击任务栏上左边的 "开始"按钮→"程序"菜单→Microsoft Office 子菜单→Microsoft Office Word 2010 命令。

3．利用 Word 文档

若使用的计算机已经安装了 Word 2010，则双击任何路径下的 Word 文档，即可启动 Word 同时自动加载该文档。

4．运行 Word 2010 的应用程序文件

找到计算机上安装 Word 2010 的路径，运行可执行的应用程序文件也可以启动 Word 2010。例如：运行路径 C:\Program Files (x86)\Microsoft Office\Office14 下的 WINWORD.EXE 文件。

❖**注意**：首次启动 Word 时，可能会显示"Microsoft 软件许可协议"。若要退出，在"文件"选项卡上选择"退出"命令。

4.3.2 Word 2010 的退出

假设 Word 窗口已打开，退出 Word 就是关闭 Word 窗口。通常有以下几种方法：

（1）单击 Word 窗口右上角的"关闭"按钮，即 ▬ ▬ X ▬ 。

（2）双击 Word 窗口左上角的"控制菜单图标"，即 W 。

（3）单击 Word 窗口左上角的"控制菜单图标"，选取"关闭"命令。

（4）选择"文件"菜单→"退出"命令。注意：选择"文件"菜单→"关闭"则是关闭当前文档而不是 Word 2010 窗口。

（5）按 Alt+F4 组合键。

❖**注意**：在退出 Word 之前，若正在编辑的文档中有内容尚未存盘，则系统会弹出保存提示框，询问是否保存被修改过的文档，可根据需要进行选择。

4.3.3 新建文档

1. 使用文档模板新建 Word 2010 文档

依次单击"文件"→"新建"按钮，可以看到常用模板和"Office.com 模板"两种分类，每种分类下有一系列可选用的具体模板。常用模板是存在本机上的模板，在不同的环境下都可以获得，其中"空白文档"模板是比较常用的模板，也适合初学者进行文档设计。

在线方式下获取的"Office.com 模板"列表中，有关于会议、证书、日历、广告、合同、新闻稿等一系列基于日常生活和工作中具体应用领域的常用模板，经常处理文字信息的使用者通过这些模板不仅可以快速地创建自己的文档，而且可以使文档更漂亮、美观，如图 4.2 所示。

图 4.2　Office.com 模板

2. 根据当前打开的 Word 文档新建 Word 2010 文档

（1）打开 Word 2010 文档窗口，依次单击"文件"→"新建"按钮。

（2）打开"新建文档"对话框，单击"根据现有内容创建"按钮。

（3）选择模板文档的保存位置，在对话框中输入该文件的名称，然后单击"打开"按钮，即可根据已经设置好的文档创建新文档。使用中注意对新文档的命名和保存。

4.3.4　保存文档

在 Word 中，必须保存被编辑的文档才能在退出程序时不会丢失所做的工作。保存文档时，文档会以文件的形式存储在计算机上。这样就可以在以后打开、修改和打印该文件。保存文档步骤如下：

（1）单击快速访问栏中的"保存"按钮 ；或者单击"文件"选项卡下的"保存 "；或者按下组合键 Ctrl+S。

（2）在"另存为"对话框中的"保存位置"框中，确定文档存盘的位置。首次保存文档时，文档中的第一行文字将作为文件名预填在"文件名"框中。若要更改文件名，输入新文件名。

（3）Word 2010 文档默认的保存类型是.docx 文档，当文档第一次存为默认类型时可以单击标题栏处的"保存"按钮。

（4）若想把文档存为其他类型，单击"文件"→"另存为"选项，单击保存类型，可以看到 Word 2010 提供了丰富的文件类型，如图 4.3 所示。这些类型主要有 Word 系列、html 系列、xml 系列，以及其他类型，如：rtf 类型、txt 类型、pdf 类型、wps 类型等。

（5）当确定了文档的保存路径、文件名和类型后，单击"保存"按钮，当前文档以文件形式存储在外存上（如硬盘、优盘、或网络空间等）。标题栏上的信息更改成保存时命名的文件名和后缀。

❖注意：Word 2003 版的文档后缀是.doc，若用 Word 2010 创建的文档在以后的使用中可能涉及向前兼容性问题时，建议存盘时选择.doc 这种通用的类型。

图 4.3　"另存为"对话框

快速测试

（1）随着时代与技术的进步，新的电子产品不断出现，在智能手机上可以使用 Word 文档吗？你用过吗？想一想是怎么打开、关闭、编辑文档的。

（2）保存文档重要吗？在什么时候保存最好？

（3）除了设计普通的文档，你还用过 Word 2010 设计过其他类型的文档吗？比如，设计过贺卡、信笺或电子邮件吗？

（4）可否利用 Word 2010 来设计文档模板？

4.3.5　打开文档

要对已经关闭的文档进行编辑和修改，需要先打开该文档。打开文档的几种方法如下：

（1）单击"开始"按钮→"文档"，双击存在"文档库"中的文件即可打开。

（2）定位到存储文件的位置，然后双击目标文件，此时将显示 Word 启动屏幕，然后显示该文档。

图 4.4　文档的打开方式

（3）在 Word 启动后，单击"文件"→"打开"选项，在对话框里选择要打开的任何一个文档即可。

（4）在 Word 启动后，单击"文件"选项卡，然后单击"打开"，单击"最近所用文件"，在最近使用的文件序列中选择目标文件双击即可。

（5）Word 2010 还可以用副本方式打开文档，这将在文档所在文件夹下创建一份完全相同的 Word 文档，以方便原文件和副本同时打开的前提下进行编辑和修改。

（6）还可以采用只读方式、受保护的视图打开等方式对文档进行打开操作，如图 4.4 所示。

4.3.6　关闭文档

关闭操作分为关闭 Word 2010 软件、关闭软件中打开的文档两种类型。

（1）关闭 Word 2010 软件的方法有：单击"文件"→"退出"选项；标题栏右边的 ⊠ 关闭按钮；或者按组合键 Alt+F4。

（2）关闭 Word 2010 中打开的文档方法有："文件"→"关闭"选项；在操作系统任务栏上对应的文档上单击鼠标右键，选择"关闭窗口"选项；或者按组合键 Ctrl+W 关闭当前文档。

4.3.7　编辑文档内容

当 Word 2010 启动后，单击默认文档编辑区，有一个黑色竖条光标"｜"在不停地闪烁，此处是插入点。输入文档的内容将显示在插入点处。

在 Word 2010 编辑环境下，可在文档中输入不同类型的内容，其中包括：汉字及标点符号、英文及符号、汉字码表和 ASCII 码表中的其他文本符号、数字、日期和时间等。插入对象包括表格、图表、图形和图片、符号或其他形式的信息（例如，在一个应用程序中创建的对象，若链接或嵌入另一个程序中，就是 OLE 对象），插入超链接、书签、交叉引用以及页面和页脚信息等。利用插入功能区的各项功能，可以快速准确地编辑文档内容，如图 4.5 所示。

图 4.5　"插入"功能区

选定插入文档中的某种类型的内容，Word 2010 会立即在选项卡上显示该类型数据的编辑工具，在特定区域上，左键单击或者右键单击都能打开功能区的编辑选项。

4.3.8　文档的基本操作

文档的基本操作包括选择、复制、粘贴、剪切、删除以及查找和替换文本等内容。对 Word 2010 中的文本进行编辑之前首先要选择被编辑的文本，下面是使用鼠标和键盘选择文本的几种方法。

1. 选择文本

1）使用鼠标选择文本

（1）选择单个字词。将光标定位在需要选择的字词的开始位置，然后按下鼠标左键不放拖至需要选择的字词的结束位置，释放鼠标左键即可。另外，在词语中的任何位置双击都可以选择该词语，被选中的文本呈反色显示。

（2）选择连续文本。将光标定位在需要选择的文本的开始位置，然后按住鼠标左键不放拖至需要选择的文本的结束位置释放即可。

如果要选择超长文本，只需将光标定位在需要选择的文本的开始位置，然后用滚动条代替光标向下移动文本，按住 Shift 键，单击要选择文本的结束处即可选定。

（3）选择段落文本。在要选择的段落中的任意位置三击鼠标左键即可选择整个段落文本。

（4）选择矩形文本。按住 Alt 键，同时在文本上拖动鼠标即可选择任意大小的矩形文本。

（5）选择分散文本。首先用拖动鼠标的方法选择一个文本，然后按下 Ctrl 键，依次选择其他文本，即可选择任意数目的分散文本了。

2）使用键盘选择文本

除了使用鼠标选择文本外，还可以使用键盘上的组合键选取文本。Word 2010 中，主要通过 Shift、Ctrl 和 4 个方向键（←、↑、→和↓）来实现。

首先将光标定位在文本中适当的位置处，然后按组合键选择文本。操作方法如表 4.1 所示。

表 4.1　选择文本的组合键

快捷键或组合键	功　　能	快捷键或组合键	功　　能
Ctrl+A	选择整篇文档	Shift+↓	向下选中一行
Ctrl+Shift+Home	选择光标所在处至文档开始处的文本	Shift+←	向左选中一个字符
Ctrl+Shift+End	选择光标所在处至文档结束处的文本	Shift+→	向右选中一个字符
Ctrl+Shift+Page Up	选择光标所在处至本页开始处的文本	Ctrl+Shift+←	选择光标所在处左侧的词语
Ctrl+Shift+Page Down	选择光标所在处至本页结束处的文本	Ctrl+Shift+→	选择光标所在处右侧的词语
Shift+↑	向上选中一行		

3）使用选中栏选择文本

选中栏是 Word 文档左侧的空白区域，当鼠标指针移到至该空白区域时，便会呈 ⤢ 形状显示。

（1）选择行。将鼠标指针移至要选中行左侧的选中栏中，然后单击鼠标左键即可选择该行文本。

（2）选择段落。将鼠标指针移至要选中段落左侧的选中栏中，然后双击鼠标即可选择整段文本。

（3）选择整篇文档。将鼠标指针移至选中栏中，然后三击鼠标即可选择整篇文档。

2. 复制文本

复制又称拷贝，是指将文档中的某部分内容复制一份，插入本文档或者其他文档的某个地方，而被拷贝的内容仍然原封不动的保留在原来的位置上。

1）Windows 剪贴板

剪贴板是 Windows 的一块临时存储区，用户可以在剪贴板上对文本进行复制、剪切和粘贴等操作。剪贴板是不同应用程序之间交换信息的有用工具，但缺点是：剪贴板只能保留一份数据，当新数据写入时旧的数据便会被覆盖。下面是使用剪贴板的几种方法：

（1）在文档中选择目标文本，切换到"开始"选项卡，在"剪贴板"组中单击"复制"按钮。

（2）在文档中选择目标文本，单击鼠标右键，在弹出的快捷菜单中选择"复制"菜单项。

（3）在文档中选择目标文本，按下组合键 Ctrl+C 即可。

2）左键拖动复制

将鼠标指针放在选中的文本上，按下 Ctrl 键，同时按鼠标左键将其拖动到目标位置，在此过程中，鼠标指针右下方出现一个"+"号。

3）右键拖动复制

将鼠标指针放在选中的文本上，按住鼠标右键向目标位置拖动，到达位置后，松开右键，在快捷菜单中选择"复制到此位置"菜单项。

4）使用 Shift+F2 组合键

选中文本，按下 Shift+F2 组合键，状态栏中将出现"复制到何处？"字样，单击放置复制对象的目标位置，然后按 Enter 键即可。

3．剪切文本

剪切是指将选中的文本信息存入剪贴板中，单击"粘贴"后会在目标位置处出现一份相同的内容，但是，操作完成后原来的文本会被系统自动删除。

1）鼠标右键菜单剪切

在文档中选择目标文本，单击鼠标右键，在弹出的快捷菜单中选择"剪切"菜单项即可。

2）使用剪贴板剪切

在文档中选择目标文本，单击"开始"选项卡，在"剪贴板"组中单击"剪切"按钮。

3）快捷键 Ctrl+X 也可以快速剪切文本。

4．粘贴文本

文本被复制到剪贴板以后，用户要立即在本文档或其他文档中进行粘贴操作，这样复制或拷贝工作才结束。粘贴文本的几种方法如下。

1）鼠标右键菜单粘贴

复制文本后，单击鼠标右键，在弹出的快捷菜单中选择"粘贴选项"中的任意一个选项即可。"粘贴选项"中有 3 个项：保留源格式粘贴、合并格式粘贴、只保留文本内容的粘贴；还提供了两个对话窗口：选择性粘贴、设置默认粘贴。

2）使用剪贴板粘贴

复制文本后，切换到"开始"选项卡，在"剪贴板"组中单击"粘贴"按钮下方的小三角形，在弹出的列表中选择"粘贴选项"中需要的选项即可。

3）使用快捷键

使用快捷键 Ctrl+C 复制文本，接着用 Ctrl+V 粘贴文本。

5．改写文本

在 Word 文档中，改写文本的方法有两种：

（1）把鼠标移到状态栏中的 插入 按钮上，单击鼠标左键，图标随即变成 改写 按钮，进入改写状态，此时输入的文本将会按照相等的字符个数依次覆盖右侧的文本。

（2）用鼠标选中要替换的文本，然后输入需要的文本，则新输入的文本会自动替换选中的文本。

❖**注意**：按键盘上的 Insert 键也可以在"插入"和"改写"状态之间切换。

6. 删除文本

从文档中删除不需要的文本，可以使用键盘上的单键或组合键，如表 4.2 所示。

表 4.2　删除文本的组合键

快捷键或组合键	功　　能	快捷键或组合键	功　　能
Backspace	向左删除一个字符	Ctrl+ Delete	向右删除一个字词
Delete	向右删除一个字符	Ctrl+Z	撤销上一个操作
Ctrl+ Backspace	向左删除一个字词	Ctrl+Y	恢复上一个操作

7. "撤销"和"恢复"

对于文档的编辑是一个反复的过程，会用到大量的、一系列的操作。编辑中，若觉得前面的某步操作不对，想把编辑效果改回来。怎么操作才能最快捷呢？

（1）在"快速访问工具栏"上的"撤销"和"恢复" 这一对功能按钮很有用。单击中间的小三角形，能打开记录了每步操作的一个列表，选择某步操作可以确定要撤销的步骤区域（从当前操作到选定步骤间的操作均被撤销）。

（2）"撤销"和"恢复"是一组相对的功能，若"撤销"操作不对，则可单击"恢复"还原。

（3）组合键 Ctrl+Z 是从当前操作开始向前撤销，使用一次，撤销一步操作，要撤销多步则多次使用即可。

4.3.9　预览和打印文档

预览时不需要实际打印文档，即可方便地查看文档在打印时的布局效果。方法是：单击"文件"选项卡，选择"打印"以查看文档的预览，在"设置"中检查需要更改的任意属性，当打印机和文档的属性符合要求时，单击"打印"按钮即可打印。

文档打印选项中，提供了打印的常用设置和当前文档页面的预览效果，如图 4.6 所示。滚动打印设置的滚动条到最下方，可以看到"页面设置"。滚动右边文档预览的滚动条，可以浏览整个文档的打印效果。

在实际的使用中，要先了解打印机的安装情况，是否单面打印、双面打印、手动双面打印还是支持自动双面打印等问题。必要的时候可以查看打印机手册或咨询打印机制造商，也可以在"设置"下选择相应的选项，如图 4.7 所示。

图 4.6　文档打印设置　　　　　　　图 4.7　"设置"选项

❖提示：要得到想要的打印效果，根据打印机型号的不同，可能需要旋转并重新排列页面顺序，并对页面设置做一些调整，比如：在纸张的两面打印、打印文档的奇数页和偶数页等情况。

4.3.10　保护文档

可以通过设置只读文档、设置加密文档和启动强制保护等方法来对文档进行保护，以防止没有操作权限的人员随意打开或者修改文档。

1．设置只读文档

只读文档是指开启的文档处在"只读"的状态，无法被修改。设置只读文档的方法主要有以下两种。

1）标记为最终状态

将文档标记为最终状态，可让用户知晓文档是最终版本，并将其设置为只读。步骤如下：
打开文档，单击"文件"选项卡→"信息"菜单项→"保护文档"按钮，在弹出的下拉

图 4.8　标记为终稿对话框

列表中选择"标记为最终状态"选项。

弹出如图 4.8 所示的对话框，并提示用户"此文档将先被标记为终稿，然后保存"，单击"确定"会提示"此文档已被标记为最终状态"。

再次启动文档，弹出提示对话框"作者已将此文档标记为最终版本以防止编辑"，文档标题栏上显示"只读"，若要编辑文档，单击提示对话框旁边的"仍然编辑"即可。

2）使用常规选项

单击"文件"选项卡，选择"另存为"菜单项，单击"工具"按钮，选择"常规选项"，在弹出的对话框中，选中"建议以只读方式打开文档"复选框即可。单击"确定"按钮，返回"另存为"对话框，保存即可。

再次打开文档，会弹出提示框"是否以只读方式打开？"，单击"是"按钮，看到标题栏处显出"只读"。

2．设置加密文档

为了保证文档安全，需要对文档进行加密。设置加密文档包括设置文档的打开密码与修改密码。步骤如下：

（1）打开文档，单击"文件"选项卡→"信息"菜单项→"保护文档"按钮，在弹出的下拉列表中选择"用密码进行加密"选项。

（2）弹出"加密文档"对话框，在"密码"文本框中输入密码（如："Abc"），单击"确定"按钮。

（3）弹出"确认密码"对话框，在"重新输入密码"文本框中再次输入密码（如："Abc"），单击"确定"按钮。

（4）下次启动文档时，将弹出"密码"对话框，在密码文本框中输入密码（"Abc"），单击"确定"按钮才可以打开文档，如图 4.9 所示。

3．启动强制保护

要保护文档的内容不被修改，还可以通过设置文档的编辑权限，启动文档的强制保护功能。设置步骤如下：

（1）单击"文件"选项卡→"信息"菜单项→"保护文档"按钮，在弹出的下拉列表中选择"限制编辑"选项。

（2）在 Word 文档编辑区的右边出现一个"限制格式和编辑"的窗格，在"编辑限制"组合框中选中"仅允许在文档中进行此类型的编辑"复选框，在下拉列表中选择"不允许任何更改（只读）"选项，如图 4.10 所示。

图 4.9 "密码"对话框

图 4.10 启动强制保护

（3）单击"是，启动强制保护"按钮，在弹出的窗口中的"新密码"和"确认新密码"文本框中键入密码，单击"确定"按钮，返回 Word 文档中，文档便处于保护状态。

（4）若要取消强制保护，在"限制格式和编辑"的窗格中单击"取消保护文档"，在"密码"文本框中输入密码，单击"确定"按钮即可。

快速测试

1．想一想，对于文档的基本操作，你会哪些？如果对这些操作不熟练，编辑文档是不是会浪费掉很多时间？怎么提高文档设计的效率？

2．打印文档的时候，只想打印奇数页或者偶数页，应该怎么设置？

3．你有保护文档的意识吗？最喜欢用哪种方式来保护文档？

4.4 在文档中插入各种对象与查找、替换操作

4.4.1 图形

1．插图

与文字相比，插图和图形更有助于读者理解和记住信息，创建一份图文并茂的文档是一件有趣、有意义的事情。Word 2010 中可以在文档中插入的插图类型如图 4.11 所示。其中有"图片""剪贴画""形状""SmartArt""图表""屏幕截图"6 种类型。增强 Word 文档效果的基本图形类型有：图片、剪贴画、形状、SmartArt、屏幕截图和图表；绘图对象有：形状、图表、流程图、曲线、线条和艺术字等。

图 4.11 插图类型

2. 图片来源丰富

Word 2010 可以将多种来源的图片和剪贴画插入或复制到文档中，比如：从网上的剪贴画库下载、从网页上复制或从保存图片的文件夹中插入等。若要从扫描仪或照相机插入图片，要先使用扫描仪或照相机随附的软件将图片传送到计算机，保存图片后按照"插入来自文件的图片"的说明将其插入文档。其中，"图片"和"剪贴画"的区别是："剪贴画"是 Word 2010 软件提供的一种特殊的图形，小巧、漂亮，非常实用。若本机上的图片范例不够用，还可以勾选在线的 Office.com 库选项，下载更多有趣的图形。而"图片"泛指从计算机外部存储器上获取的图片，比如硬盘、数码相机、手机等。"图表"是指在文档中嵌入由电子表格 Excel 编辑的表格和图。

3. 图片编辑方便

单击"插入"选项卡→"图片"，在对话框选择图片文件，即可将图片插入文档中。单击插入的图片，图片周围会出现很多圆形的小控制点，通常称为句柄。用鼠标拖动空心圆点可以

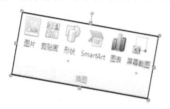

图 4.12　图片的选取及调整

改变图片的大小：水平和垂直方向拖动为单方向改变图片大小；对角线方向拖动可以按比例缩放图片大小。拖动绿色的实心圆点可以旋转图片，如图 4.12 所示。

4. 图片工具格式

选择插入的图片（单击或者双击鼠标左键），在功能区看到"图片工具"选项卡，如图 4.13 所示。Word 2010 提供了较以前版本更丰富的图形编辑工具，不仅可以使用颜色、图案、边框和其他艺术效果对图形进行修饰和增强，而且提供了丰富和漂亮的艺术化样式模板，选择它立即可以在文档中看到预览效果，使用非常方便。工具中，可以对图形进行"调整""图片样式""排列""大小"4 个方面的设置。用鼠标右键单击文档中插入的图形，还可以看到"另存为图片""更改图片"或"设置图片格式"等快捷选项。

图 4.13　图片工具

5. 图片样式

在 Word 2010 版本中，图片处理功能比以前的版本丰富，主要分为调整、图片样式、排列、大小 4 个方面。其中"图片样式"里的"图片边框"类似于相框效果；"图片效果"里是一些艺术化的处理，如：阴影、柔化、三维旋转等；"图片版式"处理图和文本的位置及环绕方式，模板里引用了 SmartArt 里面的一些图文排列样式。熟练应用这些处理工具，能减少很多繁琐的调整工作。

6. 图文混排

此处的图片以及下面要讲到的艺术字、自绘图形、SmartArt 图、文本框、公式数据形式

都会涉及图文混排、调整排列效果的操作。在这些不同数据形式所对应的工具选项里，都有排列功能选项组，它提供了处理这方面问题的功能，如图 4.14 所示。

图 4.14　排列功能选项

"位置"选项处理插入对象在文档的当前页面中的位置（比如：顶端居左、中间居中、底端居右等）、文字自动设置为环绕对象。"自动换行"提供了插入对象与文字环绕方式的一些效果。对于文档中图片的排版，通常应用"位置"和"自动换行"两项设置就能快速有效地设置它在页面中的位置关系以及与文字的环绕方式。

"窗格""层""组合"在处理组合对象的元素以及与文本的呈现方式时常用。"对齐"处理对象在行上的位置，"旋转"处理对象在平面上的展现方位。

4.4.2　艺术字

艺术字是使用现成艺术效果创建的文本对象，用户可以快速方便地把艺术化文本添加到文档中，若自己设计这些艺术化文本效果是很难实现的。在 Word 2010 艺术字的字库中，提供了 30 种样式，用户可根据需要选择样式，再确定艺术字的内容和字体大小，艺术格式会自动生成到目标文本上，减少了用户自行修饰和调整的工作量，提高了工作效率。

单击"插入"选项卡→"艺术字"，选择需要的艺术字样式，输入艺术字的内容即可。在文档中插入或选择艺术字后，绘图工具选项会自动出现在功能区，它可以对文字、艺术字样式、阴影效果、三维效果、排列和大小等方面进行修改，如图 4.15 所示。

图 4.15　艺术字设置

4.4.3　自绘图形

有时需要在文档中借助一些几何形状自行绘制图形，单击"插入"→"形状"即打开了形状列表，其中形状丰富，有"最近使用的形状""线条""矩形""基本形状""箭头总汇""公式形状""流程图""星与旗帜""标注"等分组。在绘制图形的封闭区域里可以添加文本，选定自绘图形，单击右键，选择"添加文字"即可。也可以为封闭区域填充背景。在"绘图工具"中，提供了形状、文本格式化以及其他方面的操作，如图 4.16 所示。

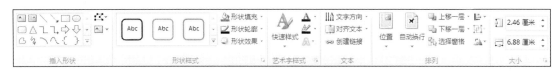

图 4.16　绘图工具及示例

有时要利用几种自选形状组合成图形，添加一个或多个形状后，还可以在其中添加文字、项目符号、编号和快速样式。设计完毕最好选定所有的形状，单击右键，选择"组合"，把这些组成部件组合成一张图片，方便在文档中对其进行调整。若又需要对图片的部件修改，单击右键→选择"组合"→"取消组合"即可。

4.4.4　SmartArt 图

在 Word 2010 中，SmartArt 图形是信息和观点的视觉表示形式。根据不同的主题（如主题颜色、主题字体和主题效果等因素），把不同的几何图形、连接线条、配色方案、文本格式等效果设计好，并组合成一个整体。

在文档设计中，尤其当用户是非专业设计人员时，创建具有设计师水准的插图很困难。解决下面这些问题是很花时间的，比如调整不同形状的大小、对齐方式、文字的显示、图和文字的格式化、文档的整体风格等。借助 SmartArt 图形，用户只需要单击鼠标，通过从多种不同布局中进行选择即可创建 SmartArt 图形，不仅能使文档达到设计的水准，而且能快速、轻松、有效地传达信息，如图 4.17 所示。

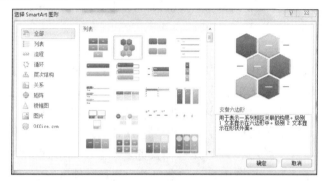

图 4.17　SmartArt 图形

4.4.5　文本框

在 Word 2010 文档中，文本框是一个对象，它提供了一种页面元素自由浮动的编辑方式。通过拖动文本框，可以在任意位置放置它，并键入文本，让文本设计变得更灵活。

1. 插入文本框

在"插入"选项卡上的"文本"组中，单击"文本框"，如图 4.18 所示。图中提供了一些内置的文本框样式，如果不需要，则单击"绘制文本框"，然后在文档中单击，通过拖动鼠标来绘制所需大小的文本框。接着在文本框内单击，输入或粘贴文本。

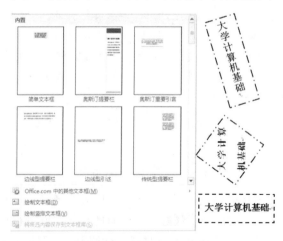

图 4.18　文本框选项及示例

2. 文本框的操作

单击文本框可以编辑文本框内的文字，拖动文本框周围的圆形控制点可以改变文本框大小和旋转角度，文本框的边框可以更改或删除，文本框区域也可以进行格式化填充。文本框的使用中，下面几个方面值得注意：

（1）若要调整文本框的位置，单击该文本框，然后在指针变为✛时，将文本框拖到新位置。

（2）鼠标右键单击文本框的边缘，在右键菜单中选择"形状格式"和"布局选项"，可设置文本框的相关属性。

（3）如果指针在文本框的边框上，而不在文本框内部时，按 Delete 键，会删除文本框；若指针在文本框内部，按 Delete 键会删除文本框内的文本，而不会删除文本框。

（4）若指针在文本框内部，而不在边框上时，选定文本框内容后按"复制"，则会复制文本框内的文本，而不会复制文本框。

（5）若指针不在文本框内部，而在边框上时，选定文本框后按"复制"，则会复制整个文本框（包括边框、内容和格式化效果等）。

4.4.6　公式

Microsoft Word 2010 包括编写和编辑公式的内置支持。早期版本使用 Microsoft 公式 3.0 加载项或 Math Type 加载项，而公式 3.0 在以前的版本和 Word 2010 中都可用。若某公式是用以前版本的 Word 编写的，现在想用 Word 2010 来编辑，则需要使用原先编写此公式的加载项。比如：购买 Math Type 并安装后才能处理公式数据。

1. 插入常用公式

在"插入"选项卡上的"符号"组中，单击"公式"旁边的箭头，在下拉列表中看到常用的或预先设置好的公式，比如：一元二次公式、傅立叶级数、勾股定理等。单击所需的公式就可以插入文档。如下所示：

$$x = \frac{-b \pm \sqrt{b^2 - 4ac}}{2a} \quad （一元二次方程根的二次公式）$$

2. 编写新公式

若需要新公式，在"插入"选项卡上的"符号"组中，单击"公式"旁边的箭头，在列表的下方单击"插入新公式"以进入新公式的编辑状态。此时，在文档中出现编辑框，并提示"在此处键入公式"，而且选项卡上出现了"公式工具"。在"公式工具"下的"设计"选项卡中的"结构"组中，单击所需的数学结构类型（如分式、积分、矩阵等），所需结构随即插入文档，结构中一般包含占位符（公式中的小虚框，如$\frac{\square}{2}$），在占位符内单击并输入所需的数字或符号即可，如图 4.19 所示。

$$g(x,y) = \sum_{s=-a}^{a} \sum_{t=-b}^{b} w(s,t) f(x+s, y+t)$$

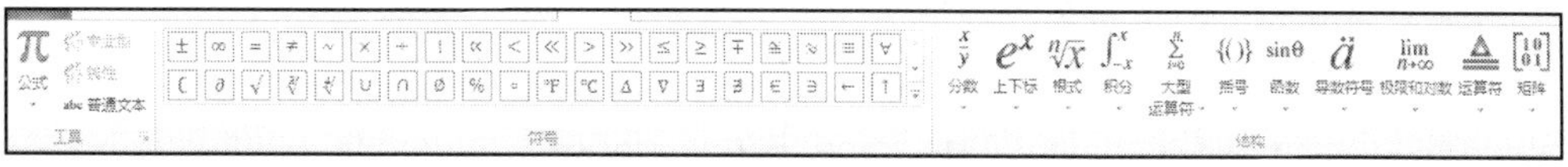

图 4.19　公式工具及示例

3. 添加公式到常用列表中

编辑好的公式还可以添加到常用公式列表中，方法如下：在文档中，选择要添加的公式，在"公式工具"下的"设计"选项卡中的"工具"组中单击"公式"，然后单击"将所选内容保存到公式库"，在"新建构建基块"对话框中，输入公式的名称，在"库"列表中单击"公式"，完善对话框里所需的其他选项即可。

快速测试

1．"图片工具格式"中的功能项你用过哪些？你觉得图文混排的效果容易设置吗？主要有哪些困难？

2．用文本、自绘图形、SmartArt 图形或者图片等数据元素设计一张宣传单，主题是"学会规划时间"。

3．试编辑下面的公式。

$$f(x,y)*h(x,y) = \frac{1}{MN} \sum_{m=0}^{M-1} \sum_{n=0}^{N-1} f(m,n)h(x-m,y-n)$$

4.4.7　符号和编号

单击"插入"→符号组的"符号"，符号库里有 Word 文档能处理的所有符号，其中包含能从键盘输入和不能输入这两个方面的内容，如图 4.20 所示。

单击"插入"→选择符号组的"编号"，如图 4.21 所示。编号库里主要是日常生活中一些常用有序的序列，选择需要的编号类型即可将其插入文档。

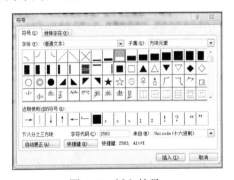 

图 4.20　插入符号　　　　　　　　　　　图 4.21　插入编号

4.4.8　项目符号和编号

项目符号是文档中用于标识和修饰并列项目内容的抬头符号，项目符号既可以是符号、字体，也可以是图片。当文档内容是有序的时候，还可以为这些内容编号。这样不仅美化文档，而且可以把文档的内容组织得井井有条、整齐有序。示例如下：

计算机采用二进制的主要原因：	设计一份 Word 文档的基本步骤是：
✦ 二进制只有 0 和 1 两个状态，容易实现。	i　新建文档
✦ 二进制数运算规则简单。	ii　保存文档
✦ 二进制数适合于计算机进行逻辑运算。	iii　编辑文档
✦ 二进制与其他进制间的转换容易实现。	iv　打印文档和保护文档

应用了"项目符号"或"编号"的内容会自动被处理成一个段落，在此段落结束处按 Enter 键，下一个段落会自动生成"项目符号"或"编号"，如果不需要，则按 Backspace 键清除即可。下面是应用项目符号的几条优点：

（1）在处理需要编号的文档内容时，若设计的符号或编号还添加了一些格式化效果，当按下 Enter 键后会自动生成下一个。

（2）在有序的文本条里面删除一条或者添加一条，编号会自动调整并生成新的序号。

（3）若要编辑已有的项目符号或编号，单击项目符号或编号位置，会全部选中，就可以一次性进行修改这些内容或者调整它们在页面中的位置。

（4）用鼠标右键单击文档中待编辑部分，选择快捷菜单的"项目符号"；或者单击"开始"功能区，在"段落"小组里有 ≡ · 图标，单击旁边的下拉小三角就能进行项目符号的设置（"编号"的操作方法类似）。

（5）若在已用过的符号列表中没有需要的样式，打开定义新项目符号窗口进行设置。如图 4.22 所示。

（6）使用"项目符号"和"编号"，能有效地减少文档设计中重复性地完成类似工作的添加、设置、修改和删除等工作量。

图 4.22　项目符号设置

4.4.9　表格

表格由单元格组成，是一种非常有用的展示数据的形式，尤其在处理相似的、容易混淆的、繁琐的数据项的时候。表格不仅可以容纳尽量多的信息，而且可以把内容管理得清晰明了，比如：课程表、日历、工作计划等。单击"插入"选项卡→"表格"，可以看到创建表格的几种方法，如表 4.3 所示。

表 4.3　创建表格的方法

类　　型	方　　法
插入表格	从预先设好格式的表格模板库中选择
	使用"表格"菜单指定需要的行数和列数
	使用"插入表格"对话框
绘制表格	在"插入"选项卡上的"表格"组中，单击"表格"，然后单击"绘制表格"，鼠标指针会变为铅笔状
将文本转换成表格	（1）插入分隔符（例如逗号或制表符），以指示将文本分成列的位置。使用段落标记指示要开始新行的位置
	（2）选择要转换的文本
	（3）在"插入"选项卡上的"表格"组中，单击"表格"，然后单击"文本转换成表格"
	（4）在"文本转换成表格"对话框的"文字分隔符"下，单击要在文本中使用的分隔符对应的选项，并选择需要的任何其他选项即可
其他方式	Excel 电子表格、快速表格等

下面是表格应用中的一些编辑方法。

1. 插入表格

单击功能区的"插入"→"表格"→"插入表格"，出现一个"插入表格"对话框，输入表格的行与列的数值即可，如图 4.23 所示。

2. 选定表格、行、列、单元格

● 选定表格：移动鼠标到表格内时单击左上角的移动光标 ⊕。

图 4.23　插入表格

● 选定表格行：移动鼠标到要选行最左侧边框线的左侧单击鼠标。

● 选定表格列：移动鼠标到要选列最上侧边框线的上面单击鼠标。

● 选定表格单元格:移动鼠标到要选单元格的左下方单击鼠标。

● 右键菜单选择：单击表格，使光标落入表格内。单击鼠标右键→"选择"，选定需要的范围。

3.　插入行列

单击表格，使光标落入表格内需要插入内容的地方，单击鼠标右键→"插入"，再选择需要插入的对象。

4.　删除行列、表格、单元格

单击表格，使光标落入表格内需要删除内容的地方，单击鼠标右键→"删除单元格"，根据需要删除行列、表格、单元格。

删除整张表格的话，也可以将鼠标移动到表格的左上角，将会出现十字形的选择按钮 ⊹，单击鼠标右键后选择"删除表格"。

5.　表格调整

● 列宽的更改：拖动列与列之间的边框线条。

● 行高的更改：拖动行与行之间的边框线条。

● 单元格宽度：选定单元格，拖动单元格右侧边框线条

● 表格大小：移动鼠标到表格，拖动右下角的矩形图标。

● 移动表格：移动鼠标到表格，拖动左上角的移动图标。

6.　合并单元格

选定要合并的单元格，单击功能区的"表格工具"→"布局"→"合并单元格"。也可以使用右键菜单，选定要合并的单元格，单击鼠标右键，选择"合并单元格"。

7.　单元格的拆分

选定要拆分的单元格，单击功能区的"表格工具"→"布局"→"拆分单元格"，输入拆分后的行数、列数，单击"确定"按钮。

8.　表格边框线条和底纹

选定表格（或单元格）→"表格工具"→"设计"→"边框"，选择加边框的方式。
选定表格（或单元格）→"表格工具"→"设计"→"底纹"，选择底纹。

9.　表格自动调整

选定表格（或单元格）→"表格工具"→"布局"→"自动调整"，选一种自动调整的方法。
选定表格的需要重新分布的行→"表格工具"→"布局"→"分布行"。
选定表格的需要重新分布的列→"表格工具"→"布局"→"分布列"。

10. 套用表格样式

除默认的网格式表格外，Word 2010 还提供了多种表格样式，这些表格样式可以采用自动套用的方法加以使用。单击表格→"表格工具"→"设计"，选择列出的表格样式，鼠标在样式上经过时，文档中的表格会显示对应的样式，选择一种单击鼠标左键即可应用，如图 4.24 所示。

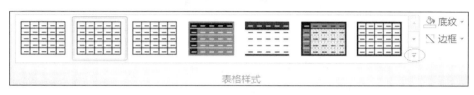

图 4.24　表格样式

11. 表格的计算

除了上面介绍的表格制作和调整以外，还可以对表格数据进行求和、求平均等计算。

选定可以放置运算结果的单元格→"表格工具"→"布局"→"f_x 公式"，然后手工输入表达式，输入表达式的时候，左下角有公式供选择，如图 4.25 所示。

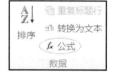

图 4.25　计算表格数据的公式

12. 快速在铅笔和擦除工具间转换

在绘制表格时，常常要用到铅笔和擦除工具，单击工具按钮转换比较麻烦，其实选中铅笔工具使用后，只要按住 Shift 键即可切换到擦除工具。

13. 用 "+" "–" 号巧制表格

利用键盘上的 "+" 与 "–" 号制作表格，有时会给我们带来更高的效率。在制作前首先得明白 "+" 号表示下面将产生一列线条，而 "–" 号起到连线的作用。具体制作方法是：首先在要插入表格的地方输入 "+" 号，用来制作表格顶端线条，然后再输入 "–" 号，用来制作横线（也可以连续输入多个 "–" 号，"–" 号越多表格越宽），接着再输入一些 "+" 号（"+" 号越多，列越多）。完成后再按回车键，便可马上得到一个表格。

❖注意：用此方法制作出的表格只有一行，若需制作多行，可将光标移到表格内最后一个回车符号前，按 Tab 键或回车键，即可在表格后插入新行。

4.4.10　超链接

文档中的任何内容都可以附着超链接，当按住 Ctrl 键同时用鼠标单击该文字时，会看到一个手形（这在网页上很常见），系统就会跳转到超链接指定的位置。添加了超链接的文档不仅把内容管理得层次清楚、重点分明，还让阅读者可以根据自己的理解和需要来选择要看的内容，这让只有一种物理序列的文档具有了多条逻辑路径，让静态的文本与用户有了交互性。如今，在信息的海洋中，阅读者搜索和选择需要的文档内容阅读是一种普遍的心理，因此超链接在电子文档中广泛使用。设置超链接的几种方法如下：

（1）选择需要添加超链接的内容（文本、图片、符号等），单击鼠标右键，在弹出菜单里选择"超链接"。

（2）或者选定对象后，单击"插入"选项卡，在功能区的链接组里单击"超链接"，可以打开"插入超链接"对话框。

链接位置可以是文件、网页、新建文档、当前文档的某个位置、电子邮件，也可以在地址栏里手动输入一个 URL 地址，确定即可，如图 4.26 所示。

图 4.26　插入超链接及示例

4.4.11　页码、页眉和页脚

在文档中添加页码、页眉和页脚是为了让容纳内容的页面有序，有明确的提示作用，把文档修饰得更完善。如果仅需要显示页码，则添加页码；若还需要页码及其他信息，或者只需要其他信息，则添加页眉或页脚。

1．添加页码

可以快速添加库中的页码，也可以创建自定义页码或包含总页数的自定义页码。

从库中添加页码的步骤如下：在"插入"选项卡上的"页眉和页脚"组中，单击"页码"，单击所需的页码位置，滚动浏览库中的选项，然后单击所需的页码格式，若要返回至文档正文，则单击"页眉和页脚工具"下的"设计"选项卡上的"关闭页眉和页脚"。

❖注意：页码库包含"第 X 页，共 Y 页"格式，其中 Y 是文档的总页数。

2．添加包含页码的页眉或页脚

在文档顶部或底部添加图形或文本，则要用添加页眉或页脚的方式。可以从库中快速添加页眉或页脚，也可以添加自定义页眉或页脚。

从库中添加页眉或页脚的步骤是：在"插入"选项卡上的"页眉和页脚"组中，单击"页眉"或"页脚"，单击要添加到文档中的页眉或页脚类型即可。若要返回，单击"关闭页眉和页脚"即可，如图 4.27 所示。

3．在其他页面上开始编号

若要从其他页面而非文档首页开始编号，在要开始编号的页面之前需要添加分节符。方法如下：

（1）单击要开始编号的页面的开头。按 Home 键可确保光标位于页面开头。

（2）在"页面布局"选项卡上的"页面设置"组中，单击"分隔符"，在"分节符"下，单击"下一页"，如图 4.28 所示。

（3）双击页眉区域或页脚区域，打开"页眉和页脚工具"选项卡，在"导航"组中单击"链接到前一条页眉"以禁用它。

（4）添加页码或添加页眉和页脚，方法如上所述。若要从 1 开始编号，单击"页眉和页脚"组中的"页码"，再单击"设置页码格式"，然后单击"起始编号"并输入"1"即可。

（5）若要返回文档，单击"关闭页眉和页脚"。

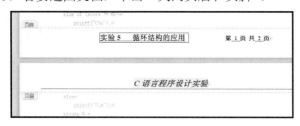

图 4.27　页眉页脚示例

图 4.28　插入分隔符

4. 删除页码、页眉和页脚

在"插入"→"页码""页眉""页脚"选项下面均有删除操作。

4.4.12　查找和替换

"查找"功能可以辅助用户快速搜索特定单词或短语出现在文档中的所有位置。当文档的页数很多时，如果要在全篇找到某个特定单词或短语出现的所有位置，凭手动寻找不仅要花费大量时间，而且还会漏掉一些目标。

1. 查找文本

在"开始"选项卡上的"编辑"组中，单击"查找"，或者按 Ctrl+F 组合键，打开"导航"窗格，在"搜索文档"框中输入要查找的文本，单击某一结果，在文档中查看其内容，或通过单击"下一搜索结果"和"上一搜索结果"箭头浏览所有结果，如图 4.29 所示。

2. 查找其他文档元素

若要搜索表格、图形、公式、脚注/尾注、批注，方法如下：先打开"导航"窗格，如图 4.29所示。单击放大镜旁边的箭头，然后单击需要的选项。后续的操作如上所述。

图 4.29　查找及导航窗格

3. 查找和替换文本

如果在文档中查找"计算计"这个词，并搜索到上百个目标，下一步想要把这个词修改成正确的写法"计算机"，怎么替换？

方法如下：在"开始"选项卡上的"编辑"组中，单击"替换"，在"查找内容"框中，输入要搜索和替换的文本，在"替换为"框中输入替换文本，单击"查找下一处"。若要依次替换突出显示的文本，单击"替换"；若要在文档中替换文本的所有实例，单击"全部替换"；若要跳过此文本实例并转到下一实例，单击"查找下一处"。

4. 查找和替换特定格式

在文档中查找到特定文本（可以带格式化查找），替换成目标文本时，还想更改特定文本的格式化效果，比如：删除、添加或修改格式（如字体颜色、加粗、字号等），怎么替换？

方法如下：在"开始"选项卡上的"编辑"组中，单击"替换"，如果看不到"格式"按钮，单击"更多"；若要搜索带有特定格式的文本，则在"查找内容"框中键入文本；若仅查找格式，将该框留空，单击"格式"，选择要查找的格式，然后单击"替换为"框，输入替换

文本，再单击"格式"，选择替换格式，若要查找和替换指定格式的每个实例，单击"查找下一处"，然后单击"替换"；若要替换指定格式的所有实例，则单击"全部替换"，如图 4.30 所示。

快速测试

1．你会不会使用项目符号？它的优点有哪些？

2．根据本学期课程的安排，利用表格设计工具为自己设计一份课程表。

图 4.30 带格式查找和替换

3．可以把图片添加到页眉或页脚上吗？怎么操作？

4．如何查找带格式的文本内容，并替换成带格式的文本？

4.5 文档的格式化

4.5.1 字符格式化

字符格式化就是对文档中文字的显示效果进行格式化，包括改变文字的字体、颜色、大小、上下标效果等。用鼠标选择需要设置格式的字符并单击鼠标右键，即可弹出快捷菜单，如图 4.31 所示。将鼠标移动到菜单中的图标上，系统会自动显示该图标对应的功能。

单击"开始"功能区，能看到更为详细的功能图标，如图 4.32 所示。将鼠标移动到对应的图标上，能实时地看到施加在选定字符上的格式化效果，单击需要的效果按钮即可应用；否则，单击任意的空白处取消应用。

图 4.31 字符格式化快捷菜单

图 4.32 字符格式化

用鼠标右键单击待设置对象，选择"字体"，在弹出的对话框里也提供了修改字体格式化的方法，如图 4.33 所示。

图 4.33 "字体"格式化对话框

如表 4.4 所示是一些常用的字体格式化操作。

表 4.4　常用的字体格式化操作

按　　钮	名　　称	功　　能
宋体(中文正文) ▾	字体	更改字体
11 ▾	字号	更改文字的大小
A˄	增大字体	增加文字大小
A˅	缩小字体	缩小文字大小
Aa ▾	更改大小写	将选中的所有文字更改为全部大写、全部小写或其他常见的大小写形式
✄	清除格式	清除所选文字的所有格式设置，只留下纯文本
B	加粗	使选定文字加粗
I	倾斜	使选定文字倾斜
U ▾	下划线	在选定文字的下方绘制一条线。单击下拉箭头可选择下划线的类型
abc	删除线	绘制一条穿过选定文字中间的线
x₂	下标	创建下标字符
x²	上标	创建上标字符
A	文字效果	对选定文字应用视觉效果，例如阴影、发光或映像
ab✐	文字突出显示颜色	使文本看起来好像是用荧光笔标记的
A ▾	字体颜色	更改文字颜色

4.5.2　格式刷

在文本的格式化过程中，在反复修改和调整的情况下，"格式刷" ⌨格式刷 是一个非常有用的工具。

格式刷可以快速复制选定对象或文本的格式化效果（包括字体、字号、颜色、边界等），并将其应用到随后单击的文本或对象上，免除重复设置文本格式之累，为统一文档的格式化效果、提高文档编辑效率提供了一个非常方便的工具。使用格式刷的操作方法如下：

（1）选择希望复制其格式的文本或对象。

（2）单击快捷工具栏上的格式刷（只能复制格式一次）；或者快速双击快捷工具栏上的格式刷（可以多次复制格式）。

（3）用鼠标左键选择或单击需要应用该格式的文本或对象，格式将自动应用到其上，这样不仅能减少反复的、繁琐的格式设置，而且能保证整篇文档格式风格的一致。

（4）若使用多次复制方式，移动鼠标的时候会看见"格式刷"图标跟着一起移动。若要结束复制返回编辑状态，在剪贴板组的格式刷图标上单击鼠标左键即可。

4.5.3　段落格式化

单击"开始"选项卡，可以看到"段落"格式化功能区，如图 4.34 所示。

单击鼠标右键，在快捷菜单里选择"段落"；或者单击"段落"组右下角的图标□，均可以打开"段落"设置窗口，如图 4.35 所示。

1. 行距

行距决定段落中各行文字之间的垂直距离，段落间距决定段落上方或下方的间距量。在Word 2010 中，大多数快速样式集的默认间距是：行之间为 1.15，段落间有一个空白行。

图 4.34　段落格式化

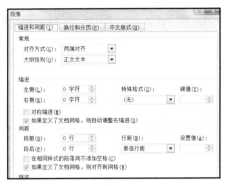

图 4.35　"段落"对话框

Word 2010 的几种行距如下：

● 单倍行距：是将行距设置为该行最大字体（字体通常具有不同的大小和各种样式，如粗体等）的高度加上一小段额外间距，额外间距的大小取决于所用的字体。

● 1.5 倍行距是单倍行距的 1.5 倍。

● 双倍行距是单倍行距的两倍。

● 最小值是适应行上最大字体或图形所需的最小行距。

● 固定值是设置固定行距（以磅为单位）。

● 多倍行距是设置可以用大于 1 的数字表示的行距，例如将行距设置为 1.15 会使间距增加 15%，将行距设置为 3 会使间距增加 300%（三倍行距）。

❖提示：如果某个行包含大文本字符、图形或公式，则 Word 会增加该行的间距。若要均匀分布段落中的各行，则使用固定间距，如果出现内容显示不完整的情况，则增加字符间距。

（1）使用样式集更改整篇文档的行距。方法：在"开始"选项卡上的"样式"组中，单击"更改样式"，预览各种不同的样式集，注意不同行距的区别。若在样式集中有所需的行距，单击相应样式集的名称，如图 4.36 所示。

（2）更改文档中一部分内容的行距。方法：选择要更改其行距的段落，在"开始"选项卡上的"段落"组中，单击"行距"，单击所需的行距对应的数字即可。或者单击"行距选项"，然后在"间距"下选择所需的选项。

2. 更改段前或段后的间距

使用样式集更改整篇文档的段落间距，在"开始"选项卡上的"样式"组中，单击"更改样式"即可。更改所选段落前和后的间距，默认情况下，段落后面跟有一个空白行，标题上方的距离留有额外的间距。先选择要更改其前或其后的间距的段落，在"页面布局"选项卡上的"段落"组中，在"间距"下单击"段前"或"段后"旁边的微调按钮，或者直接键入需要的间距值，如图 4.37 所示。

图 4.36　使用样式集更改行距

图 4.37　段前和落后的间距

4.5.4　样式

Word 2010 样式是指一组已经命名的字符和段落格式，样式规定了文档中标题、题注以及正文等各个文本元素的格式。使用 Word 2010 样式可以确保文档格式编排的一致性，并且不需要重新设定就可以快速更新一份文档的格式。

样式功能除了能够快速同步标题格式以外，还能借助"文档结构图"帮助用户在文档中迅速定位。在 Word 2010 新添加的"导航窗格"中查看文档结构图和页面缩略图，单击结构图中的各级标题可以快速跳转到相应的内容编辑区。

1. 新建样式

设计文档时，经常通过创建样式把文档的提纲处理成各级标题，使文档结构清晰、层次分明。若文档中有一些词要重点强调，比如把文字设为黑体、加粗、加着重号等，还可以为这些格式创建一个字符样式。

单击"开始"选项卡，在"样式"功能组单击右下角的▢图标，打开"样式"面板，单击"新建样式"图标▣，创建一个新样式"章标题"，如图 4.38 所示。描述样式的属性主要有 5 个方面：样式名、类型、样式基准、后续段落样式和格式。

在创建新样式窗口中，样式类型有：段落、文字、表格、列表等，若窗口中的格式化设置不够用，则单击"格式"按钮进行更细致的设置。若希望样式的修改更灵活，则勾选"自动更新"，不过要小心使用此选项，它可能会改动其他不想被修改的地方。若要在新文档中也使用此处的样式，则勾选"基于该模板的新文档"。

默认情况下，新建的样式会自动添加到快速样式列表中，并设定此样式仅限此文档使用。使用快速样式列表中的样式，单击鼠标就可以应用，快捷方便，如图 4.39 所示。

图 4.38　样式面板及新建样式　　　　　图 4.39　快速样式列表中的新建样式

❖提示：

● Word 2010 提供了一些内置样式，在快速样式列表或样式面板中可以看到，比如："正文""标题""一级目录"等。

● 在已有样式的基础上编辑，然后另存为也可以新建样式。

● 若要对样式进行更细致的管理，单击▣图标，打开"管理样式"对话窗口，可以对样式进行修改、删除、排列、导入导出、默认值等操作。

2. 应用样式

编辑文档的时候，先设计好需要用到的样式，创建好这些样式并添加到快速列表中，在文档中选定需要应用样式的某个段落或者段落中某些字符，单击快速列表中的样式名，便可以把该样式上所具有的格式化设置一次性地应用到被选定的段落或字符上。

如果没有把样式添加到快速样式列表中，则打开样式面板单击需要的样式名，也可以把样式应用到选定的文本上。

3. 修改样式

当不同的样式大量应用到文档后，若需要修改某个样式中的格式，比如：把字体从"三号"改成"二号"，并且增添"加粗"设置，怎么完成？操作方法很简单，不需要在文档中应用样式的地方一一修改，只需要修改样式即可。方法如下：

打开快速样式列表或者样式面板，右键单击待修改的样式名，选择"修改"，打开"样式修改"对话窗口重新设置样式的属性（其实该窗口中的设置项与新建样式的对话窗口是一样的）。修改好后单击"确定"按钮，修改值将会自动更新到文档中使用了该样式的地方。

在"开始"选项卡中的"样式"功能组中，图标也能更改样式，它的功能是更改当前文档中使用的样式集、颜色、字体以及段落间距。在每一项的下级设置列表中，有 Word 2010 提供的一些内置设置模板，若不需要也可以进行自定义设置。

"更改样式"对文档的整体风格、配色方案等统一设置比较有用，而且操作快捷。但是要对文档的每个细节进行个性化的设置，尤其设计一些比较正式的文档时，上述的创建、应用和修改样式方式更能解决问题。

4. 删除样式

如果不再需要某个样式，可以将其从文档的样式列表中删除。操作方法如下：打开样式面板，选中样式名，单击右键菜单的"删除"即可。或者打开"管理样式"对话窗口，单击"编辑"选项卡，选择样式名，单击"删除"即可。

❖注意：

● Word 2010 的内置样式无法删除，只能删除自定义的 Word 样式。

● 从快速样式列表中删除的样式，仍然保留在样式面板的列表中，并没有真正删除。

4.5.5 目录

Word 2010 能够将一份结构定义良好、段落层次清楚的文档的目录自动提取出来，并生成

图 4.40 目录

相应的页码，这样，在文档中设置了 Word 样式以后，繁琐的目录制作过程就会变得非常轻松。单击菜单栏"引用"→"目录"→"插入目录"，系统会在当前光标位置自动插入整篇文档的目录。如图 4.40 所示。

通常，插入的目录条目有正文中的页码信息，按住 Ctrl 键，同时在页码上单击鼠标左键能跟踪到正文中的页面。插入文档中的目录信息可以被整体选定，操作方便。还可以应用"开始"功能区的格式设置工具修改目录块的格式化效果。

❖提示：

● 若插入目录后，文档内容及样式又作了些修改，则单击"引用"→"目录"→"更新目录"即可生成新目录。

● 有关样式和目录的详细操作及使用请参见实验教材上的项目。

快速测试

1．你认为字体格式里哪种格式最特别？

2．格式刷的使用方法有哪些？

3．使用过样式吗？怎么定义一种新样式？

4．选择你最喜欢的一门专业课，收集整理一份 10 页左右的知识提纲，并为这份文档插入目录。

4.5.6　首字下沉

选择需要首字下沉效果的的段落首字（一个或多个字符，但必须以首字开头），单击"插入"选项卡→"首字下沉"，选择下沉方式，并在对话框中对应设置栏里确定需要的参数，如图 4.41 所示。这些效果经常在报刊、杂志上出现，有美化文档吸引读者的作用。

图 4.41　设置首字下沉

4.5.7　边框和底纹

在 Word 2010 中，可以为文本、图片、文本框、自绘图形、公式、段落、页面等数据对象应用边框，使文档数据展示的形式更丰富、美观和突出。这里，主要讲解表格、段落和页面的边框操作。底纹主要作用在文本和段落数据上，操作方法与边框类似。

1．表格的边框和底纹

编辑好表格数据后，不仅可以在"表格工具"功能区设置边框，还可以在"边框和底纹"对话框中设置，操作方法如下：在表格中选中需要设置边框的单元格或整个表格，单击"表格工具"的"设计"选项卡，然后在"表格样式"分组中单击"边框"下拉三角按钮，并在边框菜单中选择"边框和底纹"命令。

或者选定表格区域后单击鼠标右键，在弹出的快捷菜单上选择"边框和底纹"，打开"边框和底纹"对话框。或者在"开始"选项卡，"段落"组里面选择"边框和底纹"，也能打开"边框和底纹"对话框，如图 4.42 所示。

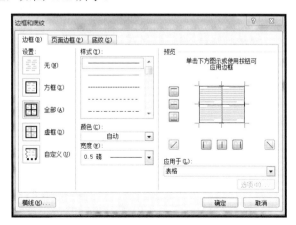

图 4.42　"边框和底纹"对话框

在"边框和底纹"对话框中切换到"边框"选项卡，首先在"设置"区域选择边框显示模式。表4.5是边框模式的几种选项（注意：下面表格添加了边框，填充了底纹）。

表4.5　边框模式

选择"无"	表示被选中的单元格或整个表格不显示边框
选中"方框"	表示只显示被选中的单元格或整个表格的四周边框
选中"全部"	表示被选中的单元格或整个表格显示所有边框
选中"虚框"	表示被选中的单元格或整个表格四周为粗边框，内部为细边框
选中"自定义"	表示被选中的单元格或整个表格由用户根据实际需要自定义设置边框的显示状态，而不仅仅局限于上述4种显示状态

2. 段落边框

在上图"样式"列表中选择边框的样式，例如双横线、点线等样式，在"颜色"下拉菜单中选择边框使用的颜色，单击"宽度"下拉三角按钮选择边框的宽度尺寸，在"预览"区域，可以通过单击某个方向的边框按钮来确定是否显示该边框，预览效果立刻会显示出来，方便快捷，设置完毕单击"确定"按钮即可。注意：此段添加了段落边框和文字底纹。

3. 文字边框

在图4.42 "应用于："选项框的下拉列表中单击三角形，会看到表格、单元格、段落、文字等选项。如，选择"文字"，对话框中其余的设置方法与表格的类似。注意：此段设置了文字边框、段落底纹。

4. 页面边框

若要设置页面边框，可以先打开"边框和底纹"对话框，选择"页面边框"选项卡进行设置。也可以在"页面布局"选项卡→"页面背景"功能组中直接选择"页面边框"。打开后，在对话框中不选择普通的边框线，而选择艺术型边框（例如金色的五角星），设置及效果如图4.43所示。

图4.43　页面边框设置与效果

4.5.8　页面背景

在Word中，背景作为修饰文档的一种方式可被编辑修改，在文档中选择某个对象，它的背景设置工具立刻会在功能区或者右键快捷菜单里找到。很多待编辑项都可以设置自己的背景，比如：文档背景、表格背景、文本框背景等。单击"页面布局"选项卡，在"页面背景"功能组中有 3 个选项"水印""页面颜色""页面边框"。单击对应的选项打开对话框设置即可。如图 4.44 所示是文字水印、图片水印和页面颜色及边框设置效果。

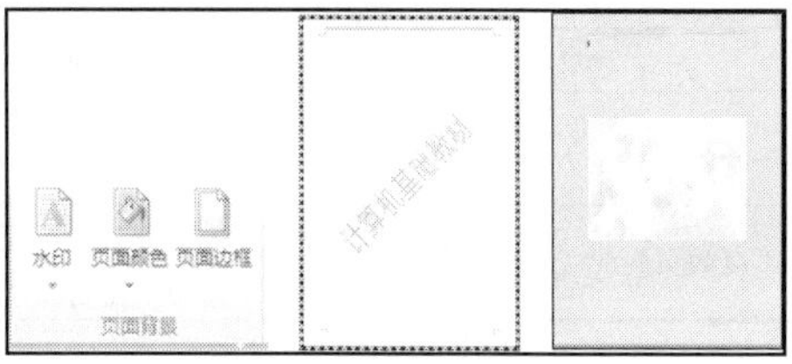

图 4.44　页面背景及设置效果

快速测试

1. 会设置吗表格的边框？
2. 会填充渐变色的底纹吗？
3. 会不会用边框和底纹、页面背景等修饰效果设计一张具有某种风格的信笺纸？

4.6　文档的排版

4.6.1　页面设置

为了保证编辑的效果和打印的效果一致，经常需要对页面参数进行设置。单击功能区"页面布局"，会看到页面主题，页面设置、稿纸、页面背景、段落、排列等方面的功能项。

其中，"页面设置"对话窗口用得较多，如图 4.45 所示。通常，在文档创建后，先设置好页边距、文字方向、纸张大小和方向、是否分栏打印、分隔符、版式、文档网格等，确定好文档的整体特征和风格以方便后续的编辑和修改工作。

4.6.2　段落、分节符、分页符

1. 段落

段落是组织和管理文档内容的重要方式。在 Word 2010 文档中，按 Enter 键能自动产生一个段落，并产生段落结束符"↵"。

2. 分节符

图 4.45　页面设置

可以使用分节符改变文档中一个或多个页面的版式或格式。例如，可以分隔文档中的各章，以便每一章的页码编号都从 1 开始；还可以为文档的某节创建不同的页眉或页脚等应用。

1）插入分节符

在"页面布局"选项卡上的"页面设置"组中，单击"分隔符"；选择需要的分节符插入文档即可。如图 4.46 所示。

❖注意：

● 在草稿视图中可以看到分节符是两根虚线，如图 4.46 所示。而在页面视图中，"分节符"不显示。

● 在文档中插入分节符时需要选择类型，如表 4.6 所示是分节符的几种类型。

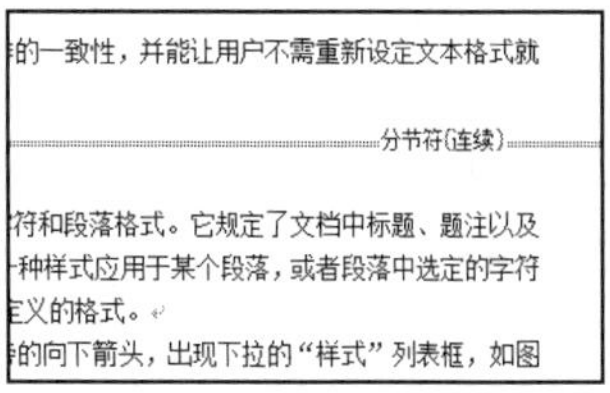

图 4.46　分节符

表 4.6　分节符类型

下一页	该命令插入一个分节符，并在下一页上开始新节。此类分节符对于在文档中开始新的一章尤其有用
连续	该命令插入一个分节符，新节从同一页开始。连续分节符对于在页上更改格式（如不同数量的列）很有用
"奇数页"或"偶数页"	该命令插入一个分节符，新节从下一个奇数页或偶数页开始。如果希望文档各章始终从奇数页或偶数页开始，则使用"奇数页"或"偶数页"分节符选项

2）使用分节符更改文档版式或格式

分节符用于在部分文档中实现版式或格式更改。可以更改单个节的下列元素：页边距，纸张大小或方向，打印机纸张来源，页面边框，页面上文本的垂直对齐方式，页眉和页脚，列，页码编号，行号，脚注和尾注编号等。

若要更改文档中某处的格式，则先单击这个位置，在所选文档部分的前后插入一对分节符，选择需要的分节符类型插入即可。

3）在某一节中更改页眉或页脚

添加分节符时，Word 自动继续使用上一节中的页眉和页脚，若要在某一节使用不同的页眉和页脚，则需要断开各节之间的链接。方法如下：在"插入"选项卡上的"页眉和页脚"组中，单击"页眉"或"页脚"，单击"编辑页眉"或"编辑页脚"，在"设计"选项卡（位于"页眉和页脚工具"下）的"导航"组中，单击"链接到前一节"将其关闭。

4）删除分节符

分节符定义文档中格式发生更改的位置，删除某分节符会同时删除该分节符之前的文本节的格式。该段文本将成为后面的节的一部分并采用该节的格式。

单击"视图"选项卡→"文档视图"组中的"草稿"选项，在文档中会看到分节符双虚线，选择分节符，按 Delete 键删除即可。

3．分页符

当到达页面末尾时，Word 会自动插入分页符。如果想要在其他位置分页，可以插入手动分页符。如果处理的文档很长，此方法很有用。通过为 Word 设置规则，可以将自动分页符放在需要的位置上。

1）插入手动分页符

单击要开始新页的位置。在"插入"选项卡上的"页"组中单击"分页"；或者在"页面布局"选项卡上的"页面设置"组中，单击"分隔符"，选择"分页符"。

❖注意：在草稿视图中可以看到分页符是一根单虚线，如图 4.47 所示。而在页面视图中，"分页符"则不显示。

2）控制 Word 放置自动分页符的位置

如果在包含很多页的文档中插入手动分页符，编辑文档时通常需要更改分页符。为了避免手动更改分页符的困难，可以设置选项来控制 Word 放置自动分页符的位置。

（1）防止在段落中间出现分页符。选择要防止分为两页的段落，在"页面布局"选项卡上打开"段落"对话框，然后单击"换行和分页"选项卡，选中"段中不分页"复选框，如图 4.48 所示。

（2）防止在段落之间出现分页符。选择要保持在一页上的各个段落，在"换行和分页"对话框中选中"与下段同页"复选框。

图 4.47　插入分页符   图 4.48　控制分页符

（3）在段落前指定分页符。单击要位于分页符后的段落，在"换行和分页"对话框中选中"段前分页"复选框。

（4）防止出现孤行。在页面顶部仅显示段落的最后一行，或者在页面底部仅显示段落的第一行，这样的行称为孤行。在专业化的文档中，一般不允许出现孤行。避免孤行的方法如下：选择要防止出现孤行的段落，在"换行和分页"对话框中选中"孤行控制"复选框。默认情况下此选项处于启用状态。

（5）防止在表格行中出现分页符。单击不希望在其中分页的表格行，如果不希望表格被页隔断，则选择整个表格。注意：大于页面的表格则必须分页。操作方法如下：在"表格工具"选项卡上，单击"布局"，在"表格"组中单击"属性"，单击"行"选项卡，然后取消"允许跨页断行"复选框即可。

3）删除分页符

Word 文档自动插入的分页符是不能删除的，但是可以删除手动插入的任何分页符。方法如下：单击"视图"选项卡→"文档视图"组中的"草稿"选项，在文档中会看到分页符虚线，单击虚线旁边的空白，选择分页符，按 Delete 键删除即可。

4.6.3　导航

在阅读长文档时，若要查找特定的内容时需要紧盯屏幕，不停地滚动鼠标或者滚动条，劳累费时不说，严重的是会漏掉查找目标。Word 2010 中的文档导航功能可以帮助阅读者轻松查找、定位到想查阅的段落或特定的对象上。

打开方法如下：单击"视图"选项卡，勾选"导航窗格"，即可在文档编辑窗口的左侧打开"导航窗格"，如图 4.49 所示。Word 2010 新增的文档导航方式有 4 种：标题导航、页面导航、关键字（词）导航和特定对象导航。

图 4.49　导航窗格

1．文档标题导航

这是最简单的导航方式，单击"浏览你的文档中的标题"按钮，Word 2010 会对文档进行智能分析，并将文档标题、小标题、多级标题等在"导航"窗格中列出，只要单击各级标题，就会自动定位到相关段落。

❖注意：前提条件是，打开的长文档必须事先设置有各级标题样式，若没有设置的话就无法用此方式进行导航。

2. 文档页面导航

根据 Word 文档的默认分页进行导航。单击"导航"窗格上的"浏览你的文档中的页面"按钮，Word 2010 会在"导航"窗格上以缩略图形式列出文档分页，单击分页缩略图，就可以定位到相关页面查阅。

3. 关键字（词）导航

单击"导航"窗格上的"浏览你当前搜索的结果"按钮，然后在文本框中输入关键（词），"导航"窗格上就会列出包含关键字（词）的导航链接。单击这些导航链接，就可以快速定位到文档的相关位置。

4. 特定对象导航

一篇完整的文档，往往包含有图形、表格、公式、批注等对象，Word 2010 的导航功能可以快速查找文档中的这些特定对象。单击搜索框右侧放大镜后面的 小三角形，在下拉列表中选择"查找"栏中的相关选项，就可以快速查找文档中的图形、表格、公式、脚注/尾注、批注等。

这 4 种导航方式各有优缺点，主要涉及到查找精度的问题。如果用户根据自己的实际需要，将几种导航方式结合起来使用，导航效果会更好。尽管 Word 2010 新增的文档导航功能还不够尽善尽美，但是还是为阅读和使用长文档带来了很多方便。

4.6.4 标尺

Word 2010 标尺可以辅助调整文档段落、表格、各种对象数据在页面中的左右缩进格式。

1. 打开标尺

有时，打开 Word 2010 文档后，发现没有标尺。打开标尺的方法如下：单击"视图"选项卡，在"显示"分组中选中"标尺"复选框。或者在垂直滚动条上端单击"标尺"按钮也可以打开，如图 4.50 所示。

2. 标尺的 4 个缩进滑块

首行缩进（上排三角形滑块）、悬挂缩进（下排左边的三角形）、左缩进（下排的矩形滑块）、右缩进（下排右边的三角形），如图 4.51 所示。拖动首行缩进滑块可以调整首行缩进；拖动悬挂缩进滑块，首行的缩进不变，首行以下所有行的缩进可以一次性调整；拖动左缩进滑块可以调整整个段落在左页面上的缩进；拖动右缩进滑块可以调整整个段落在右页面上的缩进。

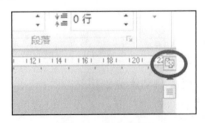

图 4.50　标尺图标

图 4.51　标尺上的滑块

4.6.5 分栏

所谓分栏就是将文档全部页面或选中的内容设置为多栏，它是报刊、杂志中经常使用的排版方式，这样能尽量把页面空间利用起来，减少纸张的浪费。

Word 2010默认提供了5种分栏：一栏、两栏、三栏、左、右。可以根据实际需要选择合适的分栏类型，也可以自定义分栏。

❖注意：本部分内容就使用了分栏设置。

分栏方法：单击"页面布局"→"页面设置"→"分栏"→"更多分栏"对话框设置即可，如图4.52所示。栏数、栏宽、栏间的距离均可以在"分栏"对话框中设置。

使用分栏时，会遇到左右两栏不齐的问题，比如左栏内容明显比右栏多出许多。解决方法是：将光标移动到文章的末尾处，然后单击"页面布局"→"页面设置"→"分隔符"，勾选"连续"，确定即可。

设置分隔线的方法：单击"页面布局"→"页面设置"→"分栏"→"更多分栏"，勾选"分隔线"，就可以在两栏之间显示一条直线分隔线。

快速测试

1. 页面设置重要吗？它的优点是什么？

2. 分页符有什么作用？怎么使用它？

3. 你用过分节符吗？怎么创建和删除它？

4. Word 2010 的导航功能的优点是什么？有缺点吗？是什么？

5. 标尺上滑块的名称和功能分别是什么？

6. 如果把选定内容分成3栏，并且再加分隔线，你会操作吗？

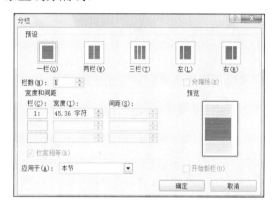

图 4.52　分栏对话框

4.6.6 文档视图

打开"视图"功能区，在"文档视图"小组里共有5种选项：页面视图、阅读版式视图、web 版式视图、大纲视图、草稿视图，如图4.53所示。文档采用不同的显示方式，其目的是为了让使用者把精力集中在不同方面，更方便地完成工作。除此以外，还有"全屏显示""打印预览""显示比例设置"等功能选项，尤其在排版工作中，经常会根据需要用到不同的视图模式。

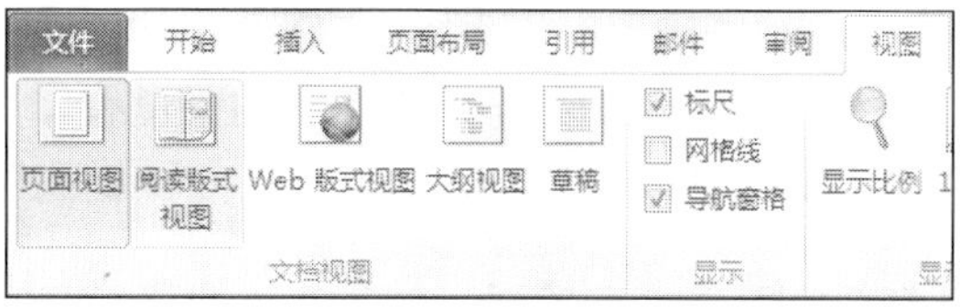

图 4.53　文档视图

1. 页面视图

这是最常用的视图模式，可以显示 Word 文档的打印结果外观，主要包括页眉、页脚、图形对象、分栏设置、页面边距等元素，是最接近打印效果的页面视图。

2. 阅读版式视图

它以图书的分栏样式显示 Word 文档，主要用来供用户阅读文档，所以"文件"按钮、功能区等窗口元素被隐藏了。在该视图模式中，还可以单击"工具"按钮选择各种阅读工具。

3. Web 版式视图

就是以网页的形式显示 Word 文档，主要适用于发送电子邮件和创建网页。

4. 大纲视图

主要用于 Word 整体文档的设置和显示层级结构，并可以方便地折叠和展开各种层级的文档。大纲视图广泛用于 Word 长文档的快速浏览和设置。

5. 草稿视图

隐藏了页面边距、分栏、页眉页脚和图片等元素，仅显示标题和正文，是最节省计算机系统硬件资源的视图方式。当然，现在计算机系统的硬件配置都比较高，基本上不存在由于硬件配置偏低而使 Word 运行遇到障碍的问题。

4.6.7　题注、脚注、尾注、批注、交叉引用

1. 题注

题注就是给图片、表格、图表、公式等项目内容添加的名称和编号等。单击"引用"选项卡后可以看到"题注"功能选项区。

2. 脚注与尾注

脚注和尾注相似，是一种对文本的补充说明。脚注一般位于页面的底部，可以作为文档某处内容的注释；尾注一般位于文档的末尾，列出引文的出处等。这在比较严谨的科技文档的编辑中经常使用，例如，学术期刊编辑、专业期刊编辑、论文的参考文献等，应用这些工具能减少修改工作量。单击"引用"选项卡后可以看到"题注"小组里面的脚注和尾注。

3. 批注

这是阅读时的一种方法，即一边读一边把读书感想、对字句的标识和理解、思考的问题等批写在书中的空白地方，以辅助理解和思考。单击"审阅"选项卡可以看到"批注"功能选项区。

4. 交叉引用

交叉引用可以理解为把脚注、尾注、题注等交叉在一起使用，可以引用标题、图表、表格等项目，如果将处理的内容移动了位置，则会自动更新交叉引用。通常，交叉引用是以超链接形式插入文档中的，如：按下 Ctrl 键同时单击鼠标左键可以跟踪链接。

4.6.8　审阅

单击"审阅"选项卡，可以看到"校对""语言""中文繁简转换""批注""修订""更改""比较""保护""链接笔记"等功能选项分组。

Word 2010 中，审阅窗格是一个方便实用的工具，可以跟踪每个插入、删除、移动、格式更改或批注操作，方便以后审阅所有这些更改。"审阅窗格"中显示了文档中当前出现的所有更改的内容、更改的次数、每类数据更改的次数。当审阅修订和批注时，可以接受或拒绝每一项更改内容。在接受或拒绝文档中的所有修订和批注之前，即使是发送或显示的文档中的隐藏更改，审阅者也能够看到。

4.6.9　邮件合并

单击"邮件"选项卡，可以看到"创建""开始邮件合并""编写和插入域""预览结果""完成"等功能选项组。

邮件合并工具是比较有趣、实用、尽量减少批量化工作中重复性操作的工具。比如，成绩单、准考证、录取通知书、信封、学生证、工作证等，这些文档数据有特点：成百上千，数量多；每一份文档数据中有些内容、格式化相同，不需要重复编辑；可以一次性、批量化地处理数据；合并操作能更快捷、更准确地处理数据。比如：处理某年某高校的录取通知书。

快速测试

1．你用过哪些文档视图？哪种最适合编辑文档？
2．批注是什么意思？怎么使用？
3．文档的字数统计和语法检查在哪一个选项卡中去找？怎么使用？
4．邮件合并适合处理具有哪种特征的数据？

习　　题

一、判断题

1．用 Ctrl+A 快捷键可以对 Word 文档正文内容进行全选。
2．Word 2010 样式是指一组已经命名的字符和段落格式。
3．Word 的主要用途是进行各种数据的处理、统计分析。
4．Word 文档中的所有页面都只能是"横向"。
5．Microsoft 公式 3.0 在以前的版本和 Word 2010 中都可用。
6．Ctrl+V 快捷键能实现对文档的保存。
7．Word 2010 的"撤销"功能只能清除前一步操作。
8．应用"引用"→"目录"下的功能，可以把设置了 Word 样式的文档的目录轻松地添加到文档中。
9．行距指文档中行与行之间的间距，其实也可以用标尺来调整。
10．SmartArt 图形根据不同的主题把图形、线条、色彩和格式等效果组合成一个整体，只需要单击鼠标就可以插入文档。

二、填空题

1．利用_____能将已有的文本或段落格式重复多次应用在文档中。
2．复制、剪切、粘贴的快捷键分别是_____、_____、_____。
3．图文混排是指_____和_____的排列恰到好处地融为一体。
4．文档在打印前，可进行_____，以便查看打印效果。
5．最常用的视图方式是_____，它可以显示 Word 文档的打印外观，还包括页眉、页脚、图形对象、分栏设置、页面边距等设置元素。
6．在 Word 2010 的长文档中，_____功能可以帮助阅读者轻松查找、定位到段落或特定的对象上。
7．_____是一个对象，它可以在任意位置以自由浮动的编辑方式出现，让文本设计变得更灵活。

8. _____的优点是确定好文档的整体特征和风格，方便后续的编辑和修改工作。

9. _____可以细致地调整文档段落、表格、各种对象数据在页面中的左右缩进。

10. _____是文档中用于标识和修饰并列项目内容的抬头符号，它不仅能美化文档，而且能把文档的内容组织得井井有条、整齐有序。

三、选择题

1. 在 Word 的编辑状态，单独选择了整个表格，然后按 Delete 键，则（　　）。

    A．整个表格内容被删除，表格本身也被删除　　B．表格中的一列被删除

    C．整个表格内容被删除，表格本身没有被删除　D．表格中的一行被删除

2. 在 Word 文档编辑时，移动段落的操作是（　　）。

    A．选定段落、"剪切""粘贴"　　　　　　　　B．选定段落、"剪切""复制"

    C．选定段落、"复制""粘贴"　　　　　　　　D．选定段落、"剪切""移动"

3. Word 文字处理软件属于（　　）。

    A．系统软件　　　　　B．管理软件　　　　　C．网络软件　　　　　D．应用软件

4. 用 Word 编辑文本时，要删除插入点后的字符，应该按（　　）。

    A．Backspace 键　　　B．Delete 键　　　　　C．Space 键　　　　　D．Enter 键

5. 在 Word 默认状态下，将鼠标指针移到某一行左端的文档选定区，鼠标指针变成向右箭头，此时单击鼠标左键，则（　　）。

    A．该行被选中　　　　　　　　　　　　　　　B．该行的下一行被选中

    C．该行所在的段落被选定　　　　　　　　　　D．全文被选定

6. Word 2010 文档存盘时，其默认的扩展名为（　　）。

    A．.pptx　　　　　　　B．.xlsx　　　　　　　C．.potx　　　　　　　D．.docx

7. 在 Word 编辑状态下，若光标位于表格外右侧的行尾处，按 Enter 键，结果（　　）。

    A．光标移到下一列　　　　　　　　　　　　　B．光标移到下一行，表格行数不变

    C．插入一行，表格的行数改变　　　　　　　　D．本单元格内换行，表格行数不变

8. 要采用另一个文件名来存储文件时，应选"文件"菜单的（　　）命令。

    A．关闭文件　　　　　B．保存文件　　　　　C．另存为　　　　　　D．保存工作区

9. 单元格的格式（　　）。

    A．一旦确定，将不可改变　　　　　　　　　　B．随时可以改变

    C．依输入的数据格式而定，并不能改变　　　　D．更改后，将不可改变

10. 要选定不相邻的矩形区域，应在鼠标操作的同时，按住（　　）键。

    A．Alt　　　　　　　　B．Ctrl　　　　　　　C．Shift　　　　　　　D．Home

四、简答题

1. 简述 Word 2010 的启动与退出方式。

2. 设计一份 Word 文档的基本步骤是怎样的？

3. 在文档的基本编辑中，使用鼠标选择文本的方式有哪些？

4. 在 Word 2010 文档中，如何查找与替换带格式的文本？

5. 在 Word 2010 中，保护文档有哪些方法？

第 5 章　Excel 2010 应用技术

Microsoft Excel是微软公司办公软件Microsoft office的组件之一，它可以进行各种数据的处理、统计分析和辅助决策操作，广泛地应用于管理、统计、财经、金融等领域。本章首先描述了Excel 2010的界面功能区和电子表格的相关概念，然后介绍了工作簿的操作、数据录入、单元格操作，之后重点说明了公式和函数的使用方法、数据管理与分析和宏操作方法，最后简介了数据的拆分与合并、工作表打印设置方法。

5.1　Excel 2010 窗口

5.1.1　Excel 2010 窗口组成

Excel 2010 窗口由快速访问工具栏、选项卡、窗口操作按钮、功能区、编辑栏、编辑区、行号、列号、单元格、工作表标签、滚动条、状态栏、视图按钮、显示比例等部分组成。在窗口中的分布情况如图 5.1 所示。

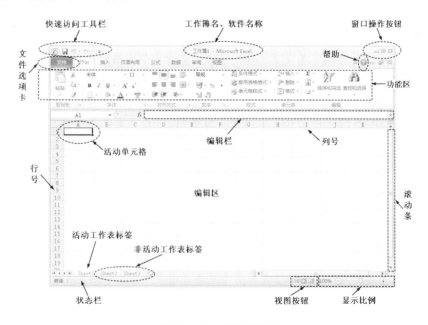

图 5.1　Excel 窗口组成

Excel 2010 取消了传统的菜单操作方式，代之以各种功能区。当单击这些名称对应的选项卡时并不会打开菜单，而是切换到与之相对应的功能区面板。每个功能区根据功能的不同又分为若干个组，每个功能区所拥有的功能如下所述：

1. "开始"功能区

包括剪贴板、字体、对齐方式、数字、样式、单元格和编辑 7 个组，对应 Excel 2003 的

"编辑"和"格式"菜单部分命令。该功能区主要用于帮助用户对 Excel 2010 表格进行文字编辑和单元格的格式设置，是用户最常用的功能区。

2. "插入"功能区

包括表、插图、图表、迷你图、筛选器、链接、文本和符号几个组，对应 Excel2003 中"插入"菜单的部分命令，主要用于在 Excel 2010 文档中插入各种元素。

3. "页面布局"功能区

包括主题、页面设置、调整为合适大小、工作表选项、排列几个组，对应 Excel 2003 的"页面设置"菜单命令和"格式"菜单中的部分命令，用于帮助用户设置 Excel 2010 表格页面样式。

4. "公式"功能区

包括函数库、定义的名称、公式审核和计算几个组，用于实现在 Excel 表格中进行各种数据计算。

5. "数据"功能区

包括获取外部数据、连接、排序和筛选、数据工具和分级显示几个组，主要用于在 Excel 2010 表格中进行数据处理相关方面的操作。

6. "审阅"功能区

包括校对、中文简繁转换、语言、批注、更改 5 个组，主要用于对 Excel 2010 表格进行校对和修订等操作，适合于多人协作处理 Excel 2010 数据。

7. "视图"功能区

包括文档视图、显示、显示比例、窗口和宏几个组，主要用于帮助用户设置 Excel 2010 操作窗口的视图类型，以方便操作。

5.1.2 Excel 中涉及的相关概念

1. 工作簿

工作簿是指 Excel 环境中用来储存并处理工作数据的文件，Excel 文档就是工作簿。它是 Excel 工作区中一个或多个工作表的集合，其扩展名为 XLSX。每一个工作簿可以拥有许多不同的工作表，工作簿中最多可建立 255 个工作表。工作簿就像一本书或者一本账册，工作表就像其中的一张或一页。

2. 工作表

工作簿中的每一张表格称为工作表。工作表是 Excel 存储和处理数据的最重要的部分。Excel 2010 的每张工作表由 16 384 列和 1 048 576 行组成，行和列交叉处组成单元格。行号显示在工作簿窗口的左边，列号显示在工作簿窗口的上边。Excel 默认一个工作簿有 3 个工作表（默认名为 Sheet1、Sheet2 和 Sheet3）。

3. 单元格

单元格是 Excel 工作表中行与列的交叉部分，它是组成表格的最小单位，单个数据的输入和修改都是在单元格中进行的。单元格按所在的行列位置来命名。地址"B5"指的是"B"列与第 5 行交叉位置上的单元格。

4. 区域

区域由工作表上的两个或多个单元格（单元格可以相邻或不相邻）构成。

5. 行与列

行号相同的所有单元格称为一行,列号相同的所有单元格称为一列。行号使用 1,2,3,……
表示,列号使用 A,B,C,……表示。

快速测试

1. Excel 2010 的基本功能是什么？
2. Excel 2010 的窗口由哪些部分组成？
3. Excel 2010 的功能区分别拥有什么功能？

5.2 工作簿的创建、保存与打开

5.2.1 工作簿的创建

Microsoft Excel 工作簿是包含一个或多个工作表的文件,可以用其中的工作表来组织各种
相关信息。创建一个新工作簿会自动生成 3 个工作表,分别命名为 Sheet1、Sheet2、Sheet3。
创建新工作簿有以下几种方法。

1. 创建新的空白工作簿

Excel 窗口已打开,在功能区中单击"文件"选项卡→"新建"命令→"可用模板"→"空
白工作簿"。

2. 基于现有工作簿创建新工作簿

Excel 窗口已打开,单击"文件"选项卡→"新建"命令→"可用模板"→"根据现有内容
新建"→"根据现有工作簿新建",打开包含已存在的工作簿的文件夹,单击该工作簿→"新建"。

3. 使用快速访问工具栏

鼠标左键单击快速访问工具栏上的"新建"按钮。使"新建"按钮出现在快速访问工具
栏中,在快速访问工具栏的右侧单击向下箭头→"自定义快速访问工具栏"→"新建"。

5.2.2 工作簿的保存

Excel 文件的保存是以工作簿为单位的,每次用新建命令建立的工作簿都采用 Excel 的缺
省工作簿名:Book1.xlsx、Book2.xlsx……。用户必须用保存操作将自己的工作成果以文件的
形式保存起来,以备以后使用。工作簿的保存方法有如下几种:

（1）单击快速访问工具栏中的"保存"图标按钮。
（2）单击"文件"选项卡→"保存"图标按钮。
（3）单击"文件"选项卡→"另存为"图标按钮。
（4）选中需要保存的工作簿,按快捷键 Ctrl+S。

❖注意

（1）创建的新 Excel 工作簿第一次保存时（或点"另存为"图标保存工作簿时）将弹出

"另存为"对话框，如图 5.2 所示。用户需通过"保存位置"来指定要保存工作簿文件的磁盘位置，否则工作簿将保存在默认位置。在"查找范围"中找到要保存文档的文件夹，在"文件名"文本框中输入为工作簿起的文件名。

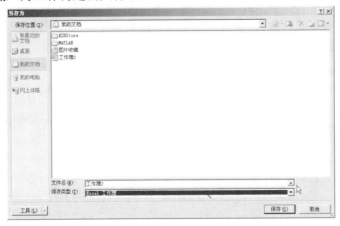

图 5.2　"另存为"对话框

（2）Excel 2010 工作簿的文件的文件扩展名为.xlsx，模板的文件扩展名为.xltx。Excel 设置了多种保存的文件类型，以便与其他类似软件相兼容。可以打开"保存类型"的下拉列表框选择需要保存的文件类型。默认情况下，在"保存类型"框中的值为"Microsoft Excel 工作簿"。特别需要注意 Excel 文件版本的向下兼容问题（Excel 2010 可以打开以前版本的 Excel 文件；而 Excel 97 或 Excel 2003 中无法打开标准的 Excel 2010 文档。这时应在 Excel 2010 中保存文件过程中在"保存类型"中选择"Excel 97-2003 工作簿"）

（3）如果在保存时要修改"文件名""保存位置""保存类型"中的任一项，都需要选择"文件"菜单中的"另存为"命令，在"另存为"对话框中做相应修改。

5.2.3　工作簿的打开

（1）进入 Excel 的同时打开最近使用过的某工作簿步骤：选择 Windows 的"开始"菜单→"文档"菜单，选择需要打开的工作簿的名称。

（2）运行 Excel 2010 软件，选择"文件"选项卡→"打开"或"快速访问工具栏"上的"打开"按钮→"打开"对话框。

（3）在磁盘上找到需要打开的工作簿文件，鼠标双击该文件图标。

5.2.4　工作簿的关闭

用户可以打开多个工作簿，对多个工作簿同时操作。每打开一个工作簿，占据一个窗口，但只有一个工作簿是活动工作簿。同一时刻打开的工作簿太多，会占用很多的内存空间，降低系统运行速度。为此，需要关闭当前不用的工作簿。关闭工作簿的方法有以下 4 种：

（1）用鼠标单击工作簿窗口中"编辑栏"右下角的"✕"按钮。

（2）选中所要关闭的工作簿→"文件"选项卡→"关闭"命令。

（3）选中所要关闭的工作簿，按快捷键 Alt+F4。

（4）退出 Excel 时也可关闭工作簿，但此时是关闭所有打开的工作簿。系统会一一询问是否保存对文件的修改。

1．Excel 2010 工作簿的创建方法是什么？
2．Excel 2010 工作簿的保存方法是什么？
3．Excel 2010 工作簿的打开方法是什么？

5.3　数　据　输　入

要在 Excel 2010 工作簿中处理数据，首先必须在工作表的单元格中输入数据，可以输入多种数据类型，包括文本、数字、日期、时间、货币、公式和函数等。若一个单元格中的内容较多，还需要调整数据，让数据按希望的方式显示。数据输入过程的一些技巧如下。

1．选择活动单元格和换行

鼠标左键单击需要输入数据的单元格，然后在该单元格中键入数据，按 Enter 键、Tab 键或上下左右方向键移到下一个单元格。若在单元格中跨行输入数据，按 Alt+Enter 输入一个换行符。

2．将数字作为文本输入

先输入一个英文输入法下的单引号"'"，然后再输入数字，可以将数字作为文本输入（如电话号码、邮政编码等）。

3．输入分数

先输入一个 0，再输入一个空格，然后输入分数，就可以正常显示分数。

4．输入当前日期和时间

通过 Ctrl+;组合键可以输入当前日期，通过 Ctrl+Shift+;组合键可以输入当前时间。

5．使用填充柄填充数据

若要输入一系列连续数据，例如日期、月份或递增（减）的数字，可在一个单元格中键入起始值，然后在下一个单元格中再键入下一个值，建立一个模式。例如，如果要使用序列 1、2、3、4、5…，在前两个单元格中分别键入 1 和 2。选中包含起始值的两个单元格（如图 5.3(a)所示），然后拖动填充柄（填充柄是位于选定区域右下角的小黑方块。将鼠标指向填充柄时，鼠标的指针更改为黑十字），涵盖要填充的整个范围。要按升序填充，应从上到下或从左到右拖动；要按降序填充，应从下到上或从右到左拖动。

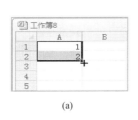

(a)

(b)

图 5.3　填充柄填充数据

拖动填充柄后，将出现"自动填充选项"按钮，可以选择如何填充选定的内容，如图 5.3(b) 所示。例如，可以选择单击"仅填充格式"以只填充单元格格式，也可以选择单击"不带格式填充"以只填充单元格的内容。

快速测试

1．使用填充柄在一行中输入：1，3，5，……，99。
2．在区域 A1:AA99 内的每个单元格中输入数字 1。
3．使用填充柄在一列中输入：–100，–98，–96，……，100。

5.4　单元格操作

5.4.1　选定单元格

1．使用名称框选择特定的单元格或区域

名称框位于编辑栏左端，用于指示选定单元格、图表项或图形对象。可通过在名称框中输入特定的单元格或区域的名称来引用、快速定位和选择。例如，显示在第 B 列和第 3 行交叉处的单元格，名称框中引用形式为"B3"，在名称框中键入 B2:D4 选择包含 9 个单元格的区域。

2．使用鼠标左键按住不放进行拖动，选择单元格或区域。

3．通过使用"定位"命令选择命名的或未命名的单元格或区域。

"开始"选项卡→"编辑"组→"查找和选择"→"定位条件"→"定位条件"对话框，选择需要定位的数据参数。例如，在"定位条件"对话框中选择"常量"单选框，选择"文本"复选框，可以选中工作表中的所有包含文字的单元格，如图 5.4 所示。

图 5.4　"定位条件"对话框

5.4.2　单元格、行、列的插入与删除

在 Excel 工作表中活动单元格的上方或左侧插入（删除）空白单元格，同时将同一列中的其他单元格下移或将同一行中的其他单元格右移。也可整行、整列地插入（删除）单元格。

1．方法一

单击需要插入的单元格→"开始"选项卡→"单元格"组→单击"插入（删除）"旁的向下小箭头→"插入（删除）下拉菜单"→"插入（删除）单元格/插入（删除）工作表行/插入（删除）工作表列"，选择插入（删除）的位置和方式，如图 5.5～图 5.7 所示。

图 5.5　单元格组　　　　图 5.6　插入下拉菜单　　　　图 5.7　删除下拉菜单

2．方法二

单击需要插入的单元格，单击打开"快捷菜单"→选择"插入（删除）"命令项→"插入"（删除）对话框，如图 5.8 所示。选择需要插入（删除）单元格/行/列，选择插入（删除）的位置和方式。

5.4.3 数据格式设置

图 5.8 "插入（删除）"对话框

1．数字格式设置

在工作表中数字、日期和时间都以纯数字的形式储存，而在单元格中所看到的这些数字具有一定的显示格式。

数字格式设置步骤如下：单击要设置数字格式的单元格（行/列/区域）→"开始"选项卡→"数字"组，单击"常规"右边的向下小箭头，单击要使用的数字格式，如图 5.9 所示。

更改字体步骤如下：选中要设置数据格式的单元格→"开始"选项卡→"字体"组，单击要使用的格式。可进行字体、字号、颜色等设置。

也可以单击"开始"选项卡，单击"字体""对齐方式""数字"组中任一个右下角小箭头→"设置单元格格式"对话框，对"数字""对齐""字体""边框""填充""保护"等格式进行设置，如图 5.10 所示。

图 5.9 数据格式设置

图 5.10 设置单元格格式对话框

2．单元格中数据自动换行

选中要设置格式的单元格→"开始"选项卡→"对齐方式"组→"自动换行"按钮。

3．调整单元格的行高和列宽

选中需要设置高度或宽度的行或列→"开始"选项卡→"单元格"组→"格式"→"自动调整列宽"（或"自动调整行高"），如图 5.11 所示。

还可以在图 5.11 中单击"行高"或"列宽"按钮，打开"行高"或"列宽"对话框，在编辑框中输入具体数值，单击"确定"按钮，如图 5.12 所示。

4．框线设置

（1）边框设置：选中需添加表格边框的单元格区域，单击"开始"选项卡→"字体"组→"下框线"按钮，选择需要的边框种类。

图 5.11　行高和列宽设置　　　　　　　　　　图 5.12　行高/列宽对话框

（2）边框颜色设置：选中需添加表格边框的单元格区域，单击"开始"选项卡→"字体"组→"下框线"按钮 ，→"绘制边框"中选择"线条颜色"，选择一种合适的颜色。

（3）边框线型设置：选中需添加表格边框的单元格区域，单击"开始"选项卡→"字体"组→"下框线"按钮 ，在"绘制边框"中选择"线型"，选择一种合适的线型。

5.4.4　数据有效性

数据有效性是对单元格或单元格区域输入的数据从内容到数量上的限制。对于符合条件的数据，允许输入；禁止输入不符合条件的数据。数据有效性功能需在尚未输入数据时，预先设置，以保证输入数据的正确性；一般情况下不能检查已输入的数据。

实例：使用 Excel 表格记录某门课程的成绩，工作表中有学号、姓名、性别、成绩 4 列，要求在输入性别时只能输入"男""女"，成绩的分数范围是 0～100。

建立 Excel 工作表的基本结构，依次输入 4 标题栏：学号、姓名、性别、成绩。

1. 设置性别的数据有效性

选中"性别"标题栏下的单元格区域"C2：C6"→"数据"选项卡→"数据工具"组→"数据有效性"按钮，弹出"数据有效性"对话框，在"允许"下拉菜单中选择"序列"项，在"来源"框中输入："男,女"（男女中间为英文逗号），单击"确定"按钮，如图 5.13 所示。

2. 设置成绩的数据有效性

选中"成绩"标题栏下的单元格区域"D2:D6"→"数据"选项卡→"数据工具"组→"数据有效性"按钮，弹出"数据有效性"对话框，在"允许"下拉菜单中选择"小数"项，在"数据"下拉菜单中选择"介于"，在"最小值"框中输入：0，在"最大值"框中输入：100，单击"确定"按钮，如图 5.14 所示。

图 5.13　性别数据有效性设置　　　　　　　图 5.14　成绩数据有效性设置

输入性别：在 C 例单元格中可以使用该单元格右侧的向下小箭头选择"男""女"进行输入。

输入成绩：从键盘中输入 0～100 间的数值。例如，在 D6 单元格中输入 101，按 Enter 键后 Excel 系统会提示："输入值非法"，如图 5.15 所示。

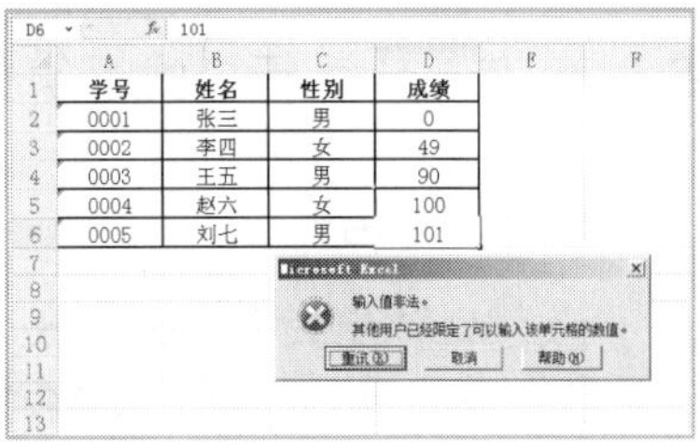

图 5.15　输入值非法错误

快速测试

1．练习插入一个单元格，插入和删除一行/列。

2．分别设置各列中数据类型为：常规、数值、货币、日期、时间、百分比、分数、文本，并输入数据。

3．设置"A1:G5"单元格区域的表格框线格式为：红色双实线外边框，黑色单虚线内边框。

4．输入学号、身份证号码时，怎样使用数据有效性检查输入文本的长度？

5.5　公式与函数

5.5.1　公式概述

Excel 使用公式可以对单个数据表或多个数据表中的数据项进行复杂的计算，涉及常量、计算运算符等概念。

常量是不用计算的值。例如，日期 2008-10-9、数字 210 以及文本"季度收入"，都是常量。而表达式或由表达式得出的结果不是常量。

运算符用于指定要对公式中的元素执行的计算类型。计算时有默认的次序，但可以使用括号更改计算次序。计算运算符分为算术、比较、文本连接和引用 4 种不同类型，如表 5.1 所示。

表 5.1　计算运算符表

类　型	符　　号	含　　义	示　　例
算术运算符	+（加号）	加法	3+3
	–（减号）	减法/负数	3–1/–1
	*（星号）	乘法	3*3
	/（正斜杠）	除法	3/3
	%（百分号）	百分比	20%
	^（脱字号）	乘幂	3^2
比较运算符 （结果为逻辑 值：TRUE 或 FALSE）	=（等号）	等于	A1=B1
	>（大于号）	大于	A1>B1
	<（小于号）	小于	A1<B1
	>=（大于等于号）	大于或等于	A1>=B1
	<=（小于等于号）	小于或等于	A1<=B1
	<>（不等号）	不等于	A1<>B1
文本运算符	&（与号）	将两个值连接或串起来产生一个连续的文本值	"North"&"wind"
引用运算符	:（冒号）	区域运算符，对两个引用之间所有单元格的引用	B5:B15
	,（逗号）	联合运算符，将多个引用合并为一个引用	SUM(B5:B15,D5:D15)
	（空格）	交集运算符，生成对两个引用中共有的单元格的引用	B7:D7 C6:C8

5.5.2 Excel 执行公式运算的次序

1. 计算次序

公式按特定次序计算值。Excel 中的公式始终以等号"="开头,等号后面是要计算的元素(即操作数),各操作数之间由运算符连接。Excel 按照公式中每个运算符的特定次序从左到右计算。

2. 运算符优先级

如果一个公式中有若干个运算符,Excel 将按表 5.2 所示的次序进行计算。如果一个公式中的若干个运算符具有相同的优先顺序(例如,如果一个公式中既有乘号又有除号),Excel 将从左到右进行计算。

表 5.2　运算符优先顺序表

优先顺序	运　算　符	说　　　明
1	:(冒号)(单个空格),(逗号)	引用运算符
2	−	负数(如,−1)
3	%	百分比
4	^	乘方
5	*和/	乘和除
6	+和−	加和减
7	&	连接两个文本字符串
8	=　<><=　>=　<>	比较运算符

3. 括号的使用

若要更改求值的顺序,可将公式中要先计算的部分用括号括起来。

4. 单元格在公式中使用与引用

1)相对地址引用

公式中的相对单元格引用(如 A1)是基于包含公式和单元格引用的单元格的相对位置。如果公式所在单元格的位置改变,引用也随之改变。如果多行或多列的复制或填充公式,引用会自动调整。例如,将单元格 B2 中公式的相对地址引用 A1 复制或填充到单元格 B3,B3中公式将自动从"=A1"调整到"=A2"。

2)绝对地址引用

公式中的绝对单元格引用(如"$A$1")总是在特定位置引用单元格。如果公式所在单元格的位置改变,绝对引用将保持不变。如果多行或多列的复制或填充公式,绝对引用将不作调整。例如,如果将单元格 B2 中公式的绝对地址引用$A$1 复制或填充到单元格 B3,则在两个单元格公式中的绝对地址引用一样,都是"$A$1"。

3)混合地址引用

混合引用具有绝对列和相对行或绝对行和相对列。绝对引用列采用"$A1""$B1"等形式。绝对引用行采用"A$1""B$1"等形式。如果多行或多列的复制或填充公式,相对引用将自动调整,而绝对引用将不作调整。例如,如果将一个混合地址引用"=A$1"从单元格 A2复制到单元格 B3,地址引用将从"=A$1"调整到"=B$1"。

4）三维引用样式

三维引用可以分析同一工作簿中多个工作表上相同单元格或单元格区域中的数据。三维引用包含单元格或区域引用，前面加上工作表名称的范围。例如，"=SUM(Sheet2:Sheet13!B5)"将计算 B5 单元格内包含的所有值的和，单元格取值范围是从工作表 2 到工作表 13。

5.5.3 函数

1．函数的结构

Excel 中函数的结构以等号"＝"开始，后面紧跟函数名称和左括号，然后以逗号分隔输入该函数的参数列表，最后是右括号。参数可以是数字、文本、TRUE 或 FALSE 逻辑值、错误值（如#N/A）或单元格引用（如"B3"），例如："＝SUM（3，6，A2：B4）"。

2．函数的输入

Excel 提供了丰富的内置函数，可用来完成常用的数据处理。输入函数的几种方法如下：

（1）双击要使用函数的单元格，在单元格中按照函数的结构输入函数。

（2）选择要使用函数的单元格，单击"编辑栏"上的"插入函数"按钮（ *fx* ），弹出"插入函数"对话框，选择函数的名称，设置函数的参数，如图 5.16 所示。

（3）单击"编辑组"→"求和按钮"右边小箭头，选择"其他函数"，弹出"插入函数"对话框进行选择，如图 5.17 所示。

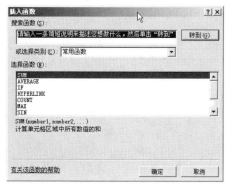

图 5.16　插入函数对话框

图 5.17　插入函数

3．常用函数

（1）SUM 函数：用来求一些单元格中数据元素的和，如图 5.18 所示。

（2）AVERAGE 函数：计算一些单元格中数据元素的平均值，如图 5.19 所示。

图 5.18　SUM 函数示例　　　　　　　　图 5.19　AVERAGE 函数示例

（3）COUNT 函数：计算包含数字的单元格以及参数列表中数字的个数。使用函数 COUNT可以获取区域或数字数组中数字字段的输入项的个数，如图 5.20 所示。

（4）MIN 函数：返回一组值中的最小值，如图 5.21 所示。

	A	B	C	D
B4		=COUNT(A2:A8, 2)		
1	数据	公式	结果	
2	销售	=COUNT(A2:A8)	3	
3	2008-12-8	=COUNT(A5:A8)	2	
4		=COUNT(A2:A8, 2)	4	
5	19			
6	22.24			
7	TRUE			
8	#DIV/0!			
9				

图 5.20　COUNT 函数示例

	A	E	C	D
G12				
1	数据	公式	结果	
2	10	=MIN(A2:A6)	2	
3	7	=MIN(A2:A6,0)	0	
4	9			
5	27			
6	2			
7				

图 5.21　MIN 函数示例

（5）MAX 函数：返回一组值中的最大值，如图 5.22 所示。

（6）ROUND 函数：按指定的位数对数值进行四舍五入，如图 5.23 所示。

	A	B	C	D
B3		=MAX(A2:A6, 30)		
1	数据	公式	结果	
2	10	=MAX(A2:A6)	27	
3	7	=MAX(A2:A6, 30)	30	
4	9			
5	27			
6	2			
7				

图 5.22　MAX 函数示例

	A	B	C	D
E13				
1	数据	公式	结果	
2		=ROUND(2.15, 1)	2.2	
3		=ROUND(-1.474, 2)	-1.47	
4	21.5	=ROUND(A4, 0)	22	
5	21.5	=ROUND(A4, -1)	20	
6				

图 5.23　ROUND 函数示例

（7）IF 函数：如果指定条件的计算结果为 TRUE，IF 函数将返回一个值；如果该条件的计算结果为 FALSE，则返回另一个值，如图 5.24 所示。

	A	B	C	D	E
G9					
1	数据		公式	结果	
2	50	23	=IF(A2<=100,"预算内","超出预算")	预算内	
3	1500	900	=IF(A3>B3,"超出预算","OK")	超出预算	
4	500	900	=IF(A4>B4,"超出预算","OK")	OK	
5	45		=IF(A5>89,"A",IF(A5>79,"B", IF(A5>69,"C",IF(A5>59,"D","F"))))	F	
6	90		=IF(A6>89,"A",IF(A6>79,"B", IF(A6>69,"C",IF(A6>59,"D","F"))))	A	
7	78		=IF(A7>89,"A",IF(A7>79,"B", IF(A7>69,"C",IF(A7>59,"D","F"))))	C	
8					

图 5.24　IF 函数示例

（8）COUNTIF 函数：对区域中满足单个指定条件的单元格进行计数，如图 5.25 所示。

	A	B	C	D	E
G11					
1	数据		公式	结果	
2	苹果	32	=COUNTIF(A2:A5,A4)	1	
3	橙子	54	=COUNTIF(A2:A5,A3)+COUNTIF(A2:A5,A2)	3	
4	桃子	75	=COUNTIF(B2:B5,">55")	2	
5	苹果	86	=COUNTIF(B2:B5,"<>"&B4)	3	
6					

图 5.25　COUNTIF 函数示例

（9）SUMIF 函数：根据指定条件对若干单元格、区域或引用求和。

函数语法是：SUMIF(range，criteria，sum_range)。

range 用于条件判断的单元格区域；criteria 相加求和的条件，其形式可以为数字、表达式、文本或单元格内容；sum_range 需求和的实际单元格。

示例：在下表中选中 F2 单元格，输入公式："=SUMIF(B2:B19,E2,C2:C19)"，可统计出办公软件的总流量，类似于分类汇总功能，如图 5.26 所示。

（10）LOOKUP 函数：返回向量或数组中满足指定条件的数值。有两种语法形式：向量形式是在单行区域或单列区域（向量）中查找数值，然后返回第二个单行区域或单列区域中相同位置的数值；数组形式在数组的第一行或第一列查找指定的数值，然后返回数组的最后一行或最后一列中相同位置的数值。

函数向量形式：“= LOOKUP(lookup_value, lookup_vector,result_vector)”。

函数数组形式：“= LOOKUP(lookup_value, array)”。

F2 =SUMIF(B2:B13,E2,C2:C13)

	A	B	C	D	E	F	G
1	日期	栏目	流量		栏目	总流量	
2	2015/4/1	办公软件	123		办公软件	2259	
3	2015/4/2	网站运营	452		网站运营	909	
4	2015/4/3	电脑医院	346		电脑医院	580	
5	2015/4/4	办公软件	987		网络安全	1124	
6	2015/4/5	办公软件	574				
7	2015/4/6	网络安全	890				
8	2015/4/7	网络安全	234				
9	2015/4/8	网站运营	112				
10	2015/4/9	办公软件	321				
11	2015/4/10	网站运营	345				
12	2015/4/11	办公软件	254				
13	2015/4/12	电脑医院	234				
14							

图 5.26　SUMIF 函数示例

lookup_value 为要查找的数值，可以为数字、文本、逻辑值或包含数值的名称或引用；lookup_vector 为查找的地方，为一行/列的区域；result_vector 为只包含一行或一列的区域，其大小必须与 lookup_vector 相同；array 为包含文本、数字或逻辑值的单元格区域或数组，用于与 lookup_value 进行比较，array 的数值必须按升序排列，否则函数 LOOKUP 不能返回正确的结果，如图 5.27 所示。

D5 '=LOOKUP(47,A3:C7)

	A	B	C	D	E	F
1	数据列1	数据列2	数据列3	公式	结果	
2				=LOOKUP(5.2,{4.2,5,7,9,12})	5	
3	23	54	1	=LOOKUP(35,A3:A7,B3:B7)	63	
4	25	55	2	=LOOKUP(47,A3:B7)	72	
5	35	63	3	=LOOKUP(47,A3:C7)	4	
6	47	72	4			
7	58	90	5			
8						
9						

图 5.27　LOOKUP 函数示例

（11）VLOOKUP 函数：在两张数据表中查找满足条件的数值，适合大量的数据连接。VLOOKUP 按列查找，最终返回该列所需查询列序所对应的值；对应的 HLOOKUP 函数按行查找。

函数表达式：“=VLOOKUP(lookup_value,table_array,col_index_num,range_lookup)”。

Lookup_value 为需要在数据表一列中进行查找的数值，可以为数值、引用或文本字符串；table_array 为需要在其中查找数据的数据表；col_index_num 为 table_array 中查找数据的数据列序号，col_index_num 为 1 时，返回 table_array 第一列的数值，col_index_num 为 2 时，返回 table_array 第二列的数值，如果 col_index_num 小于 1，函数 VLOOKUP 返回错误值#VALUE!；如果 col_index_num 大于 table_array 的列数，函数 VLOOKUP 返回错误值#REF!。range_lookup 为一逻辑值，指明函数 VLOOKUP 查找时是精确匹配，还是近似匹配，如果为 false 或 0，则返回精确匹配，如果找不到，则返回错误值#N/A；如果 range_lookup 为 TRUE 或 1 或省略不指定，函数 VLOOKUP 将查找近似匹配值，返回小于 lookup_value 的最大数值。

示例：在下表中在 A2:F12 区域中只提取工号为 10002、10005、10007、10010 的全年总计销量，并对应地输入到 I6:I9 中。当数据量很大的时候一个一个地手动查找十分繁琐，使用 VLOOKUP 函数可以很简单地实现。

在 I6 单元格中输入表达式：“=VLOOKUP(H6,$A$2:$F$12,6)”，再使用填充句柄填充 I7～I9，如图 5.28 所示。

I6 =VLOOKUP(H6,$A$2:$F$12,6)

年度销量报表					
工号	第一季度	第二季度	第三季度	第四季度	全年总计
10001	91	56	78	98	323
10002	25	79	62	38	204
10003	57	97	67	45	266
10004	24	56	78	96	254
10005	43	51	58	90	242
10006	25	67	82	46	220
10007	26	36	72	37	171
10008	24	56	73	76	229
10009	27	26	76	72	201
10010	78	36	75	71	260

工号	全年总计
10002	204
10005	242
10007	171
10010	260

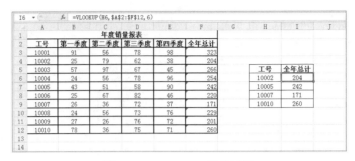

图 5.28 VLOOKUP 函数示例

4. 嵌套函数

嵌套函数指使用一个函数作为另一个函数的其中一个参数。Excel 2010 最多可以嵌套 64 级的函数。例如：

“=MAX（AVERAGE（A1：A10），50）”嵌套 AVERAGE 函数并将其结果与值 50 进行比较，取大者。

“=IF(AVERAGE(F2:F5)>50,SUM(G2:G5),0)”把 AVERAGE 和 SUM 函数嵌套 IF 在函数中，AVERAGE 函数的值大于 50 时，IF 函数返回 SUM 函数的值，否则 IF 函数返回 0。

示例：某家电商场制定促销手段：消费额大于等于 10 000 元，奖励一台微波炉；消费额大于等于 5000 元，奖励一台 DVD；消费额小于 5000 元，奖励收音机。若 B 列为消费额数据列，B3 单元格为第一个消费额数据，奖励计算嵌套函数如下：

“=IF(B3>=5000,IF(B3>=10000,"微波炉","DVD"),"收音机")”

或“=IF(B3>=10000,"微波炉",IF(B3>=5000,"DVD","收音机"))”

5. 函数使用对比

将学生成绩转化为等级。转化标准为：0～59 为“不及格”、60～69 为“及格”、70～84 为“良”、85～100 为“优”。

1）使用 IF 函数嵌套实现

“=IF(B2<60,"不及格",IF(B2<70,"及格",IF(B2<85,"良","优")))”

2）使用 LOOKUP 函数来实现

“=LOOKUP(B2,$G$5:$G$8,$H$5:$H$8)”

3）使用 VLOOKUP 函数来实现

“=VLOOKUP(B2,$G$5:$H$8,2,TRUE)”

在对应单元格中输入上面公式，并使用填充句柄填充公式，结果如图 5.29 所示。

M14

姓名	成绩	IF嵌套	Lookup函数	Vlookup函数
张三	98	优	优	优
李四	46	不及格	不及格	不及格
王五	51	不及格	不及格	不及格
王武	63	及格	及格	及格
赵柳	78	良	良	良
闻名	92	优	优	优
张曹	85	优	优	优

0	不及格
60	及格
70	良
85	优

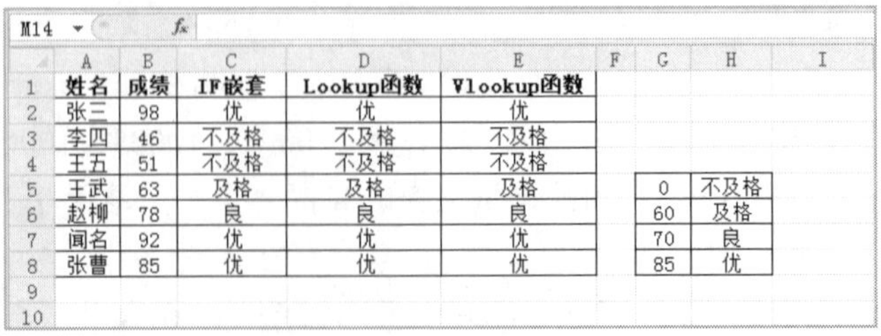

图 5.29 成绩～等级转化

在 Excel 中实现同一功能具有多种方法，选择恰当的函数可以使公式表达式更简洁。

5.5.4 条件格式

条件格式是指当指定条件为真时，Excel 自动应用于单元格的格式，如单元格底纹、字体颜色等。如果将条件格式和公式/函数结合使用，则可以发挥更大的作用。

实例：某辅导员使用 Excel 对某班同学一学期学习情况与英语考试成绩进行总结。

要求输入过程中对同学们的错误学号突出显示为黄色，提醒修改；工作表间隔 1 行显示阴影；英语成绩不及格时突出显示为红色；分析学生排名变化。

设计 Excel 表包含 5 列标题栏分别为：学号、姓名、英语成绩、上期排名、本期排名。

1. 检查学号正确性

学号列中选择"A2:A9"单元格，设置单元格的数字格式设置为"文本"，在"A2:A9"单元格被选中的情况下选择"开始"选项卡→"样式"组→"条件格式"按钮→"新建规则"项→"新建规则"对话框，在"选择规则类型"列表中选择"使用公式确定要设置格式的单元格"，在"为符合此公式的值设置格式"项中输入："=AND(LEN(A2)<>10,LEN(A2)<>12)"，单击"格式"按钮，单击"设置单元格格式"的"字体"选项卡，"字形"项选择"加粗倾斜"，"颜色"项选择黄色，单击"确定"按钮，单击"确定"按钮。在"A2:A9"中的某个单元格中输入学号时，当学号长度不是 10 或 12 时字体颜色为黄色。

说明："=AND(LEN(A2)<>10,LEN(A2)<>12)"表示 A2 单元格中文本的长度不等于 10，也不等于 12，如图 5.30 所示。AND()函数进行逻辑和运算，LEN()函数计算单元格中文本的长度。

图 5.30 学号正确检查设置

2. 间隔 1 行显示阴影

选中区域"A2:E8"→选择"开始"选项卡→"样式"组→"条件格式"按钮→"新建规则"项，弹出"新建格式规则"对话框，在"选择规则类型"列表中选择"使用公式确定要设置格式的单元格"，在"为符合此公式的值设置格式"项中输入：=MOD(ROW(),2)=0，单击"格式"按钮，在"设置单元格格式"对话框的"填充"选项卡中选择灰色，在"设置单元格格式"对话框中"确定"按钮，在"新建格式规则"对话框中单击"确定"按钮。如果要间隔两行显示阴影则用公式"=MOD(ROW(),3)=0"。

说明："=MOD(ROW(),2)=0"表示行号为偶数的行，如 2、4、6、···行。ROW()函数返回操作引用的行号。MOD()函数计算两数相除的余数。如 MOD(13,5)的结果为 3，即 13 除以 5 余数为 3。"=MOD(ROW(),3)=0"表示行号为 3 的倍数的行，如 3、6、9、···行。

3. 英语成绩不及格时突出显示为红色

选中区域"C2:C8"→选择"开始"选项卡→"样式"组→"条件格式"按钮→"突出显示单元格规则"项→"小于"项，弹出"小于"对话框，在"为小于以下值的单元格设置格式"项中输入：60，"设置为"项选择"红色文本"，单击"确定"按钮。

4. 分析学生排名变化情况

选中"F2:F8"区域→选择"开始"选项卡→"样式"组→"条件格式"按钮→"图标

集"项→"其他规则",弹出"新建格式规则"对话框,在"编辑规则说明"组中选择"仅显示图标"复选框,"图标样式"项选择"三向箭头","类型"项中两个都选为数字,向上箭头的"值"项选择">"、"0",向右箭头的"值"项选择">"、"-1","确定"按钮,单击如图 5.31 所示。

选中 F2 单元格,输入表达式:=D2-E2,填充"F3:F8"单元格,结果如图 5.32 所示。

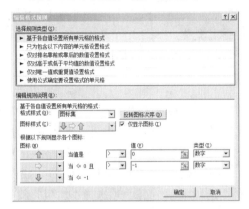

图 5.31 "新建格式规则"对话框   图 5.32 学生排名变化情况

快速测试

1. 使用＋－×/和（）等符号构造四则运算公式。

2. 对比公式被复制时,相对地址、绝对地址、混合地址的区别。

3. 随机输入一些数据,练习 SUM、MAX、MIN、AVERAGE、COUNT、IF、COUNTIF 函数的使用。

4. 使用函数嵌套把 100 分制的成绩转换为 A～E 5 档成绩,即 20 分一个档次。

5. 设置单元格中数据值介于 60～75 之间时,有红色的粗线边框。

5.6　数据管理与分析

5.6.1　数据排序

对数据进行排序是数据分析不可缺少的组成部分。使用数据排序功能有助于快速直观地显示数据、更好地理解数据、组织并查找所需数据、做出更有效的决策。

1. 对文本、数字、日期进行排序

选择单元格区域中的一列字母数字数据,或者确保活动单元格位于包含字母数字数据的表列中。

选择需要排序的数据→"数据"选项卡→"排序和筛选"组,选择需要进行排序的方式。若要按字母、数字的升序排序,单击"升序"按钮;若要按字母、数字的降序排序,单击"降序"按钮。

2. 对文本区分大小写的排序

选择需要排序的数据→"数据"选项卡→"排序和筛选"组→"排序"按钮,弹出"排序"对话框,如图 5.33 所示。单击"选项"按钮,弹出"排序选项"对话框,如图 5.34 所示。选择"区分大小写"复选项,单击"确定"按钮。

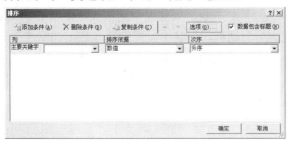

图 5.33　排序对话框　　　　　　　　　　图 5.34　排序选项对话框

3. 按单元格颜色、字体颜色或图标进行排序

选择单元格列区域→"数据"选项卡→"排序和筛选"组,单击"排序"按钮,弹出"排序"对话框,如图 5.35 所示。在"列"下选择要排序的列数据,在"排序依据"下选择排序类型("单元格颜色""字体颜色""单元格图标"),在"次序"下选择排列方式("在顶端""在左侧"、"在底端""在右侧")。

图 5.35　排序对话框

5.6.2　数据筛选

筛选工作表中的信息,可以快速查找需要的数值部分。可以筛选一个或多个数据列,可以利用筛选功能控制要显示的内容,而且还能控制要排除的内容。

进行数据筛选的工作表的每一列必须有列标题。筛选示例数据如图 5.36 所示。

图 5.36　筛选示例数据

1. 自动筛选

（1）选择要筛选的数据→"数据"选项卡→"排序和筛选"组，单击"筛选"按钮。

（2）单击数据列标题中的箭头 ▼，弹出"筛选器选择列表"对话框，在其中设置筛选参数，如图5.37所示。

在"筛选器选择列表"对话框中的"搜索"框用于输入要搜索的文本或数字；根据需要选中或清除用于显示从数据列中找到的值的复选框。单击"文本筛选"选项可使用高级条件查找满足特定条件的值。

图5.37 "筛选器选择列表"对话框

2. 高级筛选

Excel 2010中如果要筛选的数据需要复杂条件，则可以使用"高级筛选"对话框。

（1）多列数据中筛选多个条件，条件间为"与"关系的情况。

例如，筛选条件布尔逻辑为：（部门 = "销售四部" AND 数量> 800 AND 单价<20）

在筛选数据所在同一个工作表中，或在相同工作簿的其他工作表中建立条件区域，并在同一行中键入所有条件。例如，条件区域在工作表 Sheet3 中，输入内容如图5.38所示。

图5.38 "与"关系条件区域

单击要筛选数据区域中的任一单元格→"数据"选项卡→"排序和筛选"组，单击"高级"按钮，弹出"高级筛选"对话框，如图5.39所示，选择筛选方式（"在原有区域显示筛选结果""将筛选结果复制到其他位置"），在"条件区域"框中输入条件区域的引用，单击"确定"按钮。

本示例中，列表区域的筛选结果如图5.40所示。

图5.39 "高级筛选"对话框

	A	B	C	D	E	F	G	H	I	J	K	L
1	销售日期	年	月	客户代码	销售员	部门	产品名称	计量单位	数量	单价	包装费	
17	2006-1-7	2006	1	29006	王和秀	销售四部	HR-191树脂		35200	6.58	390.00	
18	2006-1-27	2006	1	29006	亚军	销售四部	HR-191树脂		35200	7.09	390.00	
19	2006-2-9	2006	2	21947	王和秀	销售四部	HR-191树脂		3300	6.62	390.00	
21	2006-1-28	2006	1	28008	祥龙	销售四部	TM196钢琴树脂		4400	11.03	310.00	
28												

图5.40 "与"关系筛选结果

（2）多列数据中筛选多个条件，条件间为"或"关系的情况。

例如，筛选条件布尔逻辑为：（部门 = "销售四部" AND 数量> 800 AND 单价<20）OR（部门 = "销售二部" AND 数量< 6000）

条件区域在工作表 Sheet3 中输入内容如图5.41所示。

	A	B	C	D	E	F	G	H	I	J	K	L
1	销售日期	年	月	客户代码	销售员	部门	产品名称	计量单位	数量	单价	包装费	
2						销售四部			>800	<20		
3						销售二部			<6000			
4												

图5.41 "或"关系条件区域

在"高级筛选"对话框中输入"条件区域",如图 5.42 所示。

列表区域的筛选结果如图 5.43 所示。

	A	B	C	D	E	F	G	H	I	J	K	L
1	销售日期	年	月	客户代码	销售员	部门	产品名称	计量单位	数量	单价	包装费	
2	2005-12-27	2005	12	21705	康晓	销售二部	HR-191树脂		880	6.50	390.00	
3	2006-1-24	2006	1	29026	康晓	销售二部	HR-191树脂		2200	6.67	390.00	
4	2006-2-9	2006		31808	高风兰	销售二部	HR-191树脂		5500	7.22	390.00	
6	2005-9-6	2005	9	10902	建军	销售二部	TM196钢琴树脂		440	10.68	310.00	
7	2005-9-2	2005	9	05508	江华	销售二部	促进剂RCA		10	19.66	180.00	
8	2006-1-6	2006	1	06518	江华	销售二部	促进剂RCA		60	18.80	180.00	
9	2006-1-6	2006	1	34008	高风兰	销售二部	促进剂RCA		500	18.80	180.00	
17	2006-1-7	2006	1	29006	王和秀	销售四部	HR-191树脂		35200	6.58	390.00	
18	2006-1-27	2006	1	29006	亚军	销售四部	HR-191树脂		35200	7.09	390.00	
19	2006-2-9	2006	2	21947	王和秀	销售四部	HR-191树脂		3300	6.62	390.00	
21	2006-1-28	2006	1	28008	祥龙	销售四部	TM196钢琴树脂		4400	11.03	310.00	
28												

图 5.42　高级筛选对话框　　　　　　　　图 5.43　"或"关系筛选结果

（3）多列数据中筛选多个条件，条件间为复合关系。

例如，筛选条件布尔逻辑为：（部门 = "销售四部" AND 数量> 800 AND （单价<20 AND 单价>18））OR（部门 = "销售二部" AND 数量< 6000）

条件区域在工作表 Sheet3 中输入以下内容：

	A	B	C	D	E	F	G	H	I	J	K	L
1	销售日期	年	月	客户代码	销售员	部门	产品名称	计量单位	数量	单价	单价	
2						销售四部			>800	<20	>18	
3						销售二部			<6000			
4												

图 5.44　复合关系条件区域

在"高级筛选"对话框中设置参数，如图 5.45 所示。

列表区域的筛选结果如图 5.46 所示。

	A	B	C	D	E	F	G	H	I	J	K	L
1	销售日期	年	月	客户代码	销售员	部门	产品名称	计量单位	数量	单价	包装费	
2	2005-12-27	2005	12	21705	康晓	销售二部	HR-191树脂		880	6.50	390.00	
3	2006-1-24	2006	1	29026	康晓	销售二部	HR-191树脂		2200	6.67	390.00	
4	2006-2-9	2006	2	31808	高风兰	销售二部	HR-191树脂		5500	7.22	390.00	
6	2005-9-6	2005	9	10902	建军	销售二部	TM196钢琴树脂		440	10.68	310.00	
7	2005-9-2	2005	9	05508	江华	销售二部	促进剂RCA		10	19.66	180.00	
8	2006-1-6	2006	1	06518	江华	销售二部	促进剂RCA		60	18.80	180.00	
9	2006-1-6	2006	1	34008	高风兰	销售二部	促进剂RCA		500	18.80	180.00	
28												

图 5.45　"高级筛选"对话框　　　　　　　图 5.46　复合关系筛选结果

5.6.3　分类汇总

进行分类汇总的数据需满足条件：每一列都有列标题，并且同一列中应包含相似的数据，在区域中没有空行或空列，进行分类的字段列要先进行排序。

单击要分类汇总的数据表中任一单元格→"数据"选项卡→"分级显示"组，单击"分类汇总"按钮，弹出"分类汇总"对话框，如图 5.47 所示。在"分类字段"框中选择要分类汇总的列（例如选择"部门"列），在"汇总方式"框中选择汇总方式（求和、计数、平均值等），在"选定汇总项"框中选择要进行分类汇总的列（例如"数量"列），单击"确定"按钮。

分类汇总结果如图 5.48 所示。

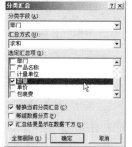

图 5.47　"分类汇总"对话框

	A	B	C								
1	销售日期	年	月	客户代码	销售员	部门	产品名称	计量单位	数量	单价	包装费
2	2005-12-27	2005	12	21705	康晓	销售二部	HR-191树脂		880	6.50	390.00
3	2006-1-24	2006	1	29026	康晓	销售二部	HR-191树脂		2200	6.67	390.00
4	2006-2-9	2006	2	31808	高凤兰	销售二部	HR-191树脂		5500	7.22	390.00
5	2006-2-9	2006	2	21947	康晓	销售二部	HR-191树脂		10560	7.14	390.00
6	2005-9-6	2005	9	10902	建军	销售二部	TM196钢琴树脂		440	10.68	310.00
7	2005-9-2	2005	9	05508	江华	销售二部	促进剂RCA		10	19.66	180.00
8	2006-1-6	2006	1	06518	江华	销售二部	促进剂RCA		60	18.80	180.00
9	2006-1-6	2006	1	34008	高凤兰	销售二部	促进剂RCA		500	18.80	180.00
10						销售二部 汇总			20150		
11	2005-9-9	2005	9	05508	刘玲	销售三部	HR-191树脂		440	6.67	390.00
12	2005-9-28	2005	9	09037	和红	销售三部	T聊		25	24.10	120.00
13	2005-9-25	2005	9	03024	刘玲	销售三部	T聊		25	25.64	120.00
14	2005-9-6	2005	9	20054	莉军	销售三部	T聊		75	27.35	120.00
15	2006-1-24	2006	1	03151	刘玲	销售三部	苯乙烯		190	7.01	200.00
16	2006-1-25	2006	1	03531	和红	销售三部	促进剂RCA		40	19.66	180.00
17	2006-1-3	2006	1	27052	卢新	销售三部	促进剂RCA		220	16.67	180.00
18						销售三部 汇总			1015		
19	2006-1-7	2006	1	29006	王和秀	销售四部	HR-191树脂		35200	6.58	390.00
20	2006-1-27	2006	1	29006	亚军	销售四部	HR-191树脂		35200	7.09	390.00
21	2006-2-9	2006	2	21947	王和秀	销售四部	HR-191树脂		3300	6.62	390.00
22	2006-1-6	2006	1	10000	生华	销售四部	TM196钢琴树脂		220	10.68	310.00
23	2006-1-28	2006	1	28008	祥龙	销售四部	TM196钢琴树脂		4400	11.03	310.00
24	2005-11-18	2005	11	21947	王和秀	销售四部	T聊		25	21.37	120.00
25	2006-1-10	2006	1	27902	张志	销售四部	苯乙烯		26	8.12	200.00
26	2006-1-14	2006	1	08024	杨明	销售四部	苯乙烯		100	6.67	200.00
27	2005-9-18	2005	9	31813	曾刚	销售四部	促进剂RCA		20	19.66	180.00
28	2006-1-27	2006	1	34020	赵君	销售四部	促进剂RCA	349		19.66	180.00
29	2006-1-15	2006	1	27008	亚军	销售四部	促进剂RCA		500	18.80	180.00
30						销售四部 汇总			78991		
31						总计			100156		

图 5.48 分类汇总结果

5.6.4 图表制作

图表是数据的一种可视表示形式。通过使用类似柱形（在柱形图中）或折线（在折线图中）这样的元素，图表可按照图形格式显示系列数值数据。让用户更容易理解大量数据和不同数据系列之间的关系。图表还可以显示数据的全貌，以便分析数据并找出重要趋势。

1. 建立图表

选择要为其绘制图表的数据区域，如图 5.49 所示。选择"插入"选项卡，"图表"组，单击要使用的图表类型（例如"柱形图"），弹出图表类型详细说明菜单，从中选择图表子类型。

针对上面数据建立的图柱形图图表如图 5.50 所示。

查看所有可用的图表类型，单击"图表"组中右下角 按钮，弹出"插入图表"对话框，如图 5.51 所示。

图 5.49 选择要绘图的数据区域

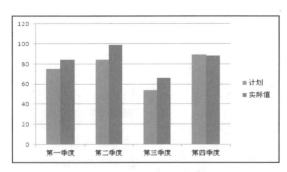

图 5.50 柱形图图表

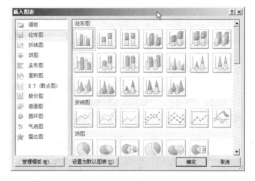

图 5.51 "插入图表"对话框

2. 更改图表的布局或样式

使用"图表工具"可以添加图表元素（标题、数据标签），以及更改图表的设计、布局或格式。

单击要设置格式的图表中的任意位置，选择"图表工具"。"图表工具"中包含"设计""布局"和"格式"选项卡，如图 5.52 所示。

图 5.52　图表工具

1）应用预定义图表布局

单击要使用预定义图表布局的图表中的任意位置→"图表工具"→"设计"选项卡→"图表布局"组，单击要使用的图表布局。

2）应用预定义图表样式

单击要使用预定义图表布局的图表中的任意位置→"图表工具"→"设计"选项卡→"图表样式"组，单击要使用的图表样式。

3）手动更改图表元素的布局

方法一：单击要更改图表元素的图表中的任意位置→"图表工具"→"布局"选项卡→"当前所选内容"组，单击"图表元素"框右边向下的箭头，单击所需的图表元素。

方法二：单击要更改图表元素的图表中的任意位置→"图表工具"→"布局"选项卡→"标签""坐标轴"或"背景"组，单击与所选图表元素相对应的图表元素按钮，单击所需的布局选项，如图 5.53 所示。

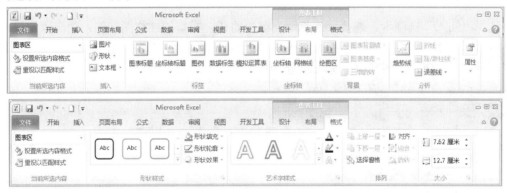

图 5.53　"布局" / "格式"选项卡

4）手动更改图表元素的格式

方法一：单击要更改图表元素的图表中的任意位置→"图表工具"→"格式"选项卡，在"当前选择"组中→单击"图表元素"框中的箭头→单击所需的图表元素。

方法二：单击要更改图表元素的图表中的任意位置→"图表工具"→"格式"选项卡→"形状样式"组，单击需要的样式，选择需要的格式设置选项。

使用"艺术字"为所选图表元素中的文本设置格式：在"艺术字样式"组中单击相应样式。也可以单击"文本填充""文本轮廓"或"文本效果"，选择所需的格式设置选项。

5）添加图表标题

单击要更改图表元素的图表中的任意位置→"图表工具"→"布局"选项卡→"标签"

组，单击"图表标题"→"居中覆盖标题"或"图表上方"，图表中显示的"图表标题"文本框中键入所需的文本。

6）添加坐标轴标题

单击要更改图表元素的图表中的任意位置→"图表工具"→"布局"选项卡→"标签"组，单击"坐标轴标题"→"主要横坐标轴标题"（或者"主要纵坐标轴标题"），单击所需的坐标选项，在图表中显示的"坐标轴标题"文本框中键入所需的文本。

设置坐标中文本的格式：鼠标右键单击图表中的标题，单击"设置坐标轴标题格式"，选择所需的格式设置选项。

7）显示或隐藏图例

图例是一个方框，用于标识为图表中的数据系列或分类指定的图案或颜色。可以在图表创建完毕后隐藏图例或更改图例的位置。

单击要更改图表元素的图表中的任意位置→"图表工具"→"布局"选项卡→"标签"组，单击"图例"按钮，在弹出的菜单中按需要进行选择。

如要隐藏图例，则在菜单上单击"无"；若要显示图例，单击所需的显示选项；若要查看其他选项，单击"其他图例选项"，然后选择所需的显示选项。

5.6.5　迷你图的制作

迷你图是 Excel 2010 中加入的一种全新的图表制作工具，它以单元格为绘图区域，简单便捷地为我们绘制出简明的数据小图表。

1. 迷你图的创建

选择"插入"选项卡，选择"迷你图"组中的任一类型的迷你图示例，弹出"创建迷你图"对话框，在"数据范围"选择源数据区域，"位置范围"是指生成迷你图的单元格区域，单击"确定"按钮，如图 5.54 所示。创建的迷你图如图 5.55 所示。

图 5.54　创建迷你图对话框　　　　　　　　图 5.55　迷你图示例

2. 迷你图的修改

选择迷你图所在单元格→"迷你图设计"选项卡→设置各功能区组，如图 5.56 所示。

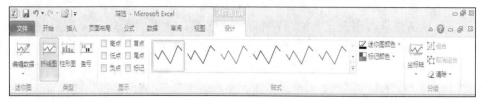

图 5.56　"迷你图设计"选项卡

"迷你图设计"功能区中各组的功能如下。

（1）"迷你图"组→"编辑数据"按钮，修改迷你图图组的源数据区域/单个迷你图的源数据区域。

（2）"类型"组更改迷你图的类型为折线图、柱形图、盈亏。

（3）"显示"组设置在迷你图中标识什么样的特殊数据。

（4）"样式"组使迷你图直接应用预定义格式的图表样式，单击"迷你图颜色"按钮修改迷你图折线或柱形的颜色，单击"标记颜色"按钮指定迷你图中特殊数据着重显示的颜色。

（5）"分组"组能进行组的拆分或将多个不同组的迷你图组合为一组，"坐标轴"按钮控制迷你图坐标范围。

5.6.6 使用数据透视表

使用数据透视表可以汇总、分析、浏览和提供工作表数据或外部数据源的汇总数据。在需要对一长列数字求和时，数据透视表非常有用，同时聚合数据或分类汇总可从不同的角度查看数据，并且对相似数据的数值进行比较。

1. 为数据透视表定义数据源

将 Microsoft Excel 表中的数据作为透视表的数据源，单击该 Excel 表中的某个单元格，保证该区域具有列标题/表中显示了标题，该区域/表中没有空行。如图 5.57 所示为一透视表的数据源。

图 5.57　数据源

2. 创建数据透视表

选择数据源→"插入"选项卡→"表格"组，单击"数据透视表"按钮，弹出"创建数据透视表"对话框，如图 5.58 所示。确保已选中"选择一个表或区域"，确认"表/区域"框中验证单元格区域输入正确，单击"确定"按钮，弹出"数据透视表字段列表"对话框，如图 5.59 所示。设置"行标签""列标签""数值""报表筛选"区域。

图 5.58　创建数据透视表对话框

图 5.59　数据透视表字段列表对话框

❖注意：

1. 若要将数据透视表放置在新工作表中，并以单元格 A1 为起始位置，单击"新建工作表"。若要将数据透视表放在现有工作表中的特定位置，选择"现有工作表"，然后在"位置"框中指定放置数据透视表的单元格区域的第一个单元格。

2．"数据透视表字段列表"对话框设置如下。

（1）单击"选择要添加到报表的字段"组的相应字段名称旁的复选框，以选择该字段出现在透视表中。

行标签	▾	求和项:销售额
高尔夫球		9930
第3季度		7930
第4季度		2000
网球		11170
第3季度		4670
第4季度		6500
总计		21100

图 5.60　数据透视表

（2）设置"行标签""列标签""数值""报表筛选"区域。默认情况下，非数值字段会添加到"行标签"区域，数值字段会添加到"数值"区域，日期和时间层级则会添加到"列标签"区域。可以在字段部分中单击并按住相应的字段名称，将它拖到布局部分中的所需区域中。

生成的数据透视表如图 5.60 所示。

快速测试

1．随机输入一些数据，对输入数据按升/降序排序。

2．使用自动筛选/高级筛选在上题数据中筛选出自己感兴趣的部分。

3．分类汇总对数据有什么要求？

4．对比一般的图表和迷你图的区别。

5．练习"行标签""列标签""数值""报表筛选"在数据透视表中的使用。

5.7　宏

如果要在 Microsoft Excel 中重复执行多个任务，则可以录制一个宏来自动执行这些任务。宏是可运行任意次数的一个操作或一组操作。创建宏就是录制鼠标、键盘操作。在创建一个宏后，可以编辑宏，对其工作方式进行修改。

Visual Basic for Applications（VBA）是 Visual Basic 的一种宏语言，是微软开发出来在其桌面应用程序中执行通用的自动化（OLE）任务的编程语言，主要用来扩展 Windows 的应用程式功能，特别是 Microsoft Office 软件，也可说是一种应用程式视觉化的 Basic 脚本。

Excel 中的宏使用 VBA 创建，并由软件开发人员负责编写。但某些宏可能会引发潜在的安全风险。具有恶意企图的人员（也称为黑客）可以在文件中引入破坏性的宏，从而在计算机或网络中传播病毒。包含宏的 Excel 文档保存的文件类型为 Excel 启用宏的工作簿(*.xlsm)。

5.7.1　宏的启用

Excel 2010 默认是禁用宏的，打开宏有如下几种方法。

1．在出现消息栏时启用宏

双击打开包含宏的文件时，会出现黄色安全警告"消息栏"（带有防护图标）以及"启用内容"按钮，如图 5.61 所示。根据对这些宏的来源可靠性情况进行选择按钮单击。

2．在 Backstage 视图中启用宏

在出现黄色消息栏时启用文件中的宏的另一种方法是使用"Microsoft Office Backstage 视图"。

图 5.61 安全警告

单击"文件"选项卡→"信息"区域的"启用内容"按钮上单击向下箭头,根据需要进行选择,如图 5.62 所示。

3. 在信任中心更改宏设置

在信任中心更改宏设置时,只针对当前正在使用的 Office 程序更改这些宏设置,而不会更改所有 Office 2010 程序的宏设置。

单击"文件"选项卡,在"帮助"区域,单击"选项"按钮→"选项"对话框→"信任中心"→"信任中心设置"→"宏设置",在"宏设置"项中选择单选项参数→单击"确定"按钮,如图 5.63 所示。

图 5.62 在 Backstage 视图中启用宏

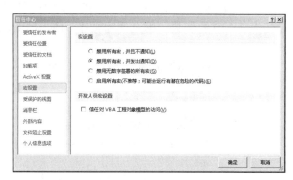

图 5.63 "信任中心"对话框

5.7.2 宏的创建

1. 录制宏前的准备工作

确保功能区中显示有"开发工具"选项卡。默认情况下,不会显示"开发工具"选项卡。执行下列操作可打开"开发工具"选项卡。

单击"文件"选项卡→"选项"→"自定义功能区",在"自定义功能区"下的"主选项卡"列表中,单击"开发工具"→单击"确定"按钮,如图 5.64 所示。

图 5.64 "开发工具"选项卡

临时将安全级别设置为启用所有宏的操作：在"开发工具"选项卡上的"代码"组中，单击"宏安全性"→"信任中心"对话框→"宏设置"→，弹出"启用所有宏（不推荐，可能会运行有潜在危险的代码）"，单击"确定"按钮。

2. 录制宏

（1）"开发工具"选项卡→"代码"组→"录制宏"，弹出"录制新宏"对话框，如图 5.65 所示。在"宏名"框中输入宏的名称，指定用于运行宏的 Ctrl 组合快捷键，在"保存在"列表中选择要用来保存宏的工作簿，输入"说明"，单击"确定"按钮开始录制。

（2）在 Excel 电子表格中执行要录制的操作。如进行如下操作：使用填充句柄在工作表的第一列输入 1～29 的奇数，第二列输入 2～30 的偶数，第三列输入 1～15 的数。

（3）在"开发工具"选项卡上的"代码"组中，单击"停止录制"按钮。

3. 使用 VBA 创建宏

"开发工具"选项卡→"代码"组→Visual Basic，弹出 Visual Basic 编辑器。选择"插入"菜单→"模块"选项，弹出"代码编辑"对话框，输入相应的 VB 代码，单击"保存"按钮，关闭 Visual Basic 编辑器。

如下的宏代码执行后，将在选中的工作表中生成三列数据，第一列为 1～29 的奇数，第二列为 2～30 的偶数，第三列为数 1～15，如图 5.66 所示。

图 5.65　"录制新宏"对话框　　　　　　图 5.66　使用宏自动生成的数据

```
Sub 宏()
    Range("A1").Select
    ActiveCell.FormulaR1C1 = "1"
    Range("A2").Select
    ActiveCell.FormulaR1C1 = "3"
    Range("A1:A2").Select
    Selection.AutoFill Destination:=Range("A1:A15"), Type:=xlFillDefault
    Range("A1:A15").Select
    Range("B1").Select
    ActiveCell.FormulaR1C1 = "2"
    Range("B2").Select
    ActiveCell.FormulaR1C1 = "4"
    Range("B1:B2").Select
    Selection.AutoFill Destination:=Range("B1:B15"), Type:=xlFillDefault
    Range("B1:B15").Select
    Range("C1").Select
```

```
ActiveCell.FormulaR1C1 = "1"
Range("C2").Select
ActiveCell.FormulaR1C1 = "2"
Range("C1:C2").Select
Selection.AutoFill Destination:=Range("C1:C15"), Type:=xlFillDefault
Range("C1:C15").Select
End Sub
```

5.7.3 修改/编辑宏

直接新编写 VB 程序比较困难，可以先使用宏录制得到 VB 程序的基本框架，实现基本功能，再对创建好的宏的 VBA 代码进行修改/编辑，以适应新的功能需求。

选择"开发工具"选项卡→"代码"组，单击"宏"按钮，弹出"宏"对话框，选择需修改/编辑的宏，单击"编辑"按钮，弹出 Visual Basic 编辑器，对 VB 代码进行修改，单击"保存"按钮，关闭 Visual Basic 编辑器。

5.7.4 运行/删除宏

1. 运行宏

打开包含宏的工作簿，在"开发工具"选项卡上的"代码"组中，单击"宏"，在"宏名"框中，单击要运行的宏，单击"运行"按钮。

2. 删除宏

"开发工具"选项卡→"代码"组→"宏"，在"位置"列表中选择含有要删除的宏的工作簿，在"宏名"框中单击要删除的宏的名称，单击"删除"按钮。

快速测试

1. 使用录制宏、使用宏的方法，将选中的单元格填充为红色。
2. 使用 VBA 编辑器修改上题中填充色的颜色，执行宏。
3. 设置宏为禁用与启用状态，运行自定义宏。
4. 如何删除自定义的宏？

5.8 数据的拆分与合并

5.8.1 单元格数据分列

如果 Excel 中某一列中包含多种不同的信息，不同信息之间通过特殊符号隔开（如：逗号、空格，分号等）。可以使用分列的方法把不同的信息放到不同的列中。分列前数据如图 5.67 所示，分列后效果如图 5.68 所示。操作过程如下：

选择需要分列的数据→"数据"选项卡→"数据工具"组→"分列"按钮→"文本分列向导第 1 步"对话框→"原始数据类型"项→"分隔符号"单选项→"下一步"按钮→"文本分列向导第 2 步"对话框→"分隔符号"项→选择指定的信息分隔符号→"下一步"按钮→"文本分列向导第 3 步"对话框→"列数据格式"项中选择"常规"→"完成"按钮。

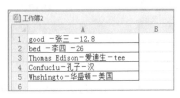

	A	B
1	good -张三 -12.8	
2	bed -李四 -26	
3	Thomas Edison-爱迪生-tee	
4	Confuciu-孔子-汉	
5	Whshingto-华盛顿-美国	
6		

图 5.67　分列前

	A	B	C	D
1	good	张三	12.8	
2	bed	李四	26	
3	Thomas Edison	爱迪生	tee	
4	Confuciu	孔子	汉	
5	Whshingto	华盛顿	美国	
6				

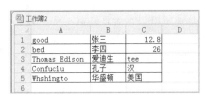

图 5.68　分列后

5.8.2　单元格数据合并

如果需要将 Excel 表格中的多列数据显示到一列中，可以用合并函数来实现。例如，希望将 Excel 中 B 列数据和 C 列数据之间使用符号“－”组合并显示到 D 列中。

选中 D1 单元格，输入公式：“=B1&"-"&C1”；然后用“填充柄”将其复制到 D1 下面的单元格，如图 5.69 所示。

也可以使用函数：“=CONCATENATE(B1,"-",C1)”达到合并的目的，如图 5.69 使用公式合并，图 5.70 使用函数合并。

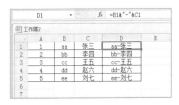

D1　=B1&"-"&C1

	A	B	C	D	E
1	1	aa	张三	aa-张三	
2	2	bb	李四	bb-李四	
3	3	cc	王五	cc-王五	
4	4	dd	赵六	dd-赵六	
5	5	ee	刘七	ee-刘七	
6					
7					

图 5.69　使用公式合并

D1　=CONCATENATE(B1,"-",C1)

	A	B	C	D	E
1	1	aa	张三	aa-张三	
2	2	bb	李四	bb-李四	
3	3	cc	王五	cc-王五	
4	4	dd	赵六	dd-赵六	
5	5	ee	刘七	ee-刘七	
6					
7					

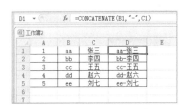

图 5.70　使用函数合并

5.8.3　工作簿/工作表合并

应用场景：学校对某门公共课进行全校统考，假设有 10 000 人参加考试，共 300 个教学班，分 6 个评卷小组进行试卷批改，每个小组提交 1 个 Excel 工作簿，每个工作簿里包含 50 个工作表。现要求将所有的考试成绩汇总到 1 个工作表中进行分析。

1. 合并不同工作簿中的工作表到同一工作簿中

在工作簿 1（图 5.71）、工作簿 2（图 5.72）中输入初始数据并保存在同一文件夹中，打开这两个工作簿，在工作簿 2 中右键单击“软件工程”工作表名，在弹出的快捷菜单中选择“选定全部工作表”，如图 5.73 所示。在工作簿 2 中右键单击“软件工程”工作表名，在弹出的快捷菜单中选择“移动或复制”命令，弹出“移动或复制工作表”对话框，如图 5.74 所示。选择“工作簿”项的内容为“工作簿 1.xlsx”，“下列选定工作表之前”项选择“(移至最后)”，选中“建立副本”复选项，单击“确定”按钮。合并后工作簿 1 如图 5.75 所示。

	A	B	C	D	E	F
1	学号	姓名	学院	专业	成绩	
2	20150304001	成龙	外语	英教1	86	
3	20150304002	杨允	外语	英教1	79	
4	20150304003	王方	外语	英教1	76	
5	20150304004	赵当	外语	英教1	95	
6						

图 5.71　工作簿 1

	A	B	C	D	E	F
1	学号	姓名	学院	专业	成绩	
2	20150102001	张三	计科	软件工程	78	
3	20150102002	李四	计科	软件工程	89	
4	20150102003	王五	计科	软件工程	92	
5	20150102004	赵六	计科	软件工程	67	
6						

图 5.72　工作簿 2

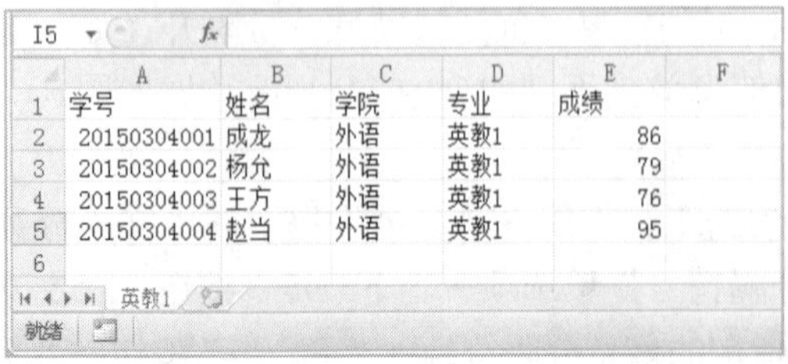

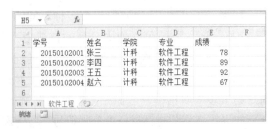

图 5.73　右键"软件工程"弹出快捷菜单

图 5.74　"移动或复制工作表"对话框

图 5.75　合并后工作簿 1

2. 合并多个工作表到一个工作表中

打开"工作簿 1"，在工作表的 Sheet1 位置新建一个名为"汇总"的新工作表，在表名"汇总"上右键单击，选择"查看代码"，弹出"VBA 编辑"窗口。如图 5.76 所示。输入宏代码，选择"运行"菜单→"运行宏"或"运行子过程/用户窗体"，弹出"宏"对话框，如图 5.77 所示。单击"运行"按钮，关闭"VBA 编辑"窗口。执行结果如图 5.78 所示。

图 5.76　VBA 编辑窗口

图 5.77　宏对话框

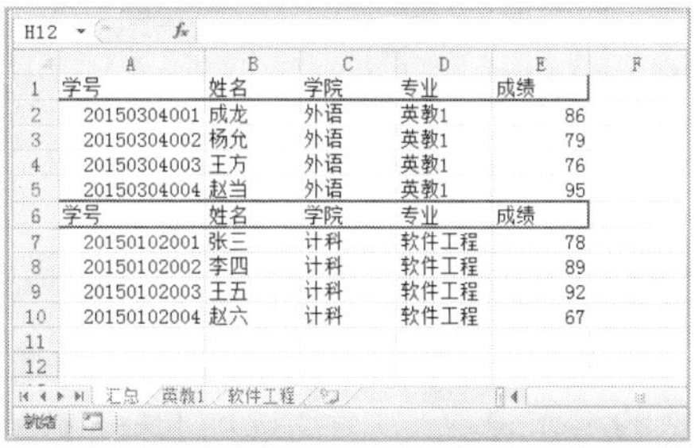

图 5.78　全部工作表合并完毕后"汇总"表

宏代码：

```
Sub 合并当前工作簿下的所有工作表()
Application.ScreenUpdating = False
X = Range("A65536").End(xlUp).Row
Sheets(2).UsedRange.Copy Cells(X, 1)
For j = 3 To Sheets.Count
 If Sheets(j).Name <> ActiveSheet.Name Then
  X = Range("A65536").End(xlUp).Row + 1
  Sheets(j).UsedRange.Copy Cells(X, 1)
End If
Next
 Range("A1").Select
Application.ScreenUpdating = True
        MsgBox "全部工作表合并完毕!", vbInformation, "提示"
End Sub
```

3. 删除重复项

合并数据后的"汇总"表中有重复的数据项，如图 5.78 中矩形框所示，删除重复项的操作如下。

选择 A 到 E 列的区域→"数据"选项卡→"数据工具"组→"删除重复项"按钮，弹出"删除重复项"对话框，在"列"项中选择所有列，不能选中"数据包含标题"复选框，单击"确定"按钮，单击"确定"按钮。结果如图 5.79 所示。

图 5.79 删除重复项后"汇总"表

快速测试

1. 若单元格中不同信息间分隔符有多个？如何进行分列？

2. 单元格数据进行合并是否不需要分隔符？

3. 把某一工作簿中的 1 个或全部工作表合并到另一个工作簿中的操作有什么不同？

4. 若 A 工作表中的数据列是 B 工作表中的数据列的子集关系，如何把 B 中相应数据合并到 A 中？

5. 如何删除工作表中某几列信息重复的行？

5.9 工作表打印设置

打印工作表之前，最好先进行预览，以确保工作表符合需要的外观。在 Microsoft Excel 中预览工作表时，它会在 Microsoft Office Backstage 视图中打开。在此视图中可以在打印之前更改页面设置和布局。

5.9.1 设置打印选项

单击工作表或选择要预览的工作表→"文件"选项卡→"打印"选项（或 Ctrl+P 快捷键），选择需要的打印方式，如图 5.80 所示。

（1）更改打印机：单击"打印机"右下的下拉框，选择所需的打印机。

（2）更改页面设置：单击"设置"右下的下拉框，选择"页面设置"项，弹出"页面设置"对话框，设置页面参数，如图 5.81 所示。

图 5.80　选择打印方式

图 5.81　"页面设置"对话框

（3）缩放整个工作表以适合单个打印页的大小：在"设置"下单击"无缩放"下拉框中，选择需要缩放的种类。

5.9.2　Excel 2010 每页打印标题

在实际工作中，有时表格很大，用几张纸、几十张纸甚至上百张纸才能打印出整个表格，这时希望每张纸上都要有标题及表头。

打开要打印的 Excel 文档，选择"页面布局"选项卡→"页面设置"组→"打印标题"选项，弹出"页面设置"对话框，如图 5.82 所示。选择"工作表"选项卡，在"打印标题"项中设置"顶端标题行"或"左端标题列"的单元格区域，单击"确定"按钮。

图 5.82　页面设置对话框

快速测试

如何打印选定区域的内容？

习　题

一、判断题

1．Excel 中的单元格可用来存取文字、公式、函数及逻辑值等数据。

2．在 Excel 中，只能在单元格内编辑输入的数据。

3. Excel 规定在同一工作簿中不能引用其他表。

4. 在 Excel 中，所选的单元格范围不能超出当前屏幕范围。

5. 在 Excel 中，剪切到剪贴板的数据可以多次粘贴。

6. 在 Excel 工作簿中无法使用格式刷设置单元格格式。

7. 在公式=A$1+B3 中，A$1 是绝对引用，而 B3 是相对引用。

8. 单元格的数据格式一旦选定后，不可以再改变。

9. 在 Excel 中，运算符有算术运算符、文字运算符和比较运算符 3 种。

10. 数据清单中的第一行称为标题行。

11. 所有工作簿中只能有 3 个工作表，用户不能添加工作表。

12. Excel 不具备自动保存功能。

13. Excel 中的所有运算符的优先级相同。

14. Excel 中只能选择连续的单元格区域。

15. 迷你图与图表完全一样。

二、填空题

1. 在 Excel 中默认工作表的名称为_____。

2. 在 Excel 工作表中，如没有特别设定格式，则文字数据会自动_____对齐，而数值数据自动_____对齐。

3. Excel 中引用绝对单元格需在工作表地址前加上_____符号。

4. 在 Excel 工作表中，行标号以_____表示，列标号以_____表示。

5. 间断选择单元格需按住_____键同时选择各单元格。

6. 填充柄在每一单元格的_____下角。

7. 在 Excel 中被选中的单元格称为_____和_____。

8. Excel 中单元格引用分为_____和_____。

9. Excel 提供了两种筛选命令，分别为_____和_____。

10. 在 Excel 中，若活动单元格在 F 列 4 行，其引用的位置以_____表示。

11. 公式：SUM(B1:B5,C2)一共对_____个单元格求和。

12. 单元格的地址有 3 种：相对地址、绝对地址、_____。

13. 在 Excel 中输入公式必须以_____符号开始。

14. Excel 中工作簿的最小组成单位是_____。

15. Excel 中第 12 行、第 14 列的单元格地址可表示为_____。

三、选择题

1. 单元格的格式（　　）。

　　A. 一旦确定，将不可改变　　　　　　　　B. 随时可以改变

　　C. 依输入的数据格式而定，并不能改变　　D. 更改后，将不可改变

2. 要选定不相邻的矩形区域，应在鼠标操作的同时按住（　　）键。

　　A. Alt　　　　　　　B. Ctrl　　　　　　　C. Shift　　　　　　D. Home

3. 在 Excel 工作表中，如果没有预先设定整个工作表的对齐方式，系统默认的对齐方式是：数值（　　）

　　A. 左对齐　　　　　B. 中间对齐　　　　　C. 右对齐　　　　　D. 视具体情况而定

4. 如果用预置小数位数的方法输入数据时，当设定小数是 2 时，输入 56789 表示（　　）。

A. 567.89   B. 0056789   C. 5678900   D. 56789.00

5. Excel 2010 中工作簿文件的后缀名是（   ）。

A. docx   B. pptx   C. xlsx   D. txt

6. 在 Excel 中，公式的定义必须以（   ）符号开头。

A. ＝   B. ″   C. ：   D. *

7. Excel 工作簿的默认名是（   ）。

A. Sheet1   B. Excel1   C. Xlstart   D. Book1

8. Excel 中工作簿的基础是（   ）。

A. 文件   B. 图表   C. 单元格   D. 对话框

9. 在 Excel 单元格中输入后能直接显示 1/2 的数据是（   ）。

A. 1/2   B. 0 1/2   C. 0.5   D. 2/4

10. 在 Excel 中，下列地址为绝对地址引用的是（   ）。

A. $D5   B. E$6   C. F8   D. $G$9

11. Excel 处理的对象是（   ）。

A. 工作簿   B. 文档   C. 程序   D. 图形

12. 如果将选定单元格（或区域）的内容消除，单元格依然保留，称为（   ）。

A. 重写   B. 清除   C. 改变   D. 删除

13. 在 Excel 中各运算符的优先级由高到低顺序为（   ）。

A. 数学运算符、比较运算符、字符串运算符   B. 数学运算符、字符串运算符、比较运算符

C. 比较运算符、字符串运算符、数学运算符   D. 字符串运算符、数学运算符、比较运算符

14. 对单元中的公式进行复制时，（   ）地址会发生变化。

A. 相对地址中的偏移量   B. 相对地址所引用的单元格

C. 绝对地址中的地址表达式   D. 绝对地址所引用的单元格

15. 让一个数据清单中只显示外语系学生成绩记录，可使用"数据"菜单中的（   ）命令。

A. 筛选   B. 分类汇总   C. 排序   D. 分列

16. 在编辑菜单中，可以将选定单元格的内容清空，而保留单元格格式信息的是（   ）。

A. 清除   B. 删除   C. 撤销   D. 剪切

17. 在单元格内输入电话号码 025-3792654 应输入（   ）。

A. 025-3792645   B. ^025-3792645   C. ″025-3792645   D. '025-3792645

18. Excel 中，选中某个单元格后，单击工具栏上"格式刷"按钮，用于保存单元格的（   ）。

A. 内容   B. 格式   C. 位置   D. 大小

19. 在 Excel 中下列说法正确的是（   ）。

A. 插入的图表不能在工作表中任意移动   B. 不能在工作表中嵌入图表

C. 可以将图表插入某个单元格中   D. 图表可以插入一张新的工作表中

20. 使用（   ）选项卡的分类汇总命令来对记录进行统计分析。

A. 插入   B. 开始   C. 页面布局   D. 数据

四、简答题

1. 简述 Excel 中工作簿、工作表和单元格的关系。

2. 什么是单元格？它的地址是如何定义的？什么是活动单元格？

3．如何打开和保存工作簿文件？

4．如何将一个工作表复制到其他工作簿中？

5．如何同时显示同一个工作薄的多个工作表？

6．如何快速复制相同的公式？

7．如何在一张工作表中查找某关键字？如何替换某关键字？

8．如何创建一个工作表？在工作表中怎么选择一个单元或一组单元？

9．在工作表中插入或删除行或列，应怎么操作？

10．什么是数据汇总？什么是自动筛选？它们是如何工作的？

第6章 PowerPoint 2010 应用技术

PowerPoint 2010 是 Office 2010 办公系列软件的重要组成部分，用于演示文稿 PPT 制作，PPT 被称为 21 世纪新的世界语。本章首先描述了 PowerPoint 2010 的工作界面和 PPT 的相关概念，然后介绍了演示文稿的创建、编辑方法，之后说明了演示文稿的美化与修饰方法，最后介绍了幻灯片的切换效果、动画效果的设计方法。

6.1 PowerPoint 2010 概述

PowerPoint 这个点子来源于一个叫 RobertGaskins 的人（维基百科说法http://en.wikipedia.org/wiki/Microsoft_PowerPoint，中文维基则说是 Bob Gaskins），1987 年由 Dennis Austin 和 Thomas Rudkin 这两个来自于 Forethought 公司的人设计了最原始版本的程序。这个程序原本是在 Macintosh 上运行的，同年 8 月这个公司被微软收购，并出现在了 Windows 3.0 中。

PowerPoint 2010 是微软公司推出的 Office 2010 办公系列软件的一个重要组成部分，主要用于演示文稿制作。不仅可以创建和编辑带有文字、图形、图像、声音、视频等信息的幻灯片，并在微机屏幕上直接显示或用投影仪演示，还可以在互联网上召开面对面会议、远程会议或在网上给观众展示演示文稿，使教学、演讲、会议等变得更加生动、活泼、直观、丰富。

PowerPoint 2010 具有丰富的切换效果和动画、视频和图片的编辑功能，可以创建功能强大的动态 SmartArt 图形，提供了许多与同事一起轻松处理演示文稿的新方式，以及多种更加轻松的广播和共享演示文稿的方式。

美国社会科学家 Rich Moran 说过，PPT 是 21 世纪新的世界语。随着 PPT 的应用领域越来越广，PPT 正成为人们工作生活的重要组成部分，在工作汇报、企业宣传、产品推介、婚礼庆典、项目竞标、管理咨询、教育培训等方面占着举足轻重的地位。

6.1.1 演示文稿、PPT 和幻灯片的概念

1. 演示文稿

演示文稿是一个由幻灯片、备注页和讲义 3 部分组成的文档文件，扩展名为.PPTX（低版本的扩展名为.PPT）。当启动 PowerPoint 时，系统会自动创建一个新的演示文稿文件，默认名称为"演示文稿 1"。常见的几种 PPT 文件格式如表 6.1 所示。

表 6.1　常见的几种 PPT 文件格式

Office 2003	Office 2007/2010/2013	说　　明
ppt	pptx	演示文稿，双击打开编辑
pps	ppsx	自动播放，双击自动播放
pot	potx	模板，双击以此为模板新建文稿

2. PPT

PPT 是 PowerPoint 的简称，人们一般将 PPT 当成是 PowerPoint 文档的代名词。

3. 幻灯片

幻灯片是演示文稿的核心部分，演示文稿中的每一页都叫幻灯片。每页幻灯片都是演示文稿中既相互独立又相互联系的内容，一个演示文稿中可以添加多页幻灯片。

6.1.2 认识 PowerPoint 2010 的工作界面

PowerPoint 2010 的工作界面由"文件"选项卡、快速访问工具栏、标题栏、功能区、帮助按钮、工作区、状态栏和视图栏等组成，如图 6.1 所示。

图 6.1 PowerPoint 2010 的工作界面

1. 快速访问工具栏

位于工作界面的左上角，由最常用的工具按钮组成。如"保存""撤消"和"恢复"按钮等。单击此处按钮，可以快速实现其相应的功能。单击快速访问工具栏右侧的 ▼ 下拉按钮，弹出"自定义快速访问工具栏"下拉菜单，可自定义快速访问工具栏的工具按钮。

2. 标题栏

标题栏用于显示正在使用的文档名称、程序名称及窗口控制按钮等。

在图 6.1 所示的标题栏中，"演示文稿 1"即为正在使用的文档名称，正在使用的程序名称是 Microsoft PowerPoint。当文档被重命名后，标题栏中显示的文档名称也随之改变。

3. "文件"选项卡

"文件"选项卡位于功能区选项卡的左侧，单击该按钮弹出下拉菜单，主要包括"保存""另存为""打开""关闭""信息""最所用文件""新建""打印""保存并发送""帮助""选项"和"退出"命令。

4. 功能区

在 PowerPoint 2010 中，PowerPoint 2003 及更早版本中的菜单栏和工具栏上的命令和其他菜单项已被功能区取代。功能区位于快速访问工具栏的下方，通过功能区可以快速找到完成某项任务所需要的命令。

功能区主要包括功能区中的选项卡、各选项卡所包含的组及各组中所包含的命令或按钮。选项卡主要包括"开始""插入""设计""切换""动画""幻灯片放映""审阅""视图"和"加载项"9个选项卡。

5. 工作区

PowerPoint 2010 的工作区包括位于左侧的"幻灯片/大纲"窗格、位于右侧的"幻灯片"窗格和位于底部的"备注"窗格（图 6.2）。

图 6.2 工作区

在普通视图模式下，"幻灯片/大纲"窗格用于显示当前演示文稿的幻灯片数量及位置，包括"幻灯片"和"大纲"两个选项卡，单击选项卡名称可以在不同的模式之间进行切换。

（1）"幻灯片"选项卡：显示每个完整大小幻灯片的缩略图版本，使用缩略图能方便地浏览演示文稿，并观看任何设计更改的效果。还可以轻松地重新排列、添加或删除幻灯片。

（2）"大纲"选项卡：以大纲形式显示幻灯片文本，有助于编辑演示文稿的内容和移动项目符号点或幻灯片。

（3）"幻灯片"窗格：用于显示和编辑当前的幻灯片，是编辑幻灯片时最重要的工作区域。可以直接在虚线边框标识占位符中键入文本或插入图片、图表和其他对象。

（4）"备注"窗格：在普通视图中显示，用于输入当前幻灯片的备注，可以将这些备注打印为备注页或在将演示文稿保存为网页时显示它们。

6. 状态栏

位于当前窗口的最下方，用于显示当前文档页、总页数、该幻灯片使用的主题、输入法状态、视图按钮组、显示比例和调节页面显示比例的控制杆等。其中，单击"视图"按钮可以在不同视图间进行切换。

6.1.3 自定义工作界面

PowerPoint 2010 工作界面中可以进行快速访问工具栏、功能区和状态栏的自定义操作。

1. 自定义快速访问工具栏

单击"文件"→"选项"，在"PowerPoint 选项"对话框的左侧列表中选择"快速访问工具栏"选项，即可在右侧对应的选项中进行自定义快速访问工具栏的操作，如图 6.3 所示。

图 6.3　自定义快速访问工具栏

2. 自定义功能区

单击"文件"→"选项"，在"PowerPoint 选项"对话框的左侧列表中选择"自定义功能区"选项，即可在右侧对应的选项中进行自定义功能区的操作，如图 6.4 所示。

3. 自定义状态栏

在状态栏上右击，弹出"自定义状态栏"快捷菜单，从中可以选择状态栏中显示或隐藏的项目，如图 6.5 所示。

图 6.4　自定义功能区

图 6.5　自定义状态栏

4. 将自定义的操作界面快速转移到其他计算机中

单击"文件"→"选项"，在"PowerPoint 选项"对话框的左侧选择"自定义功能区"选项，在右侧的下方单击"导入/导出"按钮，然后在弹出的下拉菜单中选择"导出所有自定义设置"选项，保存为"导出的 office UI 文件"，在其他计算机中选择"导入自定义文件"选项即可。

快速测试

1. 演示文稿与幻灯片的关系是什么？
2. 怎样自定义工作界面并转移到其他计算机？
3. 21 世纪新的世界语是什么？

6.2　演示文稿的创建与编辑

PPT 制作不仅仅是一门技术，它是综合了逻辑、美学、演讲的学问。要制作出一个优秀的演示文稿，不仅要熟练运用 PPT 软件，还要有好的构思、巧妙安排内容，靠创意、理念及内容的展现方式，做到内容和形式的完美统一。以下是演示文稿的一般制作过程：

（1）在纸上列出提纲，可不开计算机。
（2）将提纲写到 PPT 中，可不用模板，每页 1 个提纲。
（3）根据提纲添加内容，查阅资料，准备素材并添加到 PPT 中，标注重点内容。
（4）设计内容，文字醒目，内容精练，多用图表展示主题。
（5）选择适合的设计模板、主题等。
（6）美化每个页面，加入图片等，适当设置艺术效果。
（7）设置文字、图片等对象的动画效果和幻灯片切换效果。
（8）放映、检查、修改。

6.2.1　认识 PPT

PPT 可用于公开演讲、商务沟通、经营分析、页面报告、培训课件等正式工作场合，也可用于微博长拼图、个人相册、搞笑动画、自测题库等娱乐休闲场合。

1. PPT 的设计思维

要设计出优秀的 PPT，关键在于采用 PPT 的设计思维：
（1）用观众喜欢的方法来讲他应该听的故事。
（2）用观众喜欢的形式显示他应该看的内容。
（3）用观众喜欢的逻辑来讲述他应该懂的信息。

PPT 的设计思维在幻灯片上表现为：逻辑性和视觉吸引力。在 PPT 中建立逻辑性必须要找出所有素材之间的逻辑（数字、流程、因果关系、障碍、趋势、时间、并列、顺序），研究这些逻辑是否支持 PPT 的主题思想、观点。逻辑化的核心方法可参考美国前麦肯锡顾问芭芭拉·明托的《金字塔原理》一书。

要让 PPT 抓住眼球，必须要有视觉吸引力。图片的视觉冲击力明显强过文字，因此，用图说话是制作 PPT 的诀窍所在。合理使用图片、图案、图表和色彩等方式可增强幻灯片的趣味性，尽量让文字内容简单明了，突出关键概念。把素材变成图表可参考以下步骤：

确定主题→分析逻辑→构思草图→设计制作→色彩匹配

2. PPT 文件结构

通常一个完整的演示文稿文件结构如图 6.6 所示。

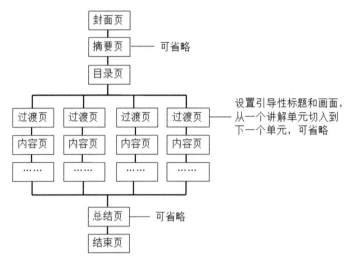

图 6.6　演示文稿文件结构

6.2.2　演示文稿的新建、保存与编辑

1. 新建演示文稿

单击"文件"→"新建"，再选择模板或"空白演示文稿"，单击"创建"按钮即可，如图 6.7 所示。如果选择 office.com 模板，则要求当前计算机处于联网状态。

图 6.7　新建演示文稿

2. 使用大纲创建演示文稿

设置过大纲格式的 Word 文档，可以直接用于创建演示文稿。

先新建一个空白演示文稿，然后单击"开始"→"新建幻灯片"→"幻灯片（从大纲）"，选中需要转换的 Word 文档（已经设置好大纲格式），单击"插入"即可自动生成演示文稿，如图 6.8 所示。生成的演示文稿可按照 Word 大纲中的级别生成不同页面，并且按照段落格式编排，正文文本不在幻灯片中显示。

3. 保存演示文稿

单击"文件"→"保存"或"另存为"。默认情况下，PowerPoint 2010 将文件保存为 PowerPoint 演示文稿.pptx 文件格式。若要将演示文稿保存为其他格式，可以单击"保存类型"下拉列表，从中选择所需的文件格式。

此外，利用 PowerPoint 2010 的保存并发送功能可以将演示文稿创建为 PDF 文档、Word 文档或视频，还可以将演示文稿打包为 CD。

单击"文件"→"保存并发送"菜单命令，在如图 6.9 所示的窗口中选择相应文件类型。

图 6.8　使用大纲创建演示文稿

4. 设置文件自动保存

单击"文件"→"选项"，在"保存"对话框中设置文件自动保存时间间隔，并且选中"如果我没有保存就关闭，请保留上次自动保存的版本"，如图 6.10 所示。这样，PowerPoint 每隔一段时间就会自动保存一下，也就不怕发生意外造成信息丢失了。

图 6.9　保存演示文稿

5. 保护 PPT 文件

单击"文件"→"信息"，在"保护演示文稿"中选择相应保护方式，如图 6.11 所示。

图 6.10　设置自动保存

图 6.11　保护演示文稿

- 标记为最终状态：起警示作用，告诉其他用户不要再编辑了，但其他用户可以取消标记，再次编辑。
- 用密码进行加密：是最常用的 PowerPoint 文件加密方式。密码需要输入两次且两次输入相同后才会生效。不知道密码或忘记密码的人是不能打开这个文件的。
- 按人员限制权限：通过按人员设置权限，可以给予相关人员不同的权限，有的可以阅读和编辑，有的只能阅读。没有被给予权限的人则不能打开文件，前提是要有一个Windows ID。
- 添加数字签名：保密级别最高，但需要购买微软支持的数字签名服务。

6.　输入文本

在普通视图中，幻灯片会出现"单击此处添加标题"等提示文本框，这种文本框统称为"文本占位符"。

在"文本占位符"中输入文本是最基本、方便的一种输入方式。幻灯片中自动出现的"文本占位符"的位置是固定的，如果想在幻灯片的其他位置输入文本，可以插入一个新的文本框来实现。

7. 插入、复制、删除文本框

单击"插入"→"文本/文本框"按钮其下的下拉按钮，选择横排文本框或垂直文本框，然后在幻灯片空白处按住鼠标左键拖动鼠标指针按所需大小绘制文本框。松开鼠标，即可在其中直接输入需要添加的文本。

单击要复制的文本框的边框，使文本框处于选中状态。单击"开始"选项卡"剪贴板"组中的"复制"按钮。如果指针不在边框上，则单击"复制"按钮后复制的是文本框内的文本，而不是文本框。再单击"开始"选项卡"剪贴板"组中的"粘贴"按钮，系统自动完成文本框的复制操作。

要删除多余或不需要的文本框，可以先单击要删除的文本框的边框以选中该文本框，然后按 Delete 键即可。

8. 设置文本框的样式

单击文本框的边框使其处于选中状态。在选中的文本框上右击，在快捷菜单中选择"设置形状格式"选项，可弹出"设置形状格式"对话框，如图 6.12 所示。通过该对话框可以对文本框进行填充、线条颜色、线型等更多格式设置。

9. 输入符号

在文本中如果需要输入一些比较个性或是专业用的符号，可通过"插入"/"符号"Ω项来完成符号的输入操作。

10. 输入公式

单击"插入"→"符号"/"公式"按钮π，可以在文本框中利用"公式工具"选项卡下各组中选项直接输入公式，如"圆的面积"。或者选择"公式工具"选项卡下的"插入新公式"，幻灯片上出现"在此处键入公式"，同时功能区显示"公式工具"/"设计"选项卡，从该选项下的各组命令中可以对插入的公式进行编辑（与 Word 中的公式编辑器相同）。

11. 文字设置

选中文字，可以在"开始"选项卡"字体"组中设定文字的字体、大小、样式和颜色等，也可以单击"字体"组右下角的小斜箭头，打开"字体"对话框，进行设置，如图 6.13 所示。

图 6.12　设置文本框形状格式

图 6.13　"字体"对话框

系统默认安装的字体是有限的，要丰富 PPT 的表达能力，需要下载安装更多的字体，如"找字网"http://www.zhaozi.cn，如图 6.14 所示。还有方正字库http://www.foundertype.com/fontdiy.php、makepic（http://www.makepic.com/p.php）等。

图 6.14 "找字网"界面

如果幻灯片中使用了一些特殊字体，在换到其他计算机上编辑、播放时，这些字体将有可能变成普通效果。单击"文件"→"选项"→"保存"，在对话框中选中"将字体嵌入文件"，即可以让在幻灯片中使用的字体无论在哪里都能正常显示原有效果，如图 6.15 所示。

图 6.15 保存特殊字体

12. 段落设置

段落的格式设置包括对齐方式、缩进及间距与行距等，主要是通过单击"开始"选项卡"段落"组中的各命令按钮来进行的，也可以单击"段落"组右下角的小斜箭头 ，打开"段落"对话框进行设置，如图 6.16 所示。

图 6.16　"段落"对话框

6.2.3　幻灯片的基本操作

1. 新建幻灯片

新建完演示文稿后，用户可以添加新幻灯片。

（1）单击"开始"→"新建幻灯片"按钮，即可直接新建一个幻灯片。

（2）在"幻灯片/大纲"窗格的"幻灯片"选项卡下的缩略图上或空白位置右击，在弹出的快捷菜单中选择"新建幻灯片"选项。

（3）用 Ctrl+M 组合键也可以快速创建新的幻灯片。

2. 为幻灯片应用布局

打开 PowerPoint 时自动出现的单个幻灯片有两个占位符。占位符是一种带有虚线或阴影线边缘的框，绝大部分幻灯片版式中都有这种框。在这些框内可以放置标题及正文，或者是图表、表格和图片等对象。幻灯片上的占位符排列称为布局。

（1）单击"开始"→"幻灯片"组中的"新建幻灯片"按钮或其下拉箭头，从下拉菜单中选择所要使用的 Office 主题，即幻灯片布局。

（2）在"幻灯片/大纲"窗格的"幻灯片"选项卡下的缩略图上右击，选择"版式"选项，从其子菜单中选择要应用的新的布局，如图 6.17 所示。

3. 复制幻灯片

（1）在"幻灯片/大纲"窗格的"幻灯片"选项卡下的缩略图上右击，选择"复制幻灯片"选项。新复制的幻灯片缩略图显示在被复制幻灯片的下方。

图 6.17　幻灯片布局

（2）通过"开始"选项卡的"剪贴板"组中的"复制"和"粘贴"完成幻灯片的复制。此时，可以在"幻灯片/大纲"窗格的缩略图上下空白位置处单击，以指定要粘贴的位置。

4. 移动（重排）幻灯片

在"幻灯片/大纲"窗格的"幻灯片"选项卡下的缩略图上单击要移动的幻灯片，按住鼠标左键不放，将其拖动到所需的位置，松开鼠标即可。

5. 删除幻灯片

在"幻灯片/大纲"窗格的"幻灯片"选项卡下的缩略图上右击要删除的幻灯片，选择"删除幻灯片"，幻灯片即被删除。

在移动、复制、删除幻灯片中，如果要选择不连续的多张幻灯片，可以先单击某张幻灯片，然后按住 Ctrl 键，同时依次单击其他幻灯片即可。如果先单击某张幻灯片，再按住 Shift 键，同时单击另一张幻灯片，可选中包括这两张在内的连续的多张幻灯片。

6.2.4 视图与模板

PowerPoint 2010 中用于编辑、打印和放映演示文稿的视图包括普通视图、幻灯片浏览视图、备注页视图、阅读视图和母版视图。

用于设置和选择演示文稿视图的方法有以下两种：

图 6.18 视图切换

（1）在"视图"选项卡上的"演示文稿视图"组和"母版视图"组中进行选择或切换，如图 6.18 所示。

（2）在状态栏上的"视图"区域进行选择或切换。

1. 普通视图

普通视图是主要的编辑视图，可用于撰写和设计演示文稿。普通视图包含"幻灯片"选项卡、"大纲"选项卡、"幻灯片"窗格和"备注"窗格 4 个工作区域。

2. 幻灯片浏览视图

幻灯片浏览视图可以查看缩略图形式的幻灯片。通过此视图，在创建演示文稿以及准备打印演示文稿时，可以轻松地对演示文稿的顺序进行排列和组织。

3. 备注页视图

在"备注"窗格中输入要应用于当前幻灯片的备注后，可以在备注页视图中显示出来，也可以将备注页打印出来并在放映演示文稿时进行参考。

4. 阅读视图

阅读视图用于想用自己的计算机通过大屏幕放映演示文稿，便于查看。如果希望在一个设有简单控件以方便审阅的窗口中查看演示文稿，而不想使用全屏的幻灯片放映视图，则也可以在自己的计算机上使用阅读视图。

5. 母版视图

母版视图包括幻灯片母版视图、讲义母版视图和备注母版视图。它们是存储有关演示文稿的信息的主要幻灯片，其中包括背景、颜色、字体、效果、占位符大小和位置等。使用母版视图的一个主要优点在于，在幻灯片母版、备注母版或讲义母版上，可以对与演示文稿关联的每个幻灯片、备注页或讲义的样式进行全局更改。

1）幻灯片母版

每个演示文稿至少包含一个幻灯片母版。每个母版可能包含多个不同的幻灯片版式。母版中可以设定幻灯片整体的背景、配色方案、页脚和效果等。与母版关联的不同版式中可以设置内容结构、字体样式、占位符大小和位置等。每张幻灯片都可以选择套用其中任意一个版式的布局。创建幻灯片母版最好在开始构建各张幻灯片之前，这样可以使添加到演示文稿中的所有幻灯片都基于创建的幻灯片母版和相关联的版式，从而避免幻灯片上的某些项目不符合幻灯片母版设计风格现象的出现。

单击"视图"选项卡"母版视图"组中的"幻灯片母版"按钮，在弹出的"幻灯片母版"选项卡中可以设置占位符的大小及位置，文本样式、背景设计和幻灯片的方向等。设置完毕，单击"幻灯片母版"选项卡"关闭"组中的"关闭母版视图"按钮，如图 6.19 所示。

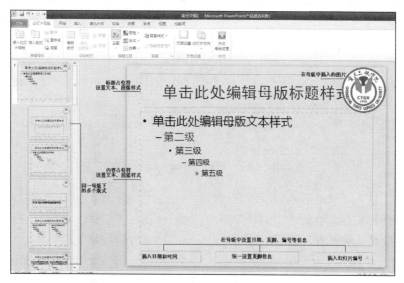

图 6.19　幻灯片母版视图

2）讲义母版

讲义母版可以将多张幻灯片显示在一张幻灯片中，用于打印输出，

3）备注母版

备注母版主要用于显示用户在幻灯片中的备注，可以是图片、图表或表格等。

6．使用模板

PowerPoint 模板就是一个框架，可以方便地填入内容，是另存为.potx 文件的一张幻灯片或一组幻灯片的图案或蓝图。模板可以包含版式、主题颜色、主题字体、主题效果和背景样式，甚至还可以包含内容。

创建新的空白演示文稿，或使用最近打开的模板、样本模板或主题等，都可以单击"文件"选项卡，选择"新建"菜单命令，然后从"可用的模板和主题"区域中选择需要使用的内置模板和网络模板，如图 6.20 所示。

为了使当前演示文稿整体搭配比较合理，除了需要对演示文稿的整体框架进行搭配外，还可通过"设计"选项卡下各按钮，对演示文稿进行颜色、字体和效果、背景、幻灯片方向等主题进行自定义设置。

在 PPT 中使用了模板和母版，如果要修改所有幻灯片的样式，只需要在幻灯片的母版中修改即可。

7．主题

主题由颜色、字体和效果 3 部分组成。对于 PowerPoint 来说，主题中还包括背景样式。背景样式即 PPT 背景图案，可以选择渐变色背景，也可以填充图片作为背景。

图 6.20　使用模板新建演示文稿

通过设置主题，可以快速地批量改变幻灯片中的配色、字体、图形特效以及幻灯片背景，形成统一的幻灯片风格。直接在"设计"→"主题"选取主题方案，可以在右键菜单中选择主题的应用对象是单张幻灯片还是所有幻灯片，如图 6.21 所示。

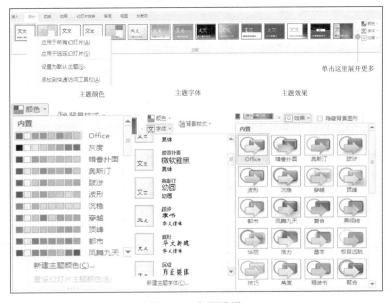

图 6.21　主题设置

主题三要素的用途如下。

（1）颜色：设置不同的主题颜色可以改变调色板中的配色方案，同时也会影响使用主题颜色来定义色彩的所有对象。

（2）字体：可以设定标题和正文的默认中英文字体样式。

（3）效果：设置不同的主题效果可以改变阴影、发光、棱台等不同特殊效果的样式。

主题中最有价值的用途就是快速统一幻灯片的背景色或背景图片。除了使用内置的主题以外，在微软的官方网站上也有几十个主题提供下载。

快速测试

1. 怎样在保存 PPT 时携带字体?
2. 怎样将 PPT 保存为放映格式文件（.ppsx）?
3. 如何快捷地在演示文稿的每页幻灯片上插入日期时间和编号?

6.3　演示文稿的美化与修饰

6.3.1　插入艺术字

选中某张幻灯片，单击"插入"→"文本"选项组中的"艺术字"按钮，在弹出的"艺术字"下拉列表中选择相应一种样式，再输入文字即可。插入的艺术字仅仅具有一些美化的效果，如果要设置为更艺术的字体，则需要更改艺术字样式。选中要更改样式的艺术字，通过"绘图工具" / "格式"选项卡下"艺术字样式"组的各选项，可对艺术字设置文本填充、文本轮廓以及特殊的文本效果等，如图 6.22 所示。

选中文字，单击右键，选择"设置文字效果格式"，在如图 6.23 所示的对话框里，设置文本填充方式，可获得更多的填充字效果。

图 6.22　艺术字样式设置

图 6.23　"设置文本效果格式"对话框

6.3.2　插入图片

制作幻灯片时，适当地插入一些图片，可达到图文并茂的效果。

图 6.24 插入图片

1. 插入图片

选中某张幻灯片，单击"插入"选项卡下的各按钮，即可插入相应图片，如图 6.24 所示。插入的图片可以是剪贴画，或者是来自其他文件，还可以是屏幕截图，另外还可以制作电子相册。

对插入的图片，使用"图片工具"下的各按钮，可以进行大小调整、裁剪、旋转等，以及为图片设置更多的颜色效果和艺术效果，如图 6.25 所示。

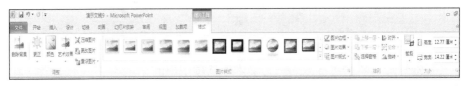

图 6.25 图片格式设置

2. 插入屏幕截图

选中某张幻灯片，单击"插入"→"图像/屏幕截图"按钮，在弹出的"可用视窗"列表中选择要插入的以缩略图显示的"可用视窗"，或者选择"屏幕剪辑"，幻灯片中即可插入选取的屏幕截图，如图 6.26 所示。

3. 创建相册

随着数码相机的不断普及，利用计算机制作电子相册的人越来越多。PowerPoint 2010 能够轻松创建漂亮的电子相册。

选择任一幻灯片，单击"插入"→"图像/相册"按钮，单击"相册"对话框中的"文件/磁盘"按钮，在"插入新图片"对话框中选择图片，然后单击"插入"按钮返回到"相册"对话框，如图 6.27 所示。

图 6.26 插入屏幕截图

图 6.27 创建相册

选中"相册中的图片"列表中的图片，然后单击 ↑ 或 ↓ 按钮调整相册中图片的顺序。同样可以运用"相册"对话框中其他选项和按钮来设置相册中的图片。

在"图片版式"下拉列表中选择"1 张图片（带标题）"选项，在"图片选项"中可选择图片是否显示标题或显示为黑白方式。单击"主题"后的"浏览"按钮，在"选择主题"对话框中选中某主题。最后单击"创建"按钮即可创建一个插入相册图片的新演示文稿。

相册中还可以添加音乐，使制作的相册更完美。

6.3.3　插入表格

单击"插入"→"表格"，在下拉列表中直接拖动鼠标指针以选择行数和列数，或者单击"插入表格"选项，在对话框中分别输入行数和列数，都可以在幻灯片中创建相应的表格，如图 6.28 所示。还可以插入 Excel 电子表格，使用 Excel 的编辑功能对数据进行处理。

除了直接创建表格外，还可以从 Word 或 Excel 中复制和粘贴表格。先在 Word 或 Excel 中复制，然后在幻灯片上单击右键，在快捷菜单的"粘贴选项"中选择 5 种不同的粘贴方式：使用目标样式、保留源格式、嵌入、图片、只保留文本，如图 6.29 所示。

图 6.28　插入表格　　　　　　　图 6.29　复制表格

可以对幻灯片中的表格进行样式、底纹、边框、效果等设置，如图 6.30 所示。

图 6.30　设置表格样式

6.3.4　插入图表

形象直观的图表与文字数据相比更容易让人理解，在幻灯片中插入图表可以使显示效果更加清晰。

如图 6.31 所示是借鉴的图表关系图，说明了数据之间的逻辑关系，制作图表时，可作为选取图表的参考。

单击"插入"→"插图/图表"按钮，选择"簇状柱形图"图样，然后单击"确定"按钮即可。单击确定"按钮"后会自动弹出 Excel 2010 软件的界面，在单元格中输入所需要显示的数据。输入完毕后，关闭 Excel 表格即可在幻灯片中插入一个柱形图，如图 6.32 所示。

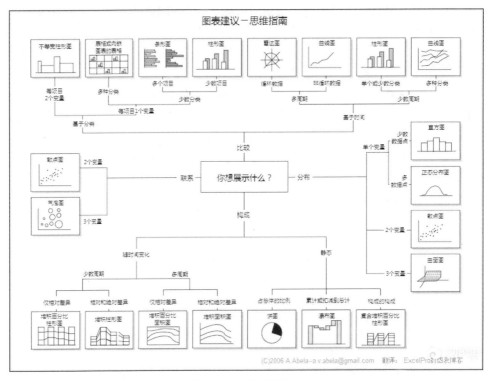

图 6.31　图表选用指南

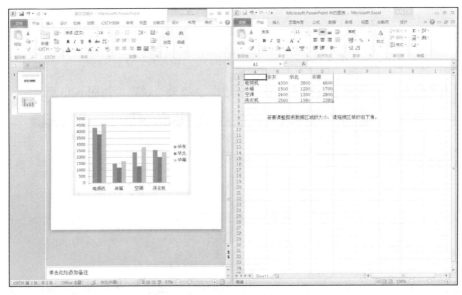

图 6.32　插入图表

单击选择插入的图表后，功能区显示"图表工具" / "设计""布局"和"格式"选项卡，通过各选项卡各组中的选项可以对插入的图表类型、布局、样式等进行修改，也可以重新编辑图表中的文字内容。

6.3.5　使用形状

在文件中添加一个形状，或者合并多个形状可以生成一个绘图或一个更为复杂的形状。添加一个或多个形状后，还可以在其中添加文字、项目符号、编号和快速样式等。

单击"插入"→"插图/形状"，弹出如图 6.33 所示的下拉菜单。通过该下拉菜单中的选项可以在幻灯片中绘制线条、矩形、基本形状、箭头、公式形状、流程图、星与旗帜、标注和动作按钮等形状。可对形状按自己的要求进行排列、组合、设置样式，还可在形状中添加文字等。

6.3.6　插入 SmartArt 图形

SmartArt 图形是信息和观点的视觉表示形式，可以通过从多种不同布局中进行选择来创建 SmartArt 图形，从而快速、轻松和有效地传达信息。

PowerPoint 演示文稿通常包含带有项目符号列表的幻灯片，使用 PowerPoint 时，可以将幻灯片文本转换为 SmartArt 图形。此外，还可以向 SmartArt 图形添加动画。

组织结构图是以图形方式表示组织的管理结构，如公司内的部门经理和非管理层员工。在 PowerPoint 中，通过使用 SmartArt 图形，可以创建组织结构图并将其添加到演示文稿中。

图 6.33　插入形状

单击"插入"→"插图/SmartArt"，在弹出的对话框中选择"层次结构"区域的"组织结构图"图样，然后单击"确定"按钮即可，如图 6.34 所示。

创建组织结构图后，可以直接单击幻灯片的组织结构图中"文本"，直接输入文字内容，也可以单击"文本"窗格中的"文本"来添加文字内容，如图 6.35 所示。

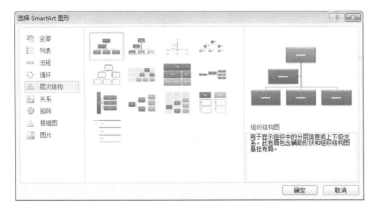

图 6.34　插入 SmartArt 组织结构图

图 6.35　插入的组织结构图效果

创建 SmartArt 图形后，可以在现有的图形中添加或删除形状，可以更改颜色和轮廓等样式，还可以通过"SmartArt 工具"/"设计"/"布局"组中提供的布局样式，来更改 SmartArt 图形的布局。此外，还可以在文本与 SmartArt 图形间相互转换。

6.3.7 插入音频

可在制作的幻灯片中添加各种多媒体元素，打造声影并茂的 PPT，使幻灯片的内容更加富有感染力。PowerPoint 2010 中，既可以添加来自文件、剪贴画中的音频，使用 CD 中的音乐，还可以自己录制音频并将其添加到演示文稿中。

1. 插入音频

选中要添加音频文件的幻灯片，单击"插入"→"媒体/音频"，在下拉列表中选择"文件中的音频"，如图 6.36 所示。在"插入音频"对话框中找到并选择所需要用的音频文件，单击"插入"按钮，所需要的音频文件将直接应用于当前幻灯片中，并显示一个表示音频剪辑的喇叭图标 ，拖动图标调整到幻灯片中的适当位置。

图 6.36　插入音频文件

如果需要录制一段语音旁白作为幻灯片的解说词，可以借助录音功能来实现。单击"插入"→"媒体/音频"按钮，选择"录制音频"，弹出"录音"对话框，如图 6.37 所示。在"名称"文本框中可以输入所录的声音名称。单击"录制"按钮开始录制，录制完毕后，单击"停止"按钮，然后单击"确定"按钮即可将录制的音频添加到当前幻灯片中。

2. 播放音频

选中插入的音频文件，单击音频文件图标下的播放按钮 ，即可播放，如图 6.38 所示。

图 6.37　录制音频

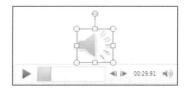

图 6.38　播放音频

3. 设置播放选项

插入音频文件后，可以对音频剪辑的播放方式、音量、淡入淡出效果等进行个性化设置。

在默认情况下，每页幻灯片中所插入的音频只会在当前幻灯片页面放映时播放，如果切换到其他幻灯片，音频就会自动中止播放。如果希望一首乐曲能够在整个幻灯片放映的过程中自始至终完整播放，可将音频设置为"跨幻灯片播放"。

在"音频工具"下的"播放"选项卡下进行，如图 6.39 所示。

4. 剪裁音频

插入音频文件后，可以在每个音频剪辑的开头和末尾处对音频进行修剪，这样可以缩短音频文件，以使其与幻灯片的计时相适应。

图 6.39　设置音频播放选项

选中音频文件，然后单击"音频工具/播放"→"编辑/剪裁音频"，弹出"剪裁音频"对话框，在该对话框中可以看到音频文件的持续时间，开始时间及结束时间等。单击对话框中显示的音频的起点（最左侧绿色标记），当鼠标指针显示为双向箭头时，将箭头拖动到所需的音频剪辑起始位置处释放，即可修剪音频文件的开头部分。再单击对话框中显示的音频的终点（最右侧的红色标记），当鼠标指针显示为双向箭头时，将箭头拖动到所需的音频剪辑结束位置处释放，即可修剪音频文件的末尾，如图 6.40 所示。

5．在音频中插入书签

在为演示文稿添加的音频文件中可以插入书签以指定音频剪辑中的关注时间点，也可以在放映幻灯片时利用书签快速查找音频剪辑中的特定点。

选择幻灯片中要进行剪裁的音频文件，拖动播放进度条到指定时间点，单击"音频工具"下"播放"选项卡"书签"组中的"添加书签"按钮，即可为当前时间点的音频剪辑添加书签，书签显示为黄色圆球状，如图 6.41 所示。单击书签，再选择"删除书签"即可删除它。

图 6.40　剪裁音频

图 6.41　在音频中插入书签

6.3.8　插入视频

如果在幻灯片的演示过程中需要播放一段视频，并不需要中断幻灯片的放映切换到其他播放软件，可以直接把这段视频插入幻灯片中。PowerPoint 2010 支持大多数的视频格式，包括常见的 AVI、WMV、MPEG、QuickTime、MKV 等，也支持 Flash 文件。

打开演示文稿，使其处于普通视图状态，单击要为其添加视频文件的幻灯片。

（1）单击"插入"→"媒体/视频"按钮下方箭头，在下拉列表中选择"文件中的视频"选项，弹出"插入视频文件"对话框，在"查找范围"下拉列表中找到并选择所需要用的视频文件，单击"插入"按钮，所需要的视频文件将直接应用于当前幻灯片中，如图 6.42 所示。

图 6.42　插入视频

（2）单击"插入"→"媒体/视频"按钮下方箭头，在弹出的下拉列表中选择"来自网站的视频"选项,弹出"从网站插入视频"对话框,根据提示复制、粘贴视频链接 html 代码即可,如图 6.43 所示。

添加网站中的视频文件需要连接网络,且添加的视频文件需要是网页上的在线视频文件,不可以是下载下来的视频文件。复制网站视频内嵌代码如图 6.44 所示。

图 6.43　从网站插入视频

图 6.44　复制网站视频内嵌代码

（3）插入视频后,幻灯片上显示一个黑框,单击"视频工具/格式"→"标牌框架"→"文件中的图像",可用选中的图像文件作为该视频的封面。选中视频文件,单击"播放",视频封面会变为有播放条的样子,如图 6.45 所示。

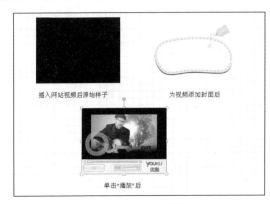

图 6.45　视频播放

单击"视频工具"下的"格式",可播放视频,还可对该视频文件进行视频的颜色效果、视频样式及视频效果等进行设置。

单击"视频工具"下的"播放",也可播放视频,还可对该视频文件进行视频播放选项、剪裁视频、书签、淡入淡出效果等进行设置,类似在音频文件中的操作,如图 6.46 所示。

图 6.46　视频播放设置

6.3.9　插入超链接

在 PowerPoint 中,超链接可以是从一张幻灯片到同一演示文稿中另一张幻灯片的链接,也可以是从一张幻灯片到不同演示文稿中另一张幻灯片、到电子邮件地址、网页或文件的链接等。

在普通视图中选择要用作超链接的文本，单击"插入"→"链接/超链接"按钮。在"插入超链接"对话框左侧的"链接到"列表框中选择"本文档中的位置"，选中一张幻灯片，单击"确定"按钮即可将选中的文本链接到同一演示文稿中的相应幻灯片，如图6.47所示。添加超链接后的文本以蓝色、下划线字显示（不同模板或主题，超链接的文字颜色不同）。

图 6.47　插入超链接

还可以选择链接到"现有文件或网页""电子邮件地址"和"新建文档"，操作类似。也可对图片等其他对象设置超链接，操作与对文本设置超链接基本相同。

当幻灯片处于放映状态时，将光标移至超链接处，就会变成手形光标，单击鼠标左键，即刻就会跳转至相应链接位置。

6.3.10　插入动作按钮

打开要绘制动作按钮的幻灯片。单击"插入"→"插图/形状"，在弹出的下拉列表中选择"动作按钮"区域的某个动作按钮图标。然后在幻灯片的某处单击，并按住鼠标不放拖曳到适当位置处释放，弹出"动作设置"对话框。选择"单击鼠标"选项卡，在"单击鼠标时的动作"区域中选中"超链接到"单选按钮，并在其下拉列表中选择"上一张幻灯片"选项。单击"确定"按钮，即可完成动作按钮的创建，如图6.48所示。

图 6.48　动作按钮的动作设置

快速测试

1. 在 PPT 中怎样插入 Excel 电子表格？
2. 怎样压缩多媒体文件以减少演示文稿的大小？

6.4　演示文稿的放映及其他

在放映演示文稿的时候，通过使用动画效果可以大大提高 PPT 的表现力，动画展示可以起到画龙点睛的效果。

6.4.1　为幻灯片添加切换效果

幻灯片切换效果是在播放时从一张幻灯片移到下一张幻灯片时在"幻灯片放映"视图中出现的动画效果。幻灯片切换时产生的类似动画效果，可以使幻灯片在放映时更加生动形象。

切换效果包含了细微型、华丽型和动态内容三大类。

选中要向其添加切换效果的幻灯片，单击"切换"→"切换到此幻灯片"组中的"其他"
按钮，在下拉列表中选择一个切换效果，如"华丽型/闪耀"。每种切换效果还可以通过"效
果选项"设置更多不同的变化方式，如图 6.49 所示。

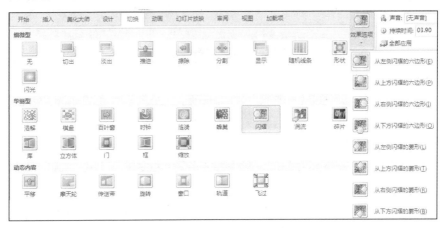

图 6.49　幻灯片切换效果设置

单击"切换"→"计时/全部应用"，可以为演示文稿中的所有幻灯片都应用相同的幻灯
片切换效果。

单击"声音"，从下拉列表中选择需要的声音效果，如"风铃"，即可为切换效果添加风
铃声音，如图 6.50 所示。如果想使切换的效果更逼真，可以为其添加声音效果。

系统默认幻灯片切换方式为"单击鼠标时"，可单击"切换"→"计时/换片方式"，设置
成自动切换效果，如图 6.51 所示。

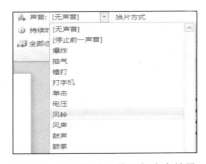

图 6.50　为幻灯片切换添加声音效果

图 6.51　设置幻灯片自动切换

6.4.2　设计动画效果

动画用于给文本或对象添加特殊视觉或声音效果。可以将 PowerPoint 2010 演示文稿中的
文本、图片、形状、表格、SmartArt 图形和其他对象制作成动画，赋予它们进入、退出、大
小或颜色变化甚至移动等视觉效果。

动画的几个关键要素是：效果、开始、方向、速度及效果选项。

设计动画的一般步骤是：

（1）选定对象。

（2）添加动画，根据需要在选定对象上依次添加进入、强调、退出等各种动画效果。

（3）修饰动画，可根据需要为动画对象设置效果选项、开始方式、持续时间、延迟。

1. 创建动画

选中要创建动画效果的文字或其他对象，单击"动画"选项卡"动画"组中的"其他按钮" ，弹出如图 6.52 所示的下拉列表。在下拉列表的"进入""强调""退出"和"动作路径"区域中选择一个或多个动画效果。

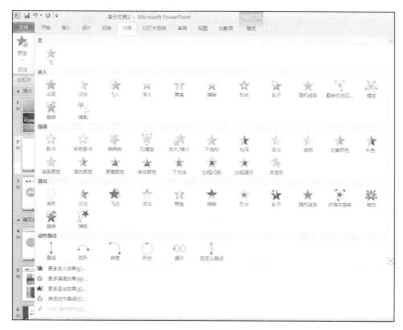

图 6.52　创建动画效果

2. 动画窗格

"动画窗格"显示了有关动画效果的重要信息，如效果的类型、多个动画效果之间的相对顺序、受影响对象的名称以及效果的持续时间。

单击"动画"选项卡"高级动画"组中的"动画窗格"按钮，可以在"动画窗格"中查看幻灯片上所有动画的列表。在"动画窗格"中可以调整动画顺序、指定动画开始、持续时间或者延迟计时等，如图 6.53 所示。

3. 文字的动画

通常，文字内容是幻灯片的主要信息载体，如果对文字使用太多动画效果，可能会分散听众注意力。但是，对于标题类的文字可以适当使用淡出、缩放、透明等比较柔和的动画效果，对于需要强调的文字，可以借助脉冲、放大或变色等动画来达到效果。

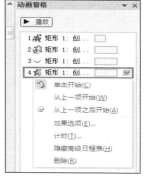

图 6.53　动画窗格

对文字动画，不同的动作顺序会带来不同的视觉效果。在 PPT 中可以设置文本框中的文字内容按整个段落来一起产生动作或按其中的字词或单个文字分别进行动作。

选中文本框，单击"动画"/"飞入"，再单击"效果选项"，选择"自顶部"，此时文本框中的文字内容按整个段落来一起产生动作，如图 6.54 所示。

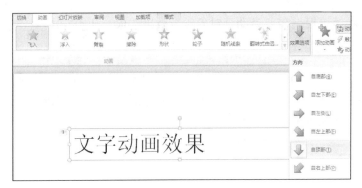

图 6.54　设置文字动画

再单击"动画窗格"，单击 ⌄，选择"效果选项"，在"飞入"对话框里将动画文本设置为"按字母"，字母间延迟百分比为10，此时即可实现单个字母分别进行动作，如图 6.55 所示。

图 6.55　设置文本按字母动画

4. 图表动画

如果希望图表的展现方式更加生动，更具有层次感，或是需要强调其中的一部分，就可以利用幻灯片中的图表动画功能来实现。

（1）饼图：比较适用的动画方案是那些具有圆形中心的效果类型，通常会为饼图选择"轮子"动画效果。选中饼图图表后，单击"动画"→"轮子"，然后在右侧"动画窗格"选中添加的动作，单击右键，选择"效果选项"，在"轮子"对话框中单击"图表动画"，在"组合图表"中选择"按分类"，如图 6.56 所示。这样设置以后，饼图中的每个分类扇就可以依次分别显示轮子的动画效果。

（2）柱形图：操作方法与上述类似，通常会选择向上"擦除"的动画效果。

（3）其他如环形图可以参照饼图设置；折线图和条形图的动画方案与柱形图类似，可采用左右方向的"擦除"效果；散点图和气泡图则可以考虑采用出现、淡出和缩放等动画效果。

5. SmartArt 的动画设计

在为 SmartArt 图形设置动画时，既可以让整个对象产生动作效果，也可以让其中的各个形状模块分别动作。

选中整个 SmartArt 图形，单击"动画"→"添加动画"，选择"进入/淡出"，然后在"效果选项"中选择"逐个"方式，这时，在"动画窗格"中可以看到原先的单个动画动作被分拆成了一组动作，如图 6.57 所示。

图 6.56 设置图表动画效果　　　　　　　　图 6.57 设置 SmartArt 动画效果

6. 动画刷

在 PowerPoint 2010 中，可以使用动画刷复制一个对象的动画，并将其应用到另一个对象。

选中幻灯片中创建过动画的对象，单击或双击"动画"选项卡"高级动画"组中的"动画刷"按钮，此时幻灯片中的鼠标指针变成动画刷的形状。用动画刷单击其他对象，则动画效果应用到此对象上。

7. PPT 动画大师

如果需要更强大的动画功能，类似 Flash 那样的效果，可以使用 PPT 动画大师，实现对帧的行为进行操纵。下载地址：http://www.aippt.cn/thread-7221-1-1.html。

6.4.3　打包 PPT

如果要播放 PPT 的计算机上没有安装 PowerPoint 软件，或者安装的是低版本的 PowerPoint 软件，就不能正常播放演示文稿。通过使用 PowerPoint 2010 提供的"打包成 CD"功能，可以实现在任意计算机上播放幻灯片的目的。

打开演示文稿文件，单击"文件"→"保存并发送"，在子菜单中选择"将演示文稿打包成 CD"菜单命令，如图 6.58 所示。

图 6.58　打包 PPT

图 6.59 "打包成 CD"对话框

单击"打包成 CD"按钮,弹出对话框,如图 6.59 所示。通过"添加"和"删除"按钮,可选择要打包的 PPT 文件。"选项"可以设置要打包文件的安全性。单击"复制到文件夹",在对话框中分别设置文件夹名称和保存位置,单击"确定",弹出 Microsoft PowerPoint 提示对话框,这里单击"是",系统开始自动复制文件到文件夹。复制完成后,系统自动打开生成的 CD 文件夹。如果所使用计算机上没有安装 PowerPoint,操作系统将自动运行 AUTORUN.INF 文件,并播放幻灯片文件。

6.4.4 打印 PPT

幻灯片除了可在计算机屏幕上作电子展示外,还可以将它们打印出来长期保存。PowerPoint 的打印功能非常强大,不仅可以将幻灯片打印到纸上,还可以打印到投影胶片上通过投影仪来放映。

打开演示文稿文件,单击"文件"→"打印",弹出打印设置界面,如图 6.60 所示。单击"打印机属性"按钮,可以设置页面的大小和方向。选择"高级"选项卡,可以设置图像输出的格式和图像保存的路径。选择"关于"选项卡,在弹出的界面中显示出打印机版本等相关信息。单击"确定",即可完成打印机属性的设置。单击"设置"区域中的"打印全部幻灯片"侧的下三角按钮,可以设置具体需要打印的页面。单击"整页幻灯片"右侧的下三角按钮,可以设置打印的版式、边框和大小等参数。单击"调整"右侧的下三角按钮,在弹出的面板中可以设置打印排列顺序。单击"颜色"右侧的下三角按钮,可以设置幻灯片打印时的颜色。各种属性参数设置完成后,单击"打印"按钮即可开始打印幻灯片。

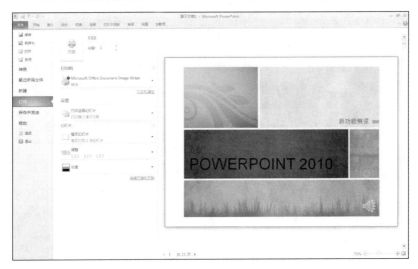

图 6.60 打印 PPT

6.4.5 设置放映方式

演示文稿的放映类型通常包括演讲者放映、观众自行浏览和在展台浏览,另外还可以给远程观众广播幻灯片放映,如表 6.2 所示。

表 6.2　4 种播放模式的使用场合

播 放 类 型	使 用 场 合
演讲者放映	公众演讲、部门培训、产品介绍、学术报告等绝大部分场合都是用这种默认放映方式，由演讲者一边讲解一边放映幻灯片。播放全程由演讲者控制，通过鼠标、翻页器或者键盘控制幻灯片翻页及播放动画
观众自行浏览	在产品展示会、博物馆等场合，由观众自己动手使用计算机观看幻灯片。点击幻灯片上不同的按钮，跳转到不同的页面或者播放动画/视频
展台浏览	在展台或者大型会议开始前播放一段公司介绍，婚礼开始前播放一段背景视频。不需要专门派一个人手动播放，也不必占用一台计算机，设定好幻灯片的每页换片时间，就可以自动在投影屏幕上播放了
广播	如果希望不同办公室的同事、远在外地的人员能够同步看到播放的幻灯片，就可以用广播模式。如电话或视频会议，就可以一边通话一边在所有会议参加者的计算机上同步播放幻灯片。与直接把幻灯片发送给对方最大的区别是，整个播放过程由演讲者控制

单击"幻灯片放映"选项卡"设置"组中的"设置幻灯片放映"按钮，弹出"设置放映方式"对话框，在"放映类型"区域中选中相应模式即可，如图 6.61 所示。

通过使用"设置幻灯片放映"功能，可以自定义放映类型、换片方式和笔触颜色等参数。默认换片方式为手动，如图 6.62 所示。

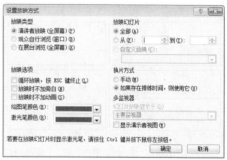

图 6.61　设置幻灯片放映方式　　　　　图 6.62　设置幻灯片放映类型

1. 广播幻灯片

PowerPoint 2010 新增的广播幻灯片功能，可以向在 Web 浏览器中观看的远程观众广播幻灯片放映。

单击"幻灯片放映"→"开始放映幻灯片/广播幻灯片"，弹出"广播幻灯片"对话框，如图 6.63 所示。单击"启动广播"按钮，进入连接服务状态，在弹出的对话框中的"E-mail地址"和"密码"文本框中输入 Windows Live ID 凭证，输入后单击"确定"按钮继续准备广播。准备完成后可以复制文本框中的链接，也可以将此共享链接以电子邮件的形式发送给远程查看者。单击"开始放映幻灯片"按钮即可远程广播幻灯片。

按 Esc 键退出全屏放映模式时，单击功能区下方的"结束广播"按钮或"广播"选项卡"广播"组中的"结束广播"按钮均可结束演示文稿的远程广播。

2. 排练计时

作为演示文稿的制作者，在公共场合演示时需要掌握好演示的时间，为此需要测算幻灯片放映时的停留时间。

单击"幻灯片放映"→"设置/排练计时"，系统会自动切换到放映模式，并弹出"录制"对话框，在"录制"对话框上会自动计算出当前幻灯片的排练时间，单位为秒。排练完成后，系统会显示一个消息框,显示当前幻灯片放映的总时间。单击"是"按钮,完成幻灯片的排练计时,如图 6.64 所示。

图 6.63　广播幻灯片　　　　　　　图 6.64　幻灯片排练计时完成消息框

3．录制幻灯片演示

录制幻灯片演示是 PowerPoint 2010 的一项新增功能,该功能可以记录 PPT 幻灯片的放映时间,允许用户使用鼠标或激光笔为幻灯片添加注释。也就是制作者对 PowerPoint 2010 的一切相关的注释都可以使用录制幻灯片演示功能记录下来,从而使得 PowerPoin 2010 幻灯片的互动性能大大提高。

单击"幻灯片放映"→"设置/录制幻灯片演示"的下三角按钮,选择"从头开始录制"或"从当前幻灯片开始录制"选项,弹出"录制幻灯片演示"对话框,该对话框中默认选中"幻灯片和动画计时"和"旁白和激光笔"。单击"开始录制"按钮,幻灯片开始放映,并自动开始计时。幻灯片放映结束时,录制幻灯片演示也随之结束,并弹出 Microsoft PowerPoint 消息框,单击"是"按钮,返回到演示文稿窗口且自动切换到幻灯片浏览视图。在该窗口中显示了每张幻灯片的演示计时时间。

排练计时和录制幻灯片演示都能实现让 PPT 自动演示。

快速测试

1．如何实现为切换效果添加声音并持续循环播放?
2．如何设置自动切换幻灯片?
3．幻灯片放映时,可以用鼠标为幻灯片添加注释吗?这些墨迹能保留下来吗?

习　　题

一、选择题

1．PowerPoint 2010 是(　　)。
　　A．数据库管理软件　　　　B．文字处理软件　　　　C．电子表格软件　　　　D．演示文稿制作软件
2．演示文稿的基本组成单元是(　　)。
　　A．图形　　　　　　　　　B．幻灯片　　　　　　　C．超链点　　　　　　　D．文本
3．PowerPoint 中主要的编辑视图是(　　)。

A．幻灯片浏览视图　　　　B．普通视图　　　　　C．幻灯片放映视图　　D．备注视图

4．在 PowerPoint 2010 各种视图中，幻灯片浏览视图的主要功能不包括（　　　）。

    A．移动幻灯片　　　　　　　　　　　　B．复制幻灯片

    C．删除幻灯片　　　　　　　　　　　　D．编辑幻灯片上的具体对象

5．在 PowerPoint 的普通视图左侧的大纲窗格中，可以修改的是（　　　）。

    A．占位符中的文字　　　B．图表　　　　　C．自选图形　　　　D．文本框中的文字

6．放映当前幻灯片的快捷键是（　　　）。

    A．F6　　　　　　　　　B．Shift+F6　　　　C．F5　　　　　　　D．Shift+F5

7．在 PowerPoint 中，停止幻灯片播放的快捷键是（　　　）。

    A．End　　　　　　　　B．Ctrl+E　　　　　C．Esc　　　　　　　D．Ctrl+C

8．在 PowerPoint 2010 的普通视图下，若要插入一张新幻灯片，其操作为（　　　）。

    A．单击"文件"选项卡下的"新建"命令

    B．单击"开始"选项卡→"幻灯片"组中的"新建幻灯片"按钮

    C．单击"插入"选项卡→"幻灯片"组中的"新建幻灯片"按钮

    D．单击"设计"选项卡→"幻灯片"组中的"新建幻灯片"按钮

9．制作成功的幻灯片，为了以后打开时自动播放，应该在完成后另存的格式为（　　　）。

    A．PPTX　　　　　　　B．PPSX　　　　　　C．DOCX　　　　　　D．XLSX

10．Powerpoint 2010 普通视图中，隐藏某张幻灯片后，在放映时被隐藏的幻灯片将会（　　　）。

    A．从文件中删除

    B．在幻灯片放映时不放映，但仍然保存在文件中

    C．在幻灯片放映是仍然可放映，但是幻灯片上的部分内容被隐藏

    D．在普通视图的编辑状态中被隐藏

11．如果对一张幻灯片使用系统提供的版式，对其中各个对象的占位符（　　　）。

    A．能用具体内容去替换，不可删除

    B．能移动位置，也不能改变格式

    C．可以删除不用，也可以在幻灯片中插入新的对象

    D．可以删除不用，但不能在幻灯片中插入新的对象

12．在 PowerPoint 2010 中，若要更换另一种幻灯片的版式，下列操作正确的是（　　　）。

    A．单击"插入"选项卡→"幻灯片"组中"版式"命令按钮

    B．单击"开始"选项卡→"幻灯片"组中"版式"命令按钮

    C．单击"设计"选项卡→"幻灯片"组中"版式"命令按钮

    D．以上说法都不正确

13．在 PowerPoint 2010 中，选定了文字、图片等对象后，可以插入超链接，超链接中所链接的目标可以是（　　　）。

    A．计算机硬盘中的可执行文件　　　　　B．其他幻灯片文件（即其他演示文稿）

    C．同一演示文稿的某一张幻灯片　　　　D．以上都可以

14．如果要从第 2 张幻灯片跳转到第 8 张幻灯片，应使用"插入"选项卡中的（　　　）。

    A．自定义动画　　　　　B．预设动画　　　　C．幻灯片切换　　　　D．超链接或动作

15．要为所有幻灯片添加编号，下列方法中正确的是（　　　）。

    A．执行"插入"选项卡的"幻灯片编号"按钮即可

B. 在母版视图中，执行"插入"菜单的"幻灯片编号"命令

C. 执行"视图"选项卡的"页眉和页脚"命令

D. 以上说法全错

16. 幻灯片母版设置可以起到的作用是（　　　）。

　　A. 设置幻灯片的放映方式

　　B. 定义幻灯片的打印页面设置

　　C. 设置幻灯片的片间切换

　　D. 统一设置整套幻灯片的标志图片或多媒体元素

17. 在 PowerPoint 2010 中，设置背景时，若使所选择的背景仅适用于当前所选的幻灯片，应该按（　　　）。

　　A. 全部应用　　　　　B. 关闭　　　　　C. 取消　　　　　D. 重置背景

18. 在 PowerPoint 2010 中，若想设置幻灯片中"图片"对象的动画效果，在选中"图片"对象后，应选择（　　　）。

　　A. "动画"选项卡下的"添加动画"按钮　　　　B. "幻灯片放映"选项卡

　　C. "设计"选项卡下的"效果"按钮　　　　　　D. "切换"选项卡下"换片方式"

19. 在对 PowerPoint 2010 的幻灯片进行自定义动画操作时，可以改变（　　　）。

　　A. 幻灯片间切换的速度　　　　　　　　B. 幻灯片的背景

　　C. 幻灯片中某一对象的动画效果　　　　D. 幻灯片设计模板

20. 要使幻灯片中的标题、图片、文字等按用户的要求顺序出现，应进行的设置是（　　　）。

　　A. 设置放映方式　　　B. 幻灯片切换　　　C. 幻灯片链接　　　D. 自定义动画

21. 在 PowerPoint 2010 中，若使幻灯片播放时，从"盒状展开"效果变换到下一张幻灯片，需要设置（　　　）。

　　A. 自定义动画　　　B. 放映方式　　　C. 幻灯片切换　　　D. 自定义放映

22. 在 PowerPoint 2010 的幻灯片切换中，不可以设置幻灯片切换的是（　　　）。

　　A. 换片方式　　　　B. 颜色　　　　　C. 持续时间　　　　D. 声音

23. 在 PowerPoint 2010 中，若要把幻灯片的设计模板（即应用文档主题）设置为"行云流水"，应进行的操作是（　　　）。

　　A. "幻灯片放映"选项卡→"自定义动画"→"行云流水"

　　B. "动画"选项卡→"幻灯片设计"→"行云流水"

　　C. "插入"选项卡→"图片"→"行云流水"

　　D. "设计"选项卡→"主题"→　"行云流水"

24. PowerPoint 2010 提供的幻灯片模板（主题）主要是解决幻灯片的（　　　）。

　　A. 文字格式　　　　B. 文字颜色　　　　C. 背景图案　　　　D. 以上全是

25. 在 PowerPoint 2010 中，幻灯片放映时使光标变成"激光笔"效果的操作是（　　　）。

　　A. 按 Ctrl+F5

　　B. 按 Shift+F5

　　C. 单击"幻灯片放映"选项卡中的　"自定义幻灯片放映"按钮

　　D. 按住 Ctrl 键同时，单击鼠标的左键

26. 在 PowerPoint 2010 中，若要使幻灯片按规定的时间，实现连续自动播放，应进行（　　　）。

　　A. 设置放映方式　　　B. 打包操作　　　C. 排练计时　　　D. 幻灯片切换

27. 在 PowerPoint 2010 中，若要使幻灯片在播放时能每隔 3 秒自动转到下一页，应在"切换"选项卡

下（　　）。组中进行设置。

  A. "预览"   B. "切换到此幻灯片" C. "计时"   D. 以上说法都不对

28. 在 PowerPoint 2010 中，若需将幻灯片从打印机输出，可以用下列快捷键（　　）。

  A. Shift+P   B. Shift+L   C. Ctrl+P   D. Alt+P

29. 将编辑好的幻灯片保存到 Web，需要进行的操作是（　　）。

  A. "文件"选项卡中，在"保存并发送"选项中选择

  B. 直接保存幻灯片文件

  C. 超级链接幻灯片文件

  D. 需要在制作网页的软件中重新制作

30. 如果将演示文稿放在另外一台没有安装 PowerPoint 软件的计算机上播放，需要进行（　　）。

  A. 复制/粘贴操作   B. 重新安装软件和文件

  C. 打包操作   D. 新建幻灯片文件

二、判断题

1. 在幻灯片中插入的所有对象，均不能够组合。

2. 在幻灯片备注页视图中无法绘制自选图形。

3. 若选择"标题幻灯片"版式，则不可以向其中插入图形或图片。

4. 在一个演示文稿中能同时使用不同的设计模板（或主题）。

5. PowerPoint 2010 中，幻灯片放映时可只放映部分幻灯片。

6. PowerPoint 2010 中，可以将演示文稿中选定的信息链接到其他演示文稿幻灯片中的任何对象。

7. PowerPoint 2010 中，可以动态显示文本和对象。

8. PowerPoint 2010 中，可以更改动画对象的出现顺序。

9. PowerPoint 2010 中，图表不可以设置动画效果。

10. PowerPoint 2010 中，可以设置幻灯片间切换效果。

11. PowerPoint 2010 中，在"标题和内容"版式中，没有"剪贴画"占位符。

12. PowerPoint 2010 中，任何版式中都可以插入剪贴画。

13. PowerPoint 2010 中，可以在幻灯片中插入声音和视频。

14. 在幻灯片中插入声音元素，幻灯片播放时用鼠标单击声音图标，才能开始播放。

15. 在 PowerPoint 2010 中，当要改变一个幻灯片的设计模板（即主题）时，所有幻灯片均采用新主题。

16. 在 PowerPoint 2010 中插入的页眉和页脚，每一页幻灯片上都必须显示。

17. 在 PowerPoint 2010 中插入的日期和时间可以更新。

18. 在 PowerPoint 2010 中，不可以为幻灯片设置不同的颜色、图案或者纹理的背景。

19. 在幻灯片中插入声音元素，幻灯片播放时可以跨幻灯片连续播放。

20. 双击扩展名为.potx 的文件，将会以此为模板新建一个演示文稿。

三、简答题

1. PowerPoint 2010 中，演示文稿视图有哪几种？各种视图的主要作用是什么？

2. 怎样隐藏/取消隐藏幻灯片？

3. 要将学校校徽图片插入演示文稿中的每一张幻灯片上，如何用最快捷的操作方式实现？

4. 如果要将幻灯片上的文字设计成按字依次从顶部飞入后，又按字依次飞出底部的动画效果，怎样操作？

第 7 章 计算机网络应用基础

本章首先简述计算机网络的定义和发展，然后介绍计算机网络的分类、组成、体系结构、常用标准和协议、工作模式，接着阐述 Internet 的相关知识点和万维网，最后介绍网页设计和网络安全。

7.1 概　　述

21 世纪是一个以网络为核心的信息时代，计算机网络为人们的工作、学习、交往等各个方面提供了全新的视角，产生了巨大的推动作用。

7.1.1 计算机网络的定义

计算机网络是利用通信设备和线路将地理位置不同的、功能独立的多个计算机系统连接起来，辅以功能完善的网络软件，实现资源共享和信息传递的系统。简单地说，计算机网络就是连接两台或多台计算机进行通信的系统。计算机网络涉及通信与计算机两个领域，两个领域的紧密结合，对人类社会的进步做出了极大的贡献。

计算机与通信的结合主要有两个方面。一方面，通信网络为计算机之间的数据传递和交换提供了必要的手段；另一方面，数字计算技术的发展渗透到通信技术中，又提高了通信网络的各种性能。

一般将计算机网络定义为相互连接、彼此独立的计算机系统的集合。相互连接指两台或多台计算机通过信道互连，从而可以进行通信；彼此独立则强调在网络中，计算机之间不存在明显的主从关系，即网络中的计算机不具备控制其他计算机的能力，每台计算机都具有独立的操作系统。图 7.1 描述了一个典型的计算机网络。

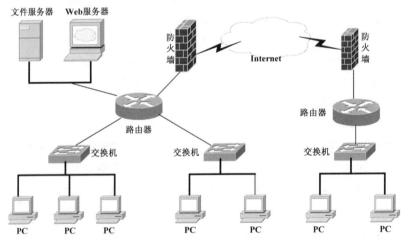

图 7.1　典型的计算机网络

7.1.2 计算机网络的发展里程碑

现代意义上的计算机网络起源于存储转发（store-and-forward）技术，该技术于 1965 年出现在美国兰德公司的一份内部报告中。从那时起，计算机网络已发展了 50 个春秋，在复杂的演变过程中，至少有 3 个重要的里程碑。

第一个里程碑以分组交换（packet switching）技术为标志，其最具代表性的计算机网络是 1960 年美国国防部高等研究计划署开始建设的、以 TCP/IP 网络协议为基础的 ARPANET。

分组交换技术具有通信线路利用率高、纠错性能强等优点，很快成为计算机网络的主流技术，推动了计算机网络技术的快速发展和应用。

第二个里程碑以 1980 年由国际标准化组织 ISO 提出的开放系统互连基本参考模型 OSI/RM（Open System Interconnection Reference Model）为标志，简称 OSI。"开放"指只要遵循 OSI 标准，一个系统就可以和位于世界上任何地方的、也遵循同一标准的任何系统进行通信，类似于世界范围的电话和邮政系统。"系统"指在现实的系统中与互连有关的各个部分。

OSI 在 1983 年正式推出，试图达到一种理想境界，即全世界的计算机网络都遵循统一的标准，使得全世界的计算机能很方便地进行互连和交换数据。由于诸多原因，OSI 最终并未在工程实践中获得实际应用，但是 OSI 制定的各种标准，为之后的网络研究奠定了坚实的基础。

第三个里程碑是 Internet 的迅速发展和推广。进入 20 世纪 80 年代末期以来，起源于 ARPANET 的 Internet 开始迅猛发展，主要原因包括：网络采用 TCP/IP 协议族，其简洁实用的特点获得广泛应用和众多厂商的支持；WWW（World Wide Web，万维网）资源和图形化用户界面的浏览器的出现，使得资源的组织方式和访问方式变得灵活简单，彻底改变了 Internet 的使用模式和用户群，用户类型开始从网络专业人员转变为普通人群。

7.1.3　计算机网络的发展趋势

计算机网络的发展趋势主要表现在高速化、综合化、智能化、易用性 4 个方面。

1. 网络高速化

在网络中传输的数据类型，已从最开始单一的文本数据转变成包含文本、图形图像、语音和视频在内的多媒体数据。一方面，为满足多媒体数据传输的需要，通信技术不断革新，网络传输能力越来越强；另一方面，由于网络传输能力的提高，计算机应用类型不断推陈出新，应用领域不断拓宽。从普通家庭用户计算机的 Internet 的接入速率来看，已从 20 世纪末期的 33.6Kbps 发展到 8Mbps 及以上，手机的 Internet 的接入速率也从 2G 的 42Kbps 快速发展到 4G 的 150Mbps。

2. 网络综合化

以往的信息网络，在功能上基本是平行的，各类应用分别使用自己的专用网络，如电话网络、广播网络、电视网络、数据网络和计算机网络。随着计算机技术和其他相关技术的进步，融合不同的专用网络、形成统一的信息网络已成为发展趋势。20 世纪末期我国提出了"三网合一"，即在高层业务应用上实现电话网络、广播电视网络和计算机网络的功能融合，目前已进入全面实现阶段。

3. 网络智能化

网络智能化指计算机网络在运行过程中，可以正确识别用户、有效区分业务、精确控制质量、高效管理网络，使得用户体验良好、运营管理方便、业务开通灵活，能为客户提供高速协同接入、资源自助支配、速率针对性保障的差异化服务。如智能家居、使用计算机或移动设备对同一网站的差异性访问、运营商对数据流量的区分和控制，都属于网络智能化的表现。当前蓬勃发展的物联网代表了网络智能化的发展趋势。

4. 网络易用性

网络易用性主要体现在用户界面和操作方法上。未来的网络将是集工作、学习、生活和娱乐于一体的服务工具，大量的非网络专业的普通人员是使用网络的主要群体，用户体验的好坏决定了网络发展的成功与否。手机等移动设备的网络访问的方便快捷、电视机顶盒的即插即用、网站页面的合理布局，都隐藏着网络易用性的设计理念。

快速测试

1. 简述计算机网络的概念。
2. 举例你身边存在的局域网，你觉得局域网对计算机网络的发展重要吗？为什么？
3. 计算机网络发展趋势的 4 个方面，除了书中提到的例子，你能给出其他的示例吗？

7.2　计算机网络分类

可以按照不同的标准对计算机网络进行分类，本节按照网络作用范围、网络拓扑结构和网络使用范围对计算机网络进行了详细的划分。

7.2.1　按照网络作用范围划分

按网络作用范围分类是最容易理解和最常用的分类方式。根据网络的作用范围，可以将计算机网络分为局域网（Local Area Network，LAN）、城域网（Metropolitan Area Network，MAN）、广域网（Wide Area Network，WAN）和因特网（Internet）。一般而言，局域网只是一个特定的较小区域的网络，如实验机房和校园网，而城域网、广域网和因特网是不同地区网络的互联。此处的"不同地区"不是严格意义上的地理范围，只是一个定性的概念。表 7.1 给出各类网络的相关特征。

表 7.1　各类计算机网络的相关特征

分　类	缩　写	大概作用范围	作　用　区　域
局域网	LAN	10m	房间
		100m	楼宇
		数 km	校园
城域网	MAN	10km	城市
广域网	WAN	--------	城市、国家、洲或全球
因特网	Internet		

7.2.2　按照网络拓扑结构划分

网络拓扑结构指网络中结点（设备）和链路（连接网络设备的信道）的几何形状。对于网络拓扑结构，普通用户无需关心，网络管理者却必须清楚。目前普通用户常用的网络拓扑结构有星型、树型和网型，分别如图 7.2、图 7.3、图 7.4 所示。

星型网络拓扑结构中，交换机是各结点的数据通信中心，任何结点的数据传输都必须由其进行转发，故星型网络又称为集中式网络。单个房间内的网络就是典型的星型网络拓扑结构。

树型网络可以看成星型网络的扩展，又称为分散式网络。在树型网络拓扑结构中，由于多个星型网络可能不属于同一子网，所以不能仅仅使用交换机作为数据通信中心，此时往往使用路由器对不同子网的结点进行数据转发。一栋楼宇中的网络或学校的校园网，都属于典型的树型网络拓扑结构。

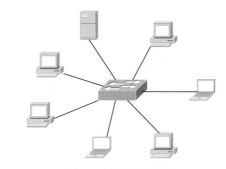

图 7.2　星型网络拓扑

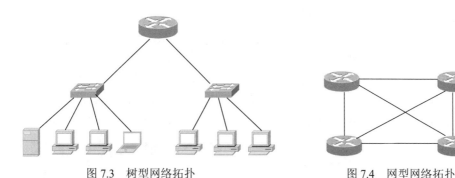

图 7.3　树型网络拓扑　　　　　　　　　　图 7.4　网型网络拓扑

网型网络中，任一结点都和至少其他两个结点直接相连，增加了数据链路的数量，从而提高了网络的可靠性。当前的 Internet 属于网型网络拓扑结构。

7.2.3　按照网络使用范围划分

根据网络的使用范围，可以将网络划分为公用网和专用网。

公用网一般是国家的电信公司或其他网络运营商建造的网络。"公用"的意思是所有愿意按规定缴纳费用的人都可以使用，因此公用网也可称为公众网。

专用网是某个部门为本系统的特殊业务工作的需要而建造的网络。专用网一般不向本系统以外的人提供服务。例如军队、铁路、电力等系统均有自己的专用网。

快速测试

1. 学校的校园网属于 LAN 还是 MAN？
2. 请画出单个计算机实验机房的网络拓扑结构，并说出该网络拓扑结构类型。

7.3　计算机网络组成

计算机网络有时很简单，两台计算机直接相连即可组建成一个最小的局域网；有时很复杂，包含不计其数的计算机结点、多种网络软件系统、不同的信息转发设备等，例如 Internet。本节从软件和硬件两个角度，展示计算机网络的组成部分。

7.3.1 硬件组成

在计算机网络中，任何对网络数据进行处理、传输和转发的设备都是硬件组成部分。限于篇幅，只介绍普通用户常用或常见的硬件设备。

1. 计算机

网络中的计算机实际可分为客户机、服务器和同位体 3 种类型。客户机是普通用户使用的计算机，完成用户指定的网络访问，如收发邮件、访问网页和下载资源等，客户机一般不对其他计算机提供服务。服务器在网络中为其他计算机提供网络服务，与普通家用 PC 机相比，服务器运行更加稳定，网络处理能力更加强大。服务器根据其担任的任务角色可以分为文件服务器、邮件服务器、数据库服务器和通信服务器等。同位体则是可以同时作为客户机和服务器的计算机。

2. 网卡

在计算机网络普及的今天，网卡早已成为计算机的标准配件。在家用 PC 机平台上，网卡大多数都是以芯片的形式直接集成在主板上。网卡又称为网络适配器（network adapter）或网络接口卡（Network Interface Card，NIC），用于连接网络线缆，主要的作用是对网络数据包进行侦听、识别、发送和接收。由于当前局域网几乎都是以太网（Ethernet），所以网卡上的接口都是安插 RJ45 规格水晶头的以太网接口。以太网网卡和接口分别如图 7.5 和图 7.6 所示。

图 7.5 独立网卡   图 7.6 主板集成网卡接口

3. 双绞线

双绞线是以太网的主流传输介质，与之配套的是水晶头，分别如图 7.7 和图 7.8 所示。双绞线内含 8 根绝缘的金属导线，8 根线两两相绞而成。两两相绞不仅可以抵御一部分来自外界的电磁波干扰，也可以降低不同绞线之间的相互干扰。

图 7.7 双绞线   图 7.8 水晶头

4. 光纤

光纤是光导纤维的简称，是一种由玻璃或塑料制成的纤维，可作为光传导工具，传输原理是"光的全反射"。使用光纤作为传输介质,具有频带宽(传输容量大)、损耗低、重量轻、抗干扰能力强、性能可靠、成本低廉等优点,当前已经逐步发展到光纤到户,离光纤到桌面仅一步之遥。图 7.9 和图 7.10 给出了光纤的线缆和接头的外观。

图 7.9 光纤线缆

图 7.10 光纤接头

5. 电磁波

无线通信已经深入人类的生活,不管是使用手机上网还是 WiFi 无线网络,数据的传输都是依靠电磁波,不同的仅仅是电磁波的频率和波长。单以频率为例,红外线的频率最低,为 33KHz 左右,蓝牙是 2.4GHz,WiFi 有 2.4GHz 和 5GHz 两种,手机则有 800MHz、850MHz、900MHz 等多种频率。WiFi 和蓝牙的标识分别如图 7.11 和图 7.12 所示。

图 7.11 WiFi 标识

图 7.12 蓝牙标识

6. 交换机

当前局域网多采用星型或树型网络拓扑结构,多个计算机之间的数据传输必然需要网络互连设备进行数据转发。当这些计算机属于同一子网时,交换机可以快速将接收到的网络数据包发送到目标主机连接的端口上,完成数据转发功能。由于技术的革新和设备成本的下降,交换机已取代以往的集线器成为局域网主流的互连设备。交换机外观如图 7.13 所示。

7. 路由器

路由器是网络互连设备的一种,与交换机不同的是,路由器用于在异构网络之间转发数据。注意,三层交换机带有路由功能,但是本质上仍然属于交换机,而不是路由器。路由器外观如图 7.14 所示。

图 7.13 思科的 Catalyst 2960 Series 24 口交换机

图 7.14 TP-LINK 的 TL-R488T 路由器

8. 无线 AP

无线 AP 的全称为无线访问接入点(Wireless Access Point),俗称"热点"。无线 AP 通过连接有线局域网完成对有线局域网的扩展，使得用户可以通过无线的方式连接到有线局域网，进而获得网络访问的能力。日常生活中经常看见的 WiFi 提示，就是表明该地段处于无线 AP 的覆盖范围，可以使用无线方式访问网络。无线 AP 外观和接口分别如图 7.15 和图 7.16 所示。

图 7.15　TL-WA701N 无线 AP　　　　　　图 7.16　TL-WA701N 背部接口

9. 无线路由器

无线路由器是传统路由器带有无线传输功能，主要用于用户上网和无线覆盖。借助于路由器功能，无线路由器可实现家庭无线网络中的 Internet 连接共享，实现 ADSL 和小区宽带的无线共享接入。无线路由器的外观和接口分别如图 7.17 和图 7.18 所示。注意，无线 AP 和无线路由器的区别，由于接口反映设备的功能，所以区别主要体现在背部接口上。

图 7.17　TL-WR886N 无线路由器　　　　　图 7.18　TL-WR886N 背部接口

7.3.2　软件组成

如果计算机网络仅仅包含硬件组成部分，网络访问的工作无法正常运行。软件是硬件的灵魂，很多网络硬件实际上已经在芯片上集成了必备的管理软件。除此以外，普通用户可能用到的软件部分有操作系统、网络应用软件和相关的其他软件。

1. 操作系统

这里的操作系统更多是指服务器上安装的专用操作系统，如目前使用的 Windows 2000、Windows 2003、Windows 2008、UNIX、Linux 等。家用 PC 机操作系统往往更关注界面的友好和漂亮，更关注娱乐性以及不同应用程序之间的兼容性，而服务器专用操作系统则往往具备更高的安全性和可靠性、更大的伸缩性、更好的网络功能和更强的数据库支持能力。

2. 网络应用软件

访问网络时，一些必不可少的软件能更好地完成相关任务，如网页浏览器、邮件收发程序、即时通信程序等。

3. 其他软件

家用 PC 机的主流操作系统 Windows 实际上在安装自身时会自动安装很多与网络有关的

软件，如自动安装的网卡驱动程序、文件夹共享程序、TCP/IP 协议支持程序等。当自动安装出现问题时，用户必须手动安装和设置相关程序和软件。

快速测试

1．是否能将家用机作为服务器使用？请说明原因。
2．购买网络硬件设备时，对路由器和交换机的选择，各应在什么样的情况下进行考虑？
3．无线 AP 和无线路由器有什么区别？

7.4　计算机网络体系结构

计算机网络是由多种计算机和各类设备通过通信线路连接而成，由于计算机型号不一、设备类型各异，加之线路类型、连接方式、同步方式、通信方式的不同，使得看似简单的数据传输非常困难。因此，如果有一个统一的标准或结构来描述计算机网络的工作机制，无疑会方便专业人员的网络设计和厂商的生产制作。

7.4.1　网络体系结构概述

计算机网络体系结构是对构成计算机网络的各组成部分之间的关系及所要实现功能的一组精确定义，可以为网络设计者和网络设备制造商提供一个标准，从而很好地去实现网络通信。为了降低网络设计的复杂性，绝大多数网络都采用分层次的体系结构。

网络的层次模型包含两方面的内容：

（1）将网络功能分解为若干层次，在功能对等的层次中，通信双方需共同遵守许多约定和规程，这些约定和规则称为同层协议（简称协议）。

（2）层次之间逐层过渡，上一层向下一层提出服务要求，下一层满足上一层提出的要求，相邻层进行对话所需的约定和规则，称为接口协议（简称接口）。

OSI 和 TCP/IP 是当前最重要的两种网络体系结构。OSI 模型虽然没有实际应用，但对于网络的分析和研究至关重要，具有通用性；TCP/IP 模型并不支持网络模型的通用性研究，但是却在现实中广泛应用。

7.4.2　OSI 参考模型

OSI 参考模型于 1983 年由国际标准化组织 ISO 正式形成，即 ISO 7498 国际标准，共分为 7 层。

1．物理层（Physical Layer）

物理层是 OSI 参考模型的最低层，利用传输介质为数据链路层提供物理连接，定义了物理链路的建立、维护和拆除等有关的机械、电气、功能和规程特性，包括信号线的功能、"0" 和 "1" 信号的电平表示、数据传输速率、物理连接器规格及其相关属性，传送的数据单元是比特（Bit）。

2．数据链路层（Data Link Layer）

数据链路层为网络层提供服务，解决两个相邻结点之间的通信问题，传送的数据单元称为数据帧（Frame）。数据链路层主要作用是通过校验、确认和反馈重发等手段，将不可靠的物理链路转换成对网络层来说无差错的数据链路，同时协调收发双方的数据传输速率。

3. 网络层（Network Layer）

网络层为传输层服务，传送的数据单元称为数据包（Packet）。该层的主要作用是解决如何使数据包通过各结点传送的问题，即通过路径选择算法将数据包送到目的地，同时为了避免过多数据包对网络造成的网络阻塞，对数据包的数量进行控制。

4. 传输层（Transport Layer）

传输层为会话层提供可靠和透明的数据传输服务，包括处理差错控制和流量控制等问题，传送的数据单元称为数据段（Segments）。传输层向高层屏蔽了下层数据通信的细节，使高层用户看到的只是在两个传输实体间的一条主机到主机的、可由用户控制和设定的、可靠的数据通路。

5. 会话层（Session Layer）

会话层用于管理和协调不同主机上各种进程之间的通信，即负责建立、管理和终止应用程序之间的会话，传送的数据单元是数据（Data）。

6. 表示层（Presentation Layer）

表示层处理流经结点的数据编码的表示方式问题，以保证一个系统应用层发出的信息可以被另一个系统的应用层读出，同时提供数据的加密和压缩等功能，传送的数据单元是数据（Data）。

7. 应用层（Application Layer）

应用层是 OSI 参考模型的最高层，是用户与网络的接口，该层通过应用程序来完成用户的网络应用的需求，传送的数据单元是数据（Data）。

表 7.2 描述了 OSI 参考模型的各个层次。

表 7.2　OSI 参考模型

OSI 参考模型		
层	数据单元	功　能
应用层	数据	网络进程到应用程序的转化
表示层		数据表示形式、加解密、压缩
会话层		主机间通信，管理应用程序之间的会话
传输层	数据段	在网络的各结点间可靠地分发数据包
网络层	数据包/报文	在网络各结点间进行地址分配、路由和不可靠地分发数据包或报文
数据链路层	数据帧	一个可靠的点对点的数据直链
物理层	比特	一个非可靠的点对点的数据直链

7.4.3　TCP/IP 参考模型

TCP/IP 参考模型是 Internet 使用的参考模型，但是 TCP/IP 参考模型仅仅是一个抽象的分层模型，在这个模型中，所有的 TCP/IP 系列网络协议都被归类到 4 个抽象的层中。

1. 网络接口层（Link Layer）

TCP/IP 参考模型并未明确规定网络接口层具有哪些内容，只是指出主机必须通过某个协议连接到网络上，以便可以将数据包/分组发送到网络上。

2. 网络互连层（Internet Layer）

网络互连层的任务是允许主机将数据包/分组发送到任何网络上，并且让这些数据包/分组独立地到达目标主机。网络互连层定义了正式数据包/分组的格式和协议，该协议称为 IP（Internet Protocol）。

3. 传输层（Transport Layer）

传输层为应用层实体提供端到端的通信功能，包含了两个重要的协议，即传输控制协议 TCP 和用户数据报协议 UDP。TCP 协议提供的是可靠的、面向连接的数据传输服务，而 UDP 协议则是不可靠的、无连接的数据传输服务。

4. 应用层（Application Layer）

应用层定义了所有的高层应用协议，包括虚拟终端协议 TELNET、文件传输协议 FTP、电子邮件传输协议 SMTP 和超文本传输协议 HTTP 等。

表 7.3 描述了 TCP/IP 参考模型，并将抽象层与 OSI 参考模型进行了对比。

表 7.3　TCP/IP 参考模型

OSI 参考模型	TCP/IP 参考模型	
	层	协　　议
应用层	应用层	DHCP、DNS、FTP、HTTP、POP3、SMTP、TELNET、SOAP、SSDP、TLS/SSL 等
表示层		
会话层		
传输层	传输层	TCP、UDP 等
网络层	网络互连层	IP、ICMP、IGMP、ARP 等
数据链路层	网络接口层	WiFi、ATM、以太网、帧中继等
物理层		

快速测试

1. 请简述 OSI 参考模型和 TCP/IP 参考模型。
2. 举例说明你经常用到网络协议，并指出这些协议归于 TCP/IP 参考模型的哪些层。

7.5　常用的网络标准和协议

计算机网络的标准和协议有很多，限于篇幅，本节只介绍普通用户在平时的生活中接触到的网络标准和协议。

7.5.1　以太网

以太网（Ethernet）指的是由美国 Xerox 公司创建并由 Xerox、Intel 和 DEC 公司联合开发的基带局域网规范，是当今现有局域网采用的最通用的通信协议标准，与 IEEE802.3 系列标准相类似。以太网使用 CSMA/CD（载波监听多路访问及冲突检测）技术，并以至少 10Mbps 的速率运行在多种类型的电缆上。当前主流为千兆以太网，速率为 1Gbps。

7.5.2　WLAN

WLAN 全称无线局域网络（Wireless Local Area Networks），利用射频（Radio Frequency, RF）技术，使用电磁波，基于 IEEE802.11 系列标准允许在局域网络环境中使用相关频段进行无线连接。无线局域网络扩展了传统的有线局域网络，在空中进行通信连接，利用简单的存取架构，实现无网线、无距离限制的通畅网络。WLAN 使用 ISM（Industrial、Scientific、Medical）无线电广播频段通信。WLAN 的 802.11a 标准使用 5GHz 频段，支持的最大速度为 54Mbps，而 802.11b 和 802.11g 标准使用 2.4GHz 频段，分别支持最大 11Mbps 和 54Mbps 的速度。目前 WLAN 所包含的协议标准有：IEEE802.11b 协议、IEEE802.11a 协议、IEEE802.11g 协议、IEEE802.11E 协议、IEEE802.11i 协议、无线应用协议（WAP）。

7.5.3　WiFi

WiFi 全称是无线保真（Wireless Fidelity），是一个基于 IEEE802.11 系列标准的无线网路通信技术的品牌，是 WLAN 的重要组成部分，目的是改善基于 IEEE802.11 标准的无线网路产品之间的互通性，由 Wi-Fi 联盟所持有。简单来说，WiFi 就是一种通过无线电波进行无线联网的技术。与蓝牙技术一样，WiFi 同属于在办公室和家庭中使用的短距离无线技术。WiFi 目前使用的标准分别是 IEEE802.11a 和 IEEE802.11b。在信号较弱或有干扰的情况下，带宽可调整为 5.5Mbps、2Mbps 和 1Mbps。带宽的自动调整，有效地保障了网络的稳定性和可靠性。

7.5.4　蓝牙

蓝牙是一种支持设备短距离通信（一般 10m 内）的无线电技术，能在移动电话、PDA、无线耳机、笔记本电脑、相关外设等之间进行无线信息交换。利用蓝牙技术，能够有效地简化移动通信终端设备之间的通信，也能够简化设备与 Internet 之间的通信，从而使数据传输变得更加迅速高效。蓝牙采用快跳频和短包技术，支持点对点及点对多点通信，工作在全球通用的 2.4GHz 频段，数据速率为 1Mbps。

7.5.5　TCP 协议

TCP 协议全称是传输控制协议（Transmission Control Protocol），是一种面向连接的、可靠的、基于字节流的传输层通信协议，位于 TCP/IP 参考模型中的传输层。

传输层位于网络互连层之上、应用层之下。不同主机的应用层之间经常需要可靠的、像管道一样的连接，但是网络互连层不提供这样的流机制，而是提供不可靠的包交换。TCP 协议提供一种面向连接的、可靠的字节流服务。面向连接意味着两个使用 TCP 协议的应用（也可以看成两台计算机）在彼此交换数据包之前必须先建立一个 TCP 连接。这一过程与打电话很相似，先拨号振铃，等待对方摘机说"喂"，然后才开始通话。在一个 TCP 连接中，仅有两方进行彼此通信。广播和多播不能使用 TCP 协议。

7.5.6　UDP 协议

UDP 协议全称是用户数据报协议（User Datagram Protocol），在网络中与 TCP 协议一样用于处理数据包，是 TCP/IP 参考模型中传输层的重要协议之一。UDP 协议是一种无连接的协议，主要作用是将网络数据流量压缩成数据包的形式，但却不提供数据包分组、组装，也不能对数据包进行排序，使得在使用 UDP 协议发送报文之后，无法得知数据包是否安全、完整地到达目标主机。

UDP 协议具有资源消耗小、处理速度快等优点，常常用来传输不重要的数据，如视频数据、大批量简单数据和广播数据等。

7.5.7　IP 协议

IP 协议全称是网络之间互连的协议（Internet Protocol），位于 TCP/IP 参考模型中的网络互连层，是该层最重要的协议。IP 协议实现两个基本功能：寻址和分段。IP 协议可以根据数据报报头中包括的目的地址（即常用的 IP 地址）将数据报传送到目的地址，在此过程中 IP 协议负责选择传送的道路，这种选择道路的能力称为路由功能。有些网络内只能传送小数据报，IP 协议可以将数据报重新组装并在报头域内注明。

IP 协议要求在与网络连接时，每台主机都必须为这个连接分配唯一的地址，用于数据传输时的寻址，这个地址就是大家常用的 IP 地址。

IP 协议不提供可靠的传输服务，它不提供端到端的或（路由）结点到（路由）结点的确认，对数据没有差错控制，它只使用报头的校验码，不提供重发和流量控制。

7.5.8　3G 和 4G

3G 全称是第三代移动通信技术（3rd-Generation mobile communication technology），是指支持高速数据传输的蜂窝移动通信技术。3G 服务能够同时传送声音及数据信息，下行速率峰值理论为 3.6Mbps，上行速率峰值为 384Kbps。

3G 是将无线通信与国际互联网等多媒体通信结合的新一代移动通信系统，国内的 3G 有CDMA2000、WCDMA 和 TD-SCDMA 3 个标准，分别由中国电信、中国联通和中国移动进行运营。

4G 全称是第四代移动通信技术（4th-Generation mobile communication technology），包括TDD-LTE 和 FDD-LTE 两种制式，其中 TDD-LTE 下行速率峰值理论上为 100Mbps，上行速率峰值理论上为 30Mbps，而 FDD-LTE 则更高。

LTE（Long Term Evolution，长期演进）是基于 OFDMA 技术（Orthogonal Frequency Division Multiple Access，正交频分多址）、由 3GPP 组织制定的全球通用标准，包括 FDD 和 TDD 两种模式，用于成对频谱和非成对频谱。LTE 标准中的 FDD 和 TDD 两个模式间只存在较小的差异，由于无线技术的差异、使用频段的不同以及各个厂家的利益等因素，FDD-LTE 的标准化与产业发展都领先于 TDD-LTE。

FDD-LTE 演进的历史和对应的速率（单位 bps）为：

GSM（9K）→GPRS（42K）→EDGE（172K）→WCDMA（364K）→

HSDPA/HSUPA（14.4M）→HSDPA+/HSUPA+（42M）→FDD-LTE（300M）

可以看出，由于 WCDMA 网络的升级版 HSPA 和 HSPA+均能够演化到 FDD-LTE，所以FDD-LTE 标准获得了最大的支持，是未来 4G 标准的主流。

中国移动采用的 3G 标准 TD-SCDMA，是我国自主研制的 3G 制式。TD-SCDMA 和 TDD-LTE之间实际上没有任何关系，基于宣传需要，中国移动给 TDD-LTE 取了别名为 TD-LTE。

截至 2013 年 3 月，全球 67 个国家已部署 163 个 LTE 商用网络，其中 154 个 FDD-LTE商用网络，15 个 TDD-LTE 商用网络，6 家运营商部署双模网络。2013 年 12 月 4 日，工信部向中国移动、中国电信和中国联通三家运营商发放 TDD-LTE 牌照。2015 年 2 月 27 日，工信部向中国电信和中国联通发放 FDD-LTE 牌照。

快速测试

1. WLAN 和 WiFi 有什么区别和联系？

2．通常所说的手机上网和无线上网有什么区别？

3．如果在国内选择 4G 网络，你会选择哪家运营商？为什么？

7.6　计算机网络的工作模式

最初计算机网络以"主机—终端机"模式工作，在这种模式下，中央计算机功能强大，支持一定数目的终端机，用户通过终端机提交信息和任务，中央计算机完成信息和任务的处理，最后将结果返还给用户。随着个人 PC 的普及和功能的逐步增强，"主机—终端机"的工作模式逐渐退出主流，仅仅应用于某些有特殊要求的计算机网络中，如银行。当前计算机网络的工作模式主要分为"基于服务器的网络"和"对等网络"两种。

7.6.1　基于服务器的网络

在基于服务器的网络中，至少存在一台比其他主机功能更为强大的计算机，这台计算机称为服务器，所有其他主机（客户机）都以服务器为中心，所有的注册、登录和资源访问等操作均受服务器的控制。

随着计算机网络规模的扩大，可能需要不止一个服务器来处理客户机的各种请求，因此在基于服务器的网络中，可能存在多个服务器。例如企业内部网络，可能需要架设邮件服务器、文件服务器和 Web 服务器等，员工使用计算机访问内部网络时，所有的注册、登录、资源访问等操作，都会受到来自于服务器的允许和限制。

由于 PC 机功能的增强，原本由服务器处理的任务会分出一部分由客户机承担，这种模式仍然是基于服务器的，称为 C/S（Client/Server，客户机/服务器）模式。在 C/S 模式中，客户机承担了相应的信息处理任务，大大减轻服务器承受的压力，受到了用户青睐，发展十分迅速。无论是专业的超市收银管理系统或酒店信息管理系统，还是普通用户安装的游戏程序，只要在网络中，客户机需要另外单独安装软件、软件的使用需要网络且存在一个或多个集中管理的服务器，这种网络都是采用 C/S 模式。

随着 Internet 的兴起、计算机性能的进一步增强以及相关技术的进步，B/S（Browser/Server，浏览器/服务器）模式应运而生。B/S 模式中，网页浏览器是客户机最主要的应用软件。B/S 模式统一了客户机，将系统功能实现的核心部分集中到服务器上，简化了系统的开发、维护和使用。B/S 模式是随着 Internet 的兴起而推广开来的，它对 C/S 模式是一种有效的改进。从本质上说，B/S 模式也是一种 C/S 模式，它可看作是一种由两层 C/S 发展而成的三层 C/S 在 Web 上应用的特例。

7.6.2　对等网络

对等网络（Peer to Peer network，P2P network）又称工作组，其网络中每台计算机都有相同或相近的功能，无主从之分。一台计算机既可作为服务器，为网络中其他计算机共享资源，又可作为客户机，访问和获取其他主机资源。在对等网络中，没有专用的服务器，也没有专用的客户机。对等网络是小型局域网常用的组网方式。

在日常的 Internet 使用中，普通用户更多的是使用对等计算。与传统的 C/S 模式不同，对等计算令传统意义上作为客户机的各台计算机直接互相通信，而这些计算机实际上同时扮演着服务器和客户机的角色，因此对等计算可以有效地减少传统服务器所受的压力，使这些服务器可以更加有效地执行其专属任务。不仅如此，利用对等计算的分布式计算技术，可以将网络中成千上万的计算机连接在一起共同完成极其复杂的计算。连接在一起所能达到的计算能力非常可观，即使是现有的单个大型超级计算机也无法达到。

当应用程序采用对等计算时，物理网络中的各个结点会形成一个虚拟的逻辑网络，称为覆盖层网络（overlay network），也称为 P2P 网络。当前 Internet 中，无论是在线视频、网络游戏以及文件下载等应用，都使用到了对等计算技术。在 P2P 网络中，每个结点都是客户机，同时又是服务器，每个结点在寻求其他结点的资源时，也在为其他结点提供服务。结点总数越多，为单个结点提供服务的数量也越多，使得用户不管是下载数据还是观看视频，都能得到很好的用户体验，避免了传统 C/S 模式下客户机的数量增多而导致服务器趋于崩溃的困境。

快速测试

1. 校园网属于什么样的网络工作模式？
2. 迅雷软件下载资源为什么会很快？当使用迅雷下载都很慢时，可能说明出了什么问题？
3. 网络运营商为什么会限制 P2P 应用？

7.7　Internet

Internet 又称国际互联网，或音译因特网，是多个网络连接的、庞大的、全球性的网络，这些网络以一组通用的协议相连，形成逻辑上的单一巨大的国际网络。Internet 是人类历史发展中的一个伟大的里程碑，是未来信息高速公路的雏形。

7.7.1　Internet 的发展

1950 年，通信研究者认识到，需要允许在不同计算机用户和通信网络之间进行常规的通信，这就促使了分散网络、排队论和数据包交换的研究。1960 年，美国国防部高等研究计划署（ARPA）出于冷战考虑而创建的 ARPANET 引发了技术进步并使其成为互联网发展的中心。1973 年，ARPANET 扩展成互联网，第一批接入的有英国和挪威的计算机。

1974 年 ARPA 的罗伯特·卡恩和斯坦福的温登·泽夫提出 TCP/IP 协议，定义了在计算机网络之间传送报文的方法。1983 年 1 月 1 日，ARPA 网将其网络核心协议由 NCP 改变为 TCP/IP。

1986 年，美国国家科学基金会创建了大学之间互联的骨干网络 NSFnet，这是 Internet 历史上重要的一步。

20 世纪 90 年代，NSFnet 开始向公众开放。1991 年 8 月，蒂姆·伯纳斯-李在瑞士创立 HTML、HTTP 和欧洲粒子物理研究所的最初几个网页之后两年，开始宣扬万维网项目。在 1993 年，Mosaic 网页浏览器版本 1.0 问世。1994 年晚期，公共利益在前学术和技术的 Internet 上稳步增长。1996 年，Internet 一词广泛的流传，不过当时是指几乎整个万维网。其间，经过一个 10 年，Internet 成功地容纳了原有的计算机网络中的大多数。这一快速发展要归功于 Internet 没有中央控制和 Internet 协议非私有的特质，前者造成了 Internet 有机的生长，而后者则鼓励了厂家之间的兼容，防止了某一个公司在 Internet 上称霸。

Internet 发展到今天，可以定义为：在全球范围内，由采用 TCP/IP 协议族的众多计算机网络相互连接而成的最大的开放式计算机网络。

7.7.2 IP 地址

在 TCP/IP 网络上，每个主机都有与其他主机不同的 IP 地址，该机制是通过 IP 协议来实现的。IP 地址不但可以用来识别每一台主机，而且隐含网络路径信息。在 TCP/IP 网络中进行数据通信时，需要涉及 IP 寻址、路由选择以及多路复用功能。由于当前仍然占据主流的 IP 协议为第 4 版（IPv4），所以后文中的 IP 地址如果不加说明，均指 IPv4 协议下的 IP 地址。

1. IP 地址的分配

IP 地址在实际应用中是分配给网卡进行使用的。一台计算机有多个网卡，就可以有多个 IP 地址，甚至可以为一个网卡设置多个 IP 地址。例如，一台笔记本电脑需要经常在两个不同的网络中办公，但其只有一个网卡，此时可设置多个 IP 地址，从而方便网络的频繁切换。

IP 地址由 32 位二进制数组成。在实际应用中，将 32 位二进制数分成 4 段，每段 8 位二进制数。为了便于应用，将每段转换为十进制，段与段之间用 "." 隔开，称为点分十进制。注意，用十进制来描述 1 个字节（8 位），最小为 0，最大为 255。如十进制的 192.41.6.20，其二进制表示为 11000000 00101001 00000110 00010100。

IP 地址采用两级结构，一部分为网络号（net-id），表示主机所属的网络，另一部分为主机号（host-id），代表主机。IP 地址的组织形式如下：

网络号	主机号

IP 地址分配的原则如下：

（1）同一网络内的所有主机分配相同的网络号。

（2）同一网络内的所有主机分配不同的主机号。

（3）不同网络的主机具有不同的网络号。

（4）不同网络的主机可以具有相同的主机号。

IP 地址均由 InterNIC（Internet Network Information Center，互联网信息中心）统一管理。InterNIC 又按地域设置了 3 个分支机构，其中的 NPNIC 负责管理亚太地区的 IP 地址，总部设在日本东京大学。NPNIC 在各国都有代理机构，设在清华大学的中国教育科研网（CERNET）信息中心是其代理机构之一。

2. IP 地址级别

考虑到不同规模网络的需要，为充分利用 IP 地址空间，IP 协议定义了 5 类地址，其中 A、B、C 三类由 InterNIC 在全球统一分配，D、E 两类为特殊地址（注意每一类的高位都有固定数值），详情如表 7.4 所示。

表 7.4　5 类 IP 地址

类别	32 位 IP 地址			
	8 位	8 位	8 位	8 位
A	0　网络号		主机号	
B	10　　网络号		主机号	
C	110　　　网络号			主机号
D	1110　　组播地址			
E	11110　　保留为今后使用			

在 IP 地址中，有些一般不使用的特殊 IP 地址，详情如表 7.5 所示。

表 7.5　一般不使用的特殊 IP 地址

网络号	主机号	作为源地址	作为目标地址	含　义
0	0	可以	不可	在本网络上的本主机
0	合法主机号	可以	不可	在本网络上的某个主机
全 1	全 1	不可	可以	在本网络广播（所有路由器不转发）
合法网络号	全 1	不可	可以	对网络号上的所有主机广播
十进制 127	合法数值	可以	可以	本机回送测试用

对于常见的 A、B、C 三类地址，实际可用的 IP 地址范围如表 7.6 所示。

表 7.6　A、B、C 三类地址实际可用 IP 地址的范围

网络类别	最大网络数	第一个可用的网络号	最后一个可用的网络号	网络中最大主机数
A	126	1	126	16 777 214
B	16 382	128.1	191.254	65 534
C	2 097 150	192.0.1	223.255.254	254

3. 子网掩码

子网掩码同 IP 地址一样都是 32 位，仍然使用点分十进制进行实际使用。子网掩码主要用于区分 IP 地址中的网络号和主机号，另外也可以将一个网络进一步划分为多个子网。

A、B、C 三类网络的子网掩码如表 7.7 所示。

表 7.7　A、B、C 三类网络的子网掩码

类别	二进制	点分十进制
A	11111111 00000000 00000000 00000000	255.0.0.0
B	11111111 11111111 00000000 00000000	255.255.0.0
C	11111111 11111111 11111111 00000000	255.255.255.0

将主机的 IP 地址和子网掩码进行"逻辑与"运算，结果即为网络号（也可把主机号为 0 的 IP 地址看成网络号）。例如对于 IP 地址 192.41.6.20 和子网掩码 255.255.255.0，先将两者转换为二进制分别为 11000000 00101001 00000110 00010100 和 11111111 11111111 11111111 00000000，然后执行"逻辑与"运算。

$$11000000 \quad 00101001 \quad 00000110 \quad 00010100$$
$$11111111 \quad 11111111 \quad 11111111 \quad 00000000$$

逻辑与　　11000000　　00101001　　00000110　　00000000

最后转换成十进制为 192.41.6.0，即该主机所处网络的网络号为 192.41.6.20，主机号为 20。可以发现，由于本例的 IP 地址和子网掩码都明确表明该网络类别是 C 类，所以该 IP 地址第 4 段 20 为主机号，将 IP 地址的主机号替换为 0，即可得到网络号 192.41.6.0。

4. 划分子网

一个大型网络往往需要分成多个由路由器连接的小型网络（子网，subnet），作用是减少每个子网的网络通信量、便于网络管理（包括单独控制、隔离等）和解决物理网络本身的某些问题（如网络连接超过以太网最大长度）。

将一个网络进一步分为多个子网，将 IP 地址原有的二级结构扩充为三级结构，如表 7.8 所示。

表 7.8　二级结构扩充为三级结构

网络号	主机号	
网络号	子网号	主机号

可以发现，IP 地址原主机号被分解成子网号和主机号两个部分，这种子网的划分依靠子网掩码来实现。

例如，有一个 C 类网络，网络号为 202.112.10.0，要划分多个子网，可将子网掩码设置为 255.255.255.192。子网掩码第 4 段值为 192，二进制位 11000000，最高位 11，共两位，两位共有 4 种组合，即可划分 4 个子网。同理，若高位为 111，即子网掩码第 4 段为 224，则 3 位共有 8 种组合，可划分 8 个子网。

划分子网的步骤为：

（1）计算 4 个子网最后一个可用的 IP 地址。

两个位的组合分别为 00、01、10 和 11，后 6 位用 1 填充，分别得到 8 位的二进制数 00111111、01111111、10111111 和 11111111，转换成十进制数分别为 63、127、191 和 255。将 4 个数分别减 1，变为 62、126、190、254，此 4 个数替换掉原网络号 202.112.10.0 的第 4 段数值，即为每个子网最后一个可用的 IP 地址。

（2）计算 4 个子网各自的子网号。

将两个位的 4 个组合的后 6 位用 0 填充，分别得到 8 位的二进制数 00000000、01000000、10000000 和 11000000，转换成十进制数分别为 0、64、128、192，此 4 个数替换掉原网络号 202.112.10.0 的第 4 段数值，即为 4 个子网各自的子网号。

（3）计算 4 个子网第一个可用的 IP 地址。

将（2）中的 4 个数 0、64、128、192 各加 1，变为 1、65、129、193，此 4 个数替换掉原网络号 202.112.10.0 的第 4 段数值，即为每个子网中第一个可用的 IP 地址。

最终划分结果如表 7.9 所示。原 C 类网络可包含 254 台主机（主机号 0 和 255 保留），划分为 4 个子网后，每个子网包含 62 台主机，共 248 台（部分原 IP 地址作为子网号和广播号使用）。

表 7.9　4 个 IP 子网的划分

子网编号	子网号	子网内主机 IP 地址范围
1	202.112.10.0	202.112.10.1～202.112.10.62
2	202.112.10.64	202.112.10.65～202.112.10.126
3	202.112.10.128	202.112.10.129～202.112.10.190
4	202.112.10.192	202.112.10.193～202.112.10.254

5. IP 设置

Windows 7 中打开"控制面板"→"网络和 Internet"→"网络和共享中心"，单击窗口左面的"更改适配器设置"，再双击打开对应网卡的连接（一般名称为"本地连接"），窗口如图 7.19 所示。

计算机要正常访问网络，必须要设置 IP 信息，由于当前仍然以 IPv4 为主流协议，在图 7.19 所示窗口中双击"Internet 协议版本 4（TCP/IPv4）"选项，打开的窗口如图 7.20 所示。

图 7.19 "本地连接属性"窗口   图 7.20 IP 设置窗口

在图 7.20 所示的窗口中，如果只需访问同一网络的资源，只需设置 "IP 地址"和"子网掩码"；如果需要访问不同网络的资源，必须设置"默认网关"；如果需要访问 Internet，必须设置 DNS 服务器地址。

如果网络中存在 DHCP 服务器，用户在图 7.20 所示的窗口中可以选择 "自动获得 IP 地址"和"自动获得 DNS 服务器地址"，使计算机自行在网络中查找和获取相关的 IP 信息。DHCP（Dynamic Host Configuration Protocol，动态主机配置协议）通常被应用在大型的局域网络环境中，主要作用是集中的管理、分配 IP 地址，使网络环境中的主机动态的获得 IP 地址、Gateway 地址、DNS 服务器地址等信息，并能够提高地址的使用率。

6. 网络测试

在网络访问出现故障时，最常用的命令就是 ping 命令，它通常用于测试网络是否畅通。除此之外，ping 命令还可以在执行时根据对方主机名或域名查看其 IP 地址。

ping 命令需要在 cmd 窗口中使用，打开 cmd 窗口的方法为单击"开始"→"所有程序"→"附件"→"命令提示符"，或者单击"开始"→"运行"，输入 cmd 后单击"确定"按钮即可。

ping 命令的使用格式一般是 "ping"+"空格"+"目标主机的 IP 地址、主机名或域名"，根据命令执行结果查看数据包的发送和接收情况。网络畅通时，数据包接收时间小于 1ms。若接收时间值较大，或出现数据包部分丢失的情况，说明网络很繁忙，存在网络阻塞或其他问题。若根本无法接收到数据包，说明与目标主机之间的网络连接出现故障。常用的 ping 命令如表 7.10 所示。

表 7.10 ping 命令的使用

命令示例	功　能
ping 127.0.0.1	测试本机网络通信是否正常，等价于测试网卡是否工作正常
ping 192.168.1.6	测试本机与以 192.168.1.6 为 IP 地址的计算机网络通信是否正常
ping 192.168.1.6 -t	连续测试本机与以 192.168.1.6 为 IP 地址的计算机网络通信是否正常，直到用户手动结束
ping www.baidu.com	测试本机与百度 Web 服务器之间的网络通信是否正常，并可查看到该域名对应的 IP 地址

7. IPv6

IPv4 的最大问题是网络地址资源有限，从理论上讲可以支持 1600 万个网络和 40 亿台主机，但采用分类编址方式后，可用的网络地址和主机地址的数目大打折扣，造成 IP 地址在 2011 年 2 月 3 日分配完毕，其中北美占有 3/4，约 30 亿个，而人口最多的亚洲只有不到 4 亿个。截至 2010 年 6 月中国 IPv4 地址数量达到 2.5 亿，落后于 4.2 亿网民的需求。IPv4 地址不足，严重地制约了中国及其他国家互联网的应用和发展。

一方面是地址资源数量的限制，另一方面是随着电子技术及网络技术的发展，计算机网络已进入人类的日常生活，今后可能身边的每一样东西都需要连接网络。在这样的环境下，IPv6 应运而生。IPv6 是 IETF（互联网工程任务组）设计的、用于替代 IPv4 的下一代 IP 协议，由 128 位二进制数码表示。单从数量级上来说，IPv6 所拥有的地址容量是 IPv4 的约 $8×10^{28}$ 倍，解决了网络地址资源数量的问题，同时也为除计算机外的设备连入互联网在数量限制上扫清了障碍。

7.7.3　网关

网关实质上是一个网络通向其他网络的 IP 地址。如，有网络 A 和网络 B，如图 7.21 所示。网络 A 的 IP 地址范围为 192.168.1.1～192.168.1.254，子网掩码为 255.255.255.0，网络为 192.168.1.0；网络 B 的 IP 地址范围为 192.168.2.1～192.168.2.254，子网掩码为 255.255.255.0，网络为 192.168.2.0。

图 7.21　两个不同网络之间的通信

很明显，在没有路由器的情况下，A 和 B 两个不同网络之间无法通信，即使两个网络连接在同一个交换机上，TCP/IP 协议也会根据子网掩码判定两个网络中的主机处在不同的网络中。要实现这两个网络之间的通信，主机必须知道网关所在。如果网络 A 中的主机发现数据包的目标主机不在本地网络中，就把数据包转发给自己的网关，再由网关转发给网络 B 的网关，网络 B 的网关最后转发给网络 B 的目标主机，这样两台主机才能正常通信。

所以，只有设置好网关的 IP 地址，TCP/IP 协议才能实现不同网络之间的相互通信。那么这个 IP 地址是谁的 IP 地址呢？网关的 IP 地址是具有路由功能的设备（实质是设备的端口）的 IP 地址，具有路由功能的设备有路由器、启用了路由协议的服务器或代理服务器。

注意，用户访问同一网络的计算机时，不需要设置网关信息。如果用户访问其他网络的计算机，则必须设置网关信息，即填写作为网关的路由设备的 IP 地址。

7.7.4　DNS

用户在与 Internet 上的主机通信时，不管使用的是长达 32 位的二进制的 IP 地址，还是点分十进制的 IP 地址，都是很不便的。DNS（Domain Name System，域名系统）主要用途是将主机名或电子邮件目标地址转换映射成 IP 地址，这样，具有实际意义的字符串（域名）就能被用户记住了。例如，百度域名是 www.baidu.com，点分十进制的 IP 地址是 180.97.33.108，哪一个更容易记？

域名采用分级结构，按地理域或机构域进行分级。整个域名采用圆点将各个层次隔开。从右到左依次为顶级域名、二级域名、三级域名等，最左的一个字段可称为主机名。例如，网易首页的域名 www.163.com，顶级域名 com，表示它是营利性商业机构；二级域名 163，表示的是网易这家企业；三级域名 www，表示该服务器是 Web 服务器，提供网页浏览的服务，也可以说是该服务器的主机名。

目前常用的机构性域名有：com（营利性商业机构）、edu（教育机构或设施）、org（非营利性组织）、int（国际性机构）、mil（军事机构或设施）、net（网络供应商）、gov（政府机构）、biz（商贸组织）、info（信息服务机构）等。

地理性域名指明了该域名所属的国家或地区（美国除外），几乎都是两个字母的国家或地区代码，例如，cn（中国）、jp（日本）、tw（台湾）、de（德国）、hk（香港）。

提供 DNS 服务的服务器称为 DNS 服务器，负责域名向 IP 地址的转换映射。用户访问局域网其他主机时，不需要 DNS 服务器的协助，此时不需要设置 DNS 信息。如果用户需要访问 Internet，则必须为当前主机设置 DNS 信息，即填写 DNS 服务器的 IP 地址。

7.7.5　网页浏览器

网页浏览器是指可以显示网页服务器或者文件系统的 HTML 文件内容，并让用户与这些文件交互的一种软件。网页浏览器主要通过 HTTP 协议与网页服务器交互并获取网页，这些网页由 URL 指定，文件格式通常为 HTML，并由 MIME 在 HTTP 协议中指明。一个网页中可以包括多个文档，每个文档都从服务器获取。大部分的浏览器都支持除了 HTML 之外的其他格式，如图像、视频和音频等，并且能够扩展支持众多的插件。另外，许多浏览器还支持其他的 URL 类型及其相应的协议，如 FTP、Gopher、HTTPS（HTTP 协议的加密版本）。HTTP 内容类型和 URL 协议规范允许网页设计者在网页中嵌入图像、动画、视频、声音、流媒体等。家用PC 机上常见的网页浏览器有微软的 Internet Explorer、Mozilla 的 Firefox、Google 的 Chrome 等。如图 7.22 所示是 Internet Explorer（IE）8.0 的网页浏览器。

图 7.22　IE 8.0 网页浏览器

网页浏览器窗口一般从上往下分成 5 个部分。

1. 标题

标题位于浏览器窗口的最上方，显示正在访问的网页名称和网页浏览器的名称。

2. 地址栏

地址栏可方便用户输入 URL，在地址栏的附近，一般都有相应的几个按钮，便于对网页的访问操作，完成"前进""后退""刷新"和"停止"等功能。

3. 菜单栏

用于管理和设置网页浏览器的工作方式和状态。

4. 标签页

用户访问的网页内容都会显示在标签页中。显示网页的方式有两种，一是标签页方式，即每访问新的网页时，在一个网页浏览器里增加一个标签页进行显示，方便用户的切换操作；二是新窗口方式，即新的网页使用新的网页浏览器打开。

5. 状态栏

浏览器窗口的最下方为状态栏，会显示一些当前的窗口状态。

另外，对于普通使用者来说，使用网页浏览器除了用于访问网页，经常使用的就是"收藏夹"功能。收藏夹在计算机中实际上是一个文件夹，当用户对其经常访问的网页进行收藏操作时，实质是在文件夹中建立一个该网页的快捷方式。

7.7.6 信息搜索

百度是国内网民最常用的信息搜索网站，但是用户在使用百度时，往往不知道如何才能搜索到自己所需的，这是由普通用户对"关键词"的陌生和误解所造成的。

关键词源于英文 keywords，特指单个多媒体文件在制作使用索引时所用到的词汇，词汇可以是一个字、一个词、一个词组或者多个词组合。用户在不知晓关键词到底是什么的情况下，甚至可以将自己要搜索的内容形成一句话，然后让搜索网站自己去分析关键词，并进行搜索。搜索网站显示搜索结果中，会对关键词进行红色标注，用户可以根据搜索结果和关键词的提示，逐步缩小搜索范围，最终找到自己所需的资源。

另外，用户可以使用搜索网站的高级搜索，来准确搜索相关资源。百度的高级搜索界面如图 7.23 所示。

图 7.23　百度的高级搜索

当用户需要搜索学术论文和相关文档时，普通的搜索网站可能无法胜任，此时应该求助于更专业的学术网站，如国内的 CNKI 中国知网，域名为 www.cnki.net。CNKI 是以实现全社会知识资源传播共享与增值利用为目标的信息化建设项目，由清华大学和清华同方发起，始建于 1999 年 6 月。CNKI 专注于国内学术期刊登载的学术论文，能很好地帮助用户的工作和学习。虽然 CNKI 可以免费搜索，但是下载论文是收费的。国内高校一般都购买了 CNKI 的服务，高校学生可以通过校园网上图书馆提供的入口进入 CNKI，免费进行下载。图 7.24 显示了 CNKI 的搜索界面。

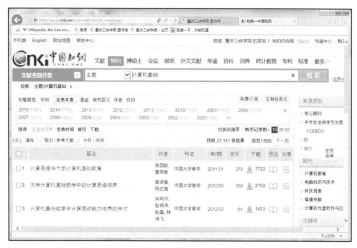

图 7.24　CNKI 的搜索界面

7.7.7　电子邮件

电子邮件（Electronic Mail）又称为 E-Mail，是一种用电子手段提供信息交换的通信方式，是 Internet 中应用最广的服务。通过电子邮件系统，用户可以以非常低廉的价格（不管发送到哪里，都只需负担网费）、非常快速的速度（几秒钟之内可以发送到世界上任何指定的目的地），与世界上任何一个角落的网络用户联系。电子邮件可以是文字、图像、声音等多种形式。同时，用户可以得到大量免费的新闻、专题邮件，并实现轻松的信息搜索。电子邮件的存在极大地方便了人与人之间的沟通与交流，促进了社会的发展。

电子邮件地址的格式由 3 部分组成，例如，电子邮件地址 xyz@163.com，第一部分"xyz"代表用户信箱的账号，对于同一个邮件服务器来说，这个账号必须是唯一的；第二部分"@"是分隔符，读"艾特"（英文 at）；第三部分"163.com"是用户信箱的邮件服务器域名，用以标志邮箱供应商。

常见的电子邮件协议如下：

1.　SMTP（Simple Mail Transfer Protocol）

主要负责底层的邮件系统如何将邮件从一台机器传至另外一台机器。

2.　POP（Post Office Protocol）

目前的版本为 POP3，它是把邮件从电子邮箱中传输到本地计算机的协议。

3.　IMAP（Internet Message Access Protocol）

目前的版本为 IMAP4，是 POP3 的一种替代协议，提供了邮件检索和邮件处理的新功能，增强了电子邮件的灵活性。

4. HTTP（Hypertext Transfer Protocol）

通过网页浏览器登录邮箱网站，以网页的方式使用邮件服务。

大多数用户通过网页浏览器进行电子邮件的收发，优点是方便，不需要另行安装软件，但是对于电子邮件数量较多的用户来说，频繁点开网页登录邮箱无异于噩梦一般。微软的 Outlook、腾讯的 Foxmail 等软件都是用于电子邮件收发的客户端程序，安装软件后，只需按照电子邮箱网站提供的 SMTP 和 POP3（或 IMAP4）信息进行设置，用户就可以自由、频繁地收发电子邮件。

7.7.8 FTP

FTP（File Transfer Protocol，文件传输协议）用于 Internet 上控制文件的双向传输，同时它也是一个应用程序。基于不同的操作系统有不同的 FTP 应用程序，而所有这些应用程序都遵守 FTP 协议以传输文件。在 FTP 的使用中，用户经常遇到两个概念："下载"（Download）和"上传"（Upload）。"下载"文件就是从远程主机复制文件至自己的计算机上；"上传"文件就是将文件从自己的计算机中复制到远程主机上。

与大多数 Internet 服务一样，FTP 也是一个客户机/服务器系统，支持 FTP 协议的服务器就是 FTP 服务器。用户通过一个支持 FTP 协议的客户机程序（一般为网页浏览器），连接到在远程主机上的 FTP 服务器程序。用户通过客户机程序向服务器程序发出命令，服务器程序执行用户所发出的命令，并将执行的结果返回到客户机。

访问 FTP 站点时，必须以类似 ftp://192.168.1.200 或 ftp://ftp.pku.edu.cn 的格式进行访问。访问时必须输入用户名和密码进行登录，在远程主机上获得相应的权限以后，方可下载或上传文件。由于 Internet 上的 FTP 主机不可能要求每个用户在每台主机上都拥有账号，于是产生了匿名 FTP。匿名 FTP 是这样一种机制，用户可通过它连接到远程主机上，并下载文件，而无需成为其注册用户。匿名 FTP 的用户名为 anonymous，不需要密码。

当前，由于 Internet 的快速发展和技术革新，FTP 在 Internet 上的使用日趋减少，它更多应用到局域网中。

快速测试

1. IP 地址 202.202.168.106 是哪类地址？子网掩码应该是多少？网络号和主机号各是什么？
2. 将 C 类网络 202.192.87.0 划分为 2 个子网，给出子网号和主机 IP 地址范围。
3. 计算机访问 Internet 是不是必须设置网关和 DNS？为什么？
4. 分析域名 www.sdpc.gov.cn 的组成，并解释各组成部分的含义。
5. 简述百度和 CNKI 在应用领域上的区别。
6. QQ 邮箱的 POP3 与 SMTP 服务器地址是什么？

7.8 万 维 网

万维网（World Wide Web，环球信息网）简称为 Web，英文简写为 WWW 或 W3。万维网分为 WWW 客户端和 WWW 服务器程序，用户通过 WWW 客户端（即网页浏览器）访问浏览 WWW 服务器（即网站）上的超文本文档（即网页）。

7.8.1 发展历史

最早的网络构想可以追溯到遥远的 1980 年蒂姆·伯纳斯-李（图 7.25）构建的 ENQUIRE 项目。蒂姆在 1989 年 3 月撰写的《关于信息化管理的建议》一文中提及 ENQUIRE，并且描述了一个更加精巧的管理模型。

1990 年 11 月，蒂姆写了第一个网页以实现他在《关于信息化管理的建议》一文中的想法，并于同年的圣诞假期，他制作了第一个万维网浏览器（同时也是编辑器）和第一个网页服务器。

1991 年 8 月，蒂姆在 alt.hypertext 新闻组上贴了万维网项目简介的文章，这标志着因特网上万维网公共服务的首次亮相。

图 7.25　蒂姆·伯纳斯-李

蒂姆的另一个才华横溢的突破是将超文本嫁接到因特网上。蒂姆一再向这两种技术的用户们建议两种技术的结合，但是没有任何人响应他的建议，最后他只好自己发明了一个全球网络资源唯一认证的系统：统一资源标识符。

1993 年 4 月，欧洲核子研究组织宣布万维网对任何人免费开放，同年美国网景公司（Netscape）推出了万维网产品（网景浏览器，商业网页浏览器的鼻祖，后被免费捆绑的 IE 浏览器打败）。万维网的诞生和免费给全球信息的交流和传播带来了革命性的变化，一举打开了人们获取信息的方便之门，顿时风靡全世界。

2004 年，芬兰技术奖励基金会新创立"千年技术奖"，蒂姆是众望所归的首位得主。当芬兰技术奖励基金会将 100 万欧元的奖金发给蒂姆的时候，许多人都觉得他是当之无愧的获奖者。在他之前，没有浏览器，没有 WWW，网络世界一片空白。如果 1989 年蒂姆将自己的 WWW 设想乃至后来的万维网申请知识产权和专利，如今的互联网世界将不可想象。蒂姆曾假想说："那样的话，世界上至少会有 16 种不同的 Web，有 CERN 网，有微软网，有苹果网……"虽然很多人说蒂姆太傻，放弃了成为超级富翁的机会，但蒂姆却认为对软件的专利保护已经危及推动互联网技术发展的核心精神，"问题是，如果有人正在写某个程序，这时后边来了一个人，瞥了两眼就说：'喂，不好意思，你写的程序里从 35 句到 42 句我已经申请了专利。'这无疑伤害了科学技术的发展。如果你认为计算机能做到某件事，就要把这种想法写成计算机程序从而实现它。这就是许多伟大的技术发展的灵魂所在。"

7.8.2 相关概念

万维网是一个由许多互相链接的超文本组成的系统，系统中每个有用的事物统称为"资源"，并且由一个全局的"统一资源标识符"（Uniform Resource Identifier，URI）进行标识，资源通过超文本传输协议（Hypertext Transfer Protocol，HTTP）传送给用户，而用户通过点击链接来获得资源。作为一个复杂的系统，万维网包含了众多的对象。

1. 超文本

超文本是用超链接的方法，将各种不同空间的文字信息组织在一起的网状文本。超文本更是一种用户界面范式，用以显示文本及与文本之间相关的内容。超文本普遍以电子文档方式存在，其中的文字包含有可以链接到其他位置或者文档的连接，允许从当前阅读位置直接切换到超文本连接所指向的位置。超文本的格式有很多，目前最常使用的是超文本标记语言（HTML）。

2. 超链接

超链接是 WWW 上的一种链接技巧，内嵌在文本或图像中的。通过已定义好的关键字和图形，只要单击某个图标或某段文字，就可以自动连上相对应的其他文件。文本超链接在浏览器中通常带下划线，而图像超链接则看不到。当用户的鼠标悬停在超链接上方时，鼠标指针的形状通常会由"箭头"变成"小手"。

3. 网页、网页文件和网站

网页是网站的基本信息单位，是 WWW 的基本文档。网页由文字、图片、动画、声音等多种媒体信息以及链接组成，使用 HTML 编写，通过链接实现与其他网页或网站的关联和跳转。

网页文件是用 HTML 编写的，可在 WWW 上传输，能被浏览器识别显示的文本文件。其扩展名通常是.htm 或.html。

网站由众多不同内容的网页构成，网页的内容可体现网站的全部功能。通常把进入一个网站首先看到的网页称为首页或主页（homepage）。

4. HTTP 协议

HTTP（Hypertext Transfer Protocol，超文本传输协议）提供了访问超文本信息的功能，是WWW 浏览器和 WWW 服务器之间的应用层通信协议。HTTP 协议是用于分布式协作超文本信息系统的、通用的、面向对象的协议。通过扩展命令，它可用于类似的任务，如域名服务或分布式面向对象系统。WWW 使用 HTTP 协议传输各种超文本页面和数据。

5. URI 和 URL

URI 是统一资源标识符，是一个用于标识某一互联网资源名称的字符串。该标识允许用户对网络中（一般指万维网）的资源通过特定的协议进行交互操作。

URL 是统一资源定位符，是对可以从互联网上得到的资源的位置和访问方法的一种简洁的表示，是互联网上标准资源的地址。互联网上的每个文件都有一个唯一的 URL，它包含的信息指出文件的位置以及浏览器应该怎么处理它。

URL 是 URI 的子集，目前 URI 的最普遍形式就是无处不在的 URL。

7.8.3 互联网、因特网和万维网

互联网的英文名称为 internet，首字母小写，泛指由多个计算机网络相互连接而成一个大型网络。

因特网又称国际互联网，英文名称为"Internet"，首字母大写，说明因特网是一个专有名词。因特网于 1969 年诞生于美国，最初名为阿帕网（ARPANET），是一个军用研究系统，后来又成为连接大学及高等院校计算机的学术系统，现在已发展成为一个覆盖五大洲 150 多个国家的开放型全球计算机网络系统，拥有多家服务商。

因特网属于互联网中的一个，但并不唯一。例如在欧洲，跨国的互联网络就有"欧盟网"（Euronet）、"欧洲学术与研究网"（EARN）、"欧洲信息网"（EIN），在美国还有"国际学术网"（BITNET），世界范围的还有"飞多网"（全球性的 BBS 系统）等。

万维网是一个由许多互相链接的超文本组成的系统，提供超文本文档给用户浏览，其并不等同互联网。万维网在早期可以看成是因特网，但是现在它只是互联网所能提供的服务的其中之一，是靠着互联网运行的一项服务。

1. 你是否经常在使用 HTTP 协议？试举个例子。
2. 为什么早期因特网等同于万维网？

7.9　网　页　设　计

网页设计是指使用标识语言（Markup Language），通过一系列设计、建模和执行的过程，将电子格式的信息通过网络传输，最终以图形用户界面（GUI）的形式被用户所浏览。简单地说，网页设计的目的就是发布在网站上供用户查看，而网站就是服务器内的一系列网页的组合。用户通过网页浏览器发出请求，服务器通过传输指定的网页向用户传输所需的信息。信息包括文字、图片、表格、动画、视频和音频等，这些信息都是通过 HTML 等标志语言植入网页的。

7.9.1　HTML

网页是万维网上的一个超媒体文档，也称之为一个页面（page）。一个组织或者个人在万维网（或网站）上放置的、缺省第一个打开的页面称为主页，主页中通常包括有指向其他相关页面或其他结点的指针，即超级链接（简称超链接）。所谓超链接，就是一种 URL 指针，通过点击它，可使浏览器方便地获取新的网页，这是 HTML 获得广泛应用的最重要的原因之一。

HTML 全称超级文本标记语言（HyperText Markup Language，HTML），是为"网页创建和其他可在网页浏览器中看到的信息"设计的一种标记语言。通过结合使用其他的 Web 技术，如脚本语言、公共网关接口和组件等，HTML 可以创造出功能强大的网页。因此，HTML 是万维网编程的基础，也可以说万维网是建立在超文本基础之上的。

HTML 的结构包括"头"部分（Head）和"主体"部分（Body），其中"头"部提供关于网页的信息，"主体"部分提供网页的具体内容。

使用 Windows 自带的记事本程序新建一个文本文档，输入以下代码：

```
<html>
    <head>
        <title>第一个网页的窗口标题</title>
    <head>
    <body>
        <h1>网页正文的标题</h1>
        <p>这是第一段文字</p>
    </body>
</html>
```

输入完毕后另存为网页类型，即将文件的扩展名改成 html，然后用 IE 浏览器打开这个文件，如图 7.26 所示。

在网站设计中,纯粹 HTML 格式的网页通常被称为"静态网页"。静态网页是标准的 HTML 文件，文件扩展名是 htm、html，可以包含文本、图像、声音、FLASH 动画、客户端脚本和 ActiveX 控件及 JAVA 小程序等。

静态网页是网站建设的基础,早期的网站一般都是由静态

图 7.26　简单的网页示例

网页构成的。相对于动态网页而言，静态网页是指没有后台数据库、不含程序和不可交互的网页。静态网页更新起来相对比较麻烦，适用于一般更新较少的展示型网站。注意，静态是指同一个网页中不可能呈现不同的内容，并不是指完全静态，静态网页仍然可以包含各种动态的效果，如 GIF 格式的动画、FLASH、滚动字幕等。

与静态网页相对应的就是动态网页，其网页的扩展名不再是 htm、html、shtml、xml，而是 aspx、asp、jsp、php、perl、cgi 等，并且在动态网页网址中有一个标志性的符号"?"。

动态网页与网页上的各种动画、滚动字幕等视觉上的动态效果没有直接关系。动态网页也可以是纯文字内容的，也可以包含各种动画的内容，这些只是网页具体内容的表现形式，无论网页是否具有动态效果，只要是采用了动态网站技术生成的网页都可以称为动态网页。总之，动态网页是基本的 html 语法规范与 Java、VB、VC 等高级程序设计语言、数据库编程等多种技术的融合，以期实现对网站内容和风格的高效、动态和交互式的管理。因此从这个意义上来讲，凡是结合了 HTML 以外的高级程序设计语言和数据库技术进行的网页编程技术生成的网页都是动态网页。

7.9.2 网页制作软件

Dreamweaver 是美国 Macromedia 公司开发的集网页制作和管理网站于一身的所见即所得网页编辑器，后来该公司被 Adobe 公司收购。Dreamweaver 是第一套针对专业网页设计师特别发展的视觉化网页开发工具，利用它可以轻而易举地制作出跨越平台限制和跨越浏览器限制的充满动感的网页。

Dreamweaver 具有制作效率高的优点，可以用最快速的方式将 Fireworks、FreeHand、Flash 或 Photoshop 等文件移至网页上，对于选单、快捷键和格式控制，都只要一个简单步骤便可完成，因此，它与 Flash、Fireworks 一起曾获得"网页三剑客"的美称。

另外，Dreamweaver 还具有强大的网站管理功能，使用网站地图可以快速制作出网站的雏形。如图 7.27 所示的是 Dreamweaver 8.0 的主窗口。

图 7.27　Dreamweaver 8.0 主窗口

Dreamweaver 8.0 主窗口从上到下一共可分为 6 个区域。

1. 菜单区

菜单选项集成了所有 Dreamweaver 8.0 所能提供的功能，用户在熟练掌握 Dreamweaver 8.0 后，可以通过菜单对网页进行复杂的操作，菜单如图 7.28 所示。

图 7.28　Dreamweaver 8.0 的菜单

2. 快捷工具栏区

快捷工具栏提供了经常使用的快捷命令，方便用户快速制作网页，如图 7.29 所示。

图 7.29　Dreamweaver 8.0 的快捷工具栏

为了提高效率，Dreamweaver 8.0 对快捷工具栏进行了分类，如图 7.29 所示的只是"常用"这一类别。用户可以单击"常用"选择其他类别进行使用。

在"常用"这一类别中，普通用户使用最多的快捷命令是设置超链接、插入表格和插入图片。

3. 网页快捷工具栏区

Dreamweaver 8.0 为方便用户对特定网页的设计，特地提供了网页快捷工具栏，如图 7.30 所示。

图 7.30　Dreamweaver 8.0 的网页快捷工具栏

"所见即所得"是网页制作中非常方便的一种方式，即用户在网页上所做的任何设计和修改，Dreamweaver 8.0 会自动对应地修改网页文件中的 HTML 代码，以使用户能更加关注于页面的设计，而不是代码的书写。网页快捷工具栏的前 3 项用于设置网页页面的视图方式。

（1）代码：显示网页文件中的 HTML 代码，方便用户直接修改代码。

（2）拆分：将页面显示区域划分为上下两块，上方显示代码，下方显示页面设计，如图 7.31 所示。

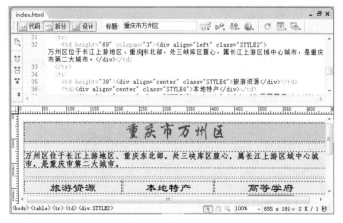

图 7.31　拆分视图

（3）设计：初学者最常用的视图，显示网页页面，大致等同于用户使用网页浏览器浏览网页的效果。

在网页快捷工具栏的其他选项中，最常用的如下。

（1）"标题"：网页浏览器打开该网页时的窗口标题。

（2）"在浏览器中预览/调试"：快速调用网页浏览器打开该网页，查看网页的实际运行效果，可使用 F12 快捷键。

4. 网页页面区

此区域是用户实际制作网页的主要地方，用户可以像操作 Office 一样在网页中插入各种对象，如图 7.32 所示。

图 7.32　Dreamweaver 8.0 的网页页面

5. 网页状态栏区

状态栏的左方列出网页中选中对象的层次关系，如在图 7.32 中选择的是"旅游资源"下方的图片，此时状态栏如图 7.33 所示。状态栏左方的关系为<body><table><tr><td><div><img>，表示在网页主体 body 中有一个表格 table，表格中某个单元格（tr 表示行，td 表示列）设置了格式（div 是文档标签），且该单元格中有一张图片 img。状态栏右方则主要列出该网页的显示比例和缩放大小。

图 7.33　Dreamweaver 8.0 的网页状态栏

6. 对象属性区

在网页页面中选择任一对象后，该对象的"属性"设置窗口即会出现，如图 7.34 所示。用户可以很方便地在"属性"窗口中设置对象的属性参数。

图 7.34　Dreamweaver 8.0 的对象属性

快速测试

1. HTML 是用来做什么的？

2. 静态网页和动态网页的区别是什么？

7.10 网 络 安 全

网络安全是指网络系统的硬件、软件及其系统中的数据受到保护,不因偶然的或者恶意的原因而遭到破坏、更改、泄露,系统连续可靠正常地运行,网络服务不中断。网络安全从本质上讲就是网络上的信息安全。从广义上讲,凡是涉及网络上信息的保密性、完整性、可用性、真实性和可控性的相关技术和理论都是网络安全的研究领域。网络安全是一门涉及计算机科学、网络技术、通信技术、密码技术、信息安全技术、应用数学、数论、信息论等多种学科的综合性学科。

7.10.1 网络安全的现状

2014 年 2 月,中央网络安全和信息化领导小组成立,在北京召开的第一次会议上,习近平深刻指出:"没有网络安全就没有国家安全。"

2015 年 1 月猎豹移动安全实验室(原金山网络)发布 2014 年度互联网安全报告。报告中指出,2014 年全年截获的新病毒比去年下降 15.6%,病毒感染量比去年下降 19%,但是手机病毒的影响已经开始全面超越计算机平台。以安卓手机为例,安卓手机病毒超过六成会窃取手机位置信息和上传手机号码,与手机支付业务有关的病毒占病毒总量的 60%。另外全球感染病毒的安卓手机共 2.8 亿部,平均每天有 80 万手机中毒,而中国以近 1.2 亿部手机中毒高居榜首。计算机平台上,病毒的传播方法与以往相差不大,最活跃的计算机病毒主要通过假冒游戏外挂、辅助插件、高清视频播放器、软件破解汉化注册机等众多网民喜爱的软件进行传播。

全球范围内,2014 年共出现多起重大网络安全事件。

1. 心脏出血漏洞

OpenSSL 是一个强大的安全套接字层密码库,被网站和 Windows 软件广泛使用。OpenSSL 中出现的 Heartbleed 安全漏洞,可以让任何人都能读取系统的运行内存中的数据。

2. iCloud 数据泄露

100 多名好莱坞明星照片在社交网站被泄露事件,引发了用户对苹果公司 iCloud 数据安全的信任危机。

3. 安卓手机任意拨打电话

该漏洞可以不经用户许可,允许恶意应用发起或结束通话。

4. Gmail 数据外泄

Google 公司的 Gmail 邮件系统被俄罗斯黑客攻陷,窃取了近 500 万个邮箱的账号和密码,这些信息涉及多项 Google 服务的多国用户。

5. eBay 数据泄露

共 1.28 亿个活跃用户的相关信息被泄露,给美国 eBay 公司造成的损失超过 1800 万美元。

6. 索尼遭遇黑客攻击

索尼影业的网络遭到黑客团体攻击,大量信息被泄露,最终出于安全考虑,美国多家院线包括 AMC 纷纷决定撤销电影 The Interview 的放映。美国白宫将索尼影业遭黑客攻击事件作为一起"严重的国家安全事件"对待。

7. 12306 泄露用户信息

2014 年 12 月，黑客通过地下产业链出售 12306 用户数据，由于春运临近，该消息立刻轰动整个中国的社交媒体。

7.10.2　网络威胁

计算机网络面临的威胁多种多样，下面列出常见的威胁种类。

1. 计算机病毒（Virus）

计算机病毒可能会自行复制，或更改应用软件或系统的可运行组件、删除文件、更改数据、拒绝提供服务，其常伴随着电子邮件，借由文件或可执行文件的宏指令来散布，有时不会马上发作，使用户在不知情的情况下帮助散布。

2. 拒绝服务（Denial of Service，DoS）

系统或应用程序的访问被中断或阻止，用户无法获得服务，或造成某些实时系统的延误或中止。例：利用大量邮件炸弹塞爆企业的邮件服务器，借由许多他人计算机提交 http 的请求而使 Web Server 瘫痪。

3. 后门或特洛伊木马程序（Trapdoor/Trojan Horse）

未经授权的程序，可以通过合法程序的掩护，而伪装成经过授权的流程，来运行程序，如此造成系统程序或应用程序被更换，而运行某些不被察觉的恶意程序，例如回传重要机密给不法分子。

4. 窃听（Sniffer）

用户的传输的网络数据在网络传输过程中被非法的第三者得知或获取，造成其中重要机密信息被泄露。

5. 伪装（Masquerade）

攻击者假装是某合法用户，而获得使用权限。如伪装他人并以他人的名义发送电子邮件、伪装官方的网站来骗取用户的账号与密码。

6. 数据篡改（Data Manipulation）

存储或传输中的数据，其完整性被毁坏。如网页被恶意篡改、股票下单由 10 张被改为 1000 张等。

7. 否认（Repudiation）

用户拒绝承认曾使用过某一计算机或网络，或曾发送或收到某一文件。例如，价格突然大跌，而否认过去所下的订单。否认是电子财务交易及电子契约协议的主要威胁。

8. 网络钓鱼（Phishing）

以色情网站或者仿造假冒网络电子商店，诱骗网民在线消费，或诱骗用户输入银行卡号和密码从而偷取银行账号信息。

9. 双面恶魔（Evil Twins）

这是网络钓鱼的另一种方式，经常出现在机场、旅馆、咖啡厅等公共地方，假装可提供正当无线网络链接到 Internet 的应用服务，当用户连上此网络时，可能会被窃取相关的账号、密码或银行账户等机密信息。

10. 网址转嫁链接（Pharming）

攻击者侵入 ISP 的服务器中修改内部 IP 的信息，并将其转接到犯罪者伪造的网站，所以即使用户输入正确的 IP 也会转接到犯罪者的网站，而被截取信息。

11. 点击诈欺（Click Fraud）

许多网络上的广告靠点击次数来计费，但某些不法网站利用软件程序或大量中毒的僵尸网站（Zombies）去点击广告，造成广告商对这些大量非真正消费者的点击来付费，或者有的攻击者故意大量点击竞争对手的广告，让其增加无谓的广告费用。

12. Rootkits

一组能窃取密码、监听网络流量、留下后门并能抹掉入侵系统的相关记录以及隐藏自己行踪的程序集合，为木马程序的一种。如果入侵者在系统中成功植入 Rootkits，普通用户将很难发现已经被入侵，入侵者将能突破系统的所有防线，通行无阻。

7.10.3 网络安全的特征

面对种类如此繁多的网络威胁，要完全保证网络的安全性是非常困难的。一个完整的网络安全系统，应该具有以下 5 个特征：

1. 保密性

信息不泄露给非授权用户、实体或过程，或供其利用的特性。

2. 完整性

数据未经授权就不能进行改变的特性，即信息在存储或传输过程中保持不被修改、不被破坏和丢失的特性。

3. 可用性

可被授权实体访问并按需求使用的特性，即当需要时能否存取所需的信息。例如网络环境下拒绝服务、破坏网络和有关系统的正常运行等都属于对可用性的攻击。

4. 可控性

对信息的传播及内容具有控制能力。

5. 可审查性

出现安全问题时可以提供依据与手段。

7.10.4 网络安全措施

网络安全措施在不同的应用环境下是不同的，总的来说有以下 5 类措施。

1. 物理措施

保证设备的物理安全，防水、防火、防盗、防辐射等。

2. 访问控制

对用户访问网络资源的权限进行严格的认证和控制。

3. 数据加密

加密是保护数据安全的重要手段。

4. 网络隔离

网络隔离可以通过隔离卡或隔离网闸来实现，当出现威胁时，可以暂时阻隔攻击，甚至切断网络连接。

5. 其他措施

包括信息过滤、容错、数据镜像、数据备份和审计等。

7.10.5 普通用户的网络安全

从普通用户的角度来说，网络安全听起来非常重要，但是似乎离得很远。普通用户必须清楚，拥有网络安全意识是保证网络安全的重要前提。普通用户使用的个人计算机连入Internet，缺少像企业内部网络那样严格的网络安全措施，用户必须自行采取一定的安全措施，才能保证自己的网络安全。相关安全措施如下。

1. 安装杀毒软件

在断开网络的情况下安装操作系统，完成后一定要尽快安装最新的杀毒软件，防止在安装其他应用软件时感染病毒，或者在网络在线更新杀毒软件时遭到网络病毒的攻击。

2. 安装防火墙软件

成熟的杀毒软件功能全面，但仍然主要用于病毒预防、病毒查杀和故障修复。当前计算机都会使用网络，而网络病毒如果通过软件漏洞进行传播，则杀毒软件无法有效对抗，此时更多的是依靠防火墙软件。虽然 Windows 自带防火墙，但为了更加有效地对抗网络病毒，通常使用功能全面的第三方防火墙软件。

3. 修复操作系统漏洞和应用软件的重大漏洞

不管是操作系统或应用软件，都可能存在软件缺陷（俗称漏洞）。修复漏洞会消耗大量时间，但是为了安全还是应该在操作系统安装之后立即修复，特别是在新型病毒利用新漏洞在网络传播时，用户应立即安装发布的漏洞补丁。

4. 保证杀毒软件实时更新

当前杀毒软件对病毒的检测，主要基于病毒特征码的比对。当出现新型病毒时，如果不及时更新存放特征码的病毒库，杀毒软件就会失效，所以需要及时地更新病毒库。至于防火墙软件，其工作原理主要在于设置网络访问规则，对于陌生的网络会话，它会根据规则禁止或者提示用户，所以防火墙软件并不需要实时更新。

5. 保持良好的计算机使用习惯

病毒传播的途径非常多，使用户防不胜防，用户需要纠正自身不良的计算机使用习惯，包括不要随意退出杀毒软件和防火墙软件（即使由于某种原因暂时关闭，事后也要及时开启）、及时更新病毒库（不要等病毒爆发时才去更新）、不要随意访问陌生网站、仔细辨别且不随意运行下载的文件、不随意下载陌生电子邮件的附件、网络出现热门新闻事件时一定不要随意下载安装陌生程序（此时是病毒传播的高峰期）、移动存储设备在其他主机使用后最好查杀病毒。

6. 谨慎使用智能手机

面对手机病毒，智能手机两个主流的操作系统 Android 和 iOS 无一幸免。用户在手机上不要随意下载未知软件，最好在手机上安装安全软件，防患于未然。在手机软件安装过程中，一定要注意对通讯录、短信、通话记录以及手机其他权限的保护，防止盲目确认，避免安装的软件获取较大的手机权限。

7. 做好系统备份和数据备份

如果操作系统被病毒破坏严重，已经无法通过杀毒软件清除 C 分区的病毒，只能恢复之前的 C 分区系统备份，此时之前的系统备份就显得非常重要。备份需要注意的方面包括及时备份 C 分区和妥善存放 Ghost 备份文件。为了防止病毒破坏备份文件，还需要对备份文件进行处理，包括存放位置、扩展名修改和加密等。在恢复系统备份时，应考虑备份 C 分区重要数据，包括"我的文档"中的文件、桌面文件和收藏夹。对于用户的重要数据，可以考虑加密压缩。

快速测试

1. 你碰见过何种网络威胁？当时如何处理或者如何发现的？
2. 简述杀毒软件和防火墙软件各自的功能和使用注意事项。

习　　题

一、术语解释

TCP、IP、子网掩码、Internet、WiFi、HTML、C/S、B/S、对等网络、钓鱼网站、万维网、DNS、网关、ping、Rootkits

二、简答题

1. OSI 和 TCP/IP 模型的异同。
2. TCP/IP 协议共有 4 个层次，分别是什么？
3. 对于子网掩码为 255.255.252.0 的 B 类网络地址，能够创建多少个子网？
4. 万维网与因特网的关系是什么？
5. FDD-LTE 和 TDD-LTE 的区别是什么？
6. 路由器和交换机的区别是什么？
7. 日常生活中使用计算机时，应该如何考虑网络安全？

三、选择题

1. 计算机网络最突出的优点是（　　）。

A. 精度高 B. 内存容量大 C. 运算速度快 D. 共享资源

2. 按照地域覆盖范围，可将网络分为（   ）、城域网、广域网和国际互联网。

    A. MAN   B. Internet   C. WAN   D. LAN

3. 为了能在网络上正确地传送信息，制订了一整套关于传输顺序、格式、内容和方式的约定，称之为（   ）。

    A. OSI 参考模型   B. 网络操作系统   C. 通信协议   D. 网络通信软件

4. 局域网常用的基本拓扑结构有（   ）、环型和星型。

    A. 层次型   B. 总线型   C. 交换型   D. 分组型

5. 局域网的传输介质主要是（   ）、同轴电缆和光纤。

    A. 电话线   B. 双绞线   C. 公共数据网   D. 通信卫星

6. OSI 的中文含义是（   ）。

    A. 网络通信协议   B. 国家信息基础设施

    C. 开放系统互联参考模型   D. 公共数据通信

7. 为了保证全网的正确通信，Internet 为联网的每个网络和每台主机都配置了唯一的地址，该地址由纯数字并用小数点分隔，将它称为（   ）。

    A. TCP 地址   B. IP 地址   C. WWW 服务器地址   D. WWW 客户机地址

8. http 是一种（   ）。

    A. 高级程序设计语言   B. 域名   C. 超文本传输协议   D. 网址

9. 局域网常用的网络拓扑结构是（   ）。

    A. 网型   B. 星型和树型   C. 树型   D. 星型和环型

10. Internet 网上提供的工具类服务中，（   ）支持用户将文件从一台计算机复制到另一台计算机。

    A. FTP   B. Telnet   C. E-mail   D. BBS

11. 常用的通信有线介质包括双绞线、同轴电缆和（   ）。

    A. 微波   B. 线外线   C. 光纤   D. 激光

12. 在计算机网络中，TCP/IP 是一组（   ）。

    A. 支持同种类型的计算机（网络）互联的通信协议

    B. 支持同种或异种类型的计算机（网络）互联的通信协议

    C. 局域网技术

    D. 广域网技术

13. 在网络的各个节点上，为了顺利实现 OSI 模型中同一层次的功能，必须共同遵守的规则叫作（   ）。

    A. 协议   B. TCP/IP   C. internet   D. 以太

14. 互联网的主要硬件设备中有中断器、网桥、网关和（   ）。

    A. 集线器   B. 网卡   C. 网络适配器   D. 路由器

15. 下列 4 项中，可以为网络主机设置的合法 IP 地址是（   ）。

    A. 190.220.5   B. 206.53.3.0   C. 206.53.312.78   D. 123.43.82.220

16. 实现计算机网络需要硬件和软件，其中，负责管理整个网络各种资源、协调各种操作的软件叫作（   ）。

    A. 网络应用软件   B. 通信协议软件   C. OSI   D. 网络操作系统

17. 用户要想在网上查询 WWW 信息，必须安装并运行一个被称为（   ）的软件。

    A. HTTP   B. YAHOO   C. 浏览器   D. 万维网

18. 下列 4 项中，合法的电子邮件地址是（　　）。

    A. wang-em.hxing.com.cn　　　　　　　B. em.hxing.com.cn-wang

    C. em.hxng.com.cn@wang　　　　　　　D. wang@em.hxing.com.cn.

19. 传输速率的单位是（　　）。

    A. 帧/秒　　　　　　B. 文件/秒　　　　　　C. 位/秒　　　　　　D. 米/秒

20. 下列各项中，不能作为域名的是（　　）。

    A. www.cernet.edu.cn　　B. ftp.buaa.edu.cn　　C. www,bit.edu.cn　　D. www.lnu.edu.cn

21. 下列域名中，属于教育机构的是（　　）。

    A. ftp.bat.net.cn　　　　B. ftp.cnc.ac.cn　　　　C. www.ioa.ac.cn　　　　D. www.pku.edu.cn

22. 关于电子邮件，下列说法中错误的是（　　）。

    A. 发送电子邮件需要 E-mail 软件支持　　　　B. 发件人必须有自己的 E-mail 账号

    C. 收件人必须有自己的邮政编码　　　　　　D. 必须知道收件人的 E-mail 地址

23. 表示中国的一级域名是（　　）。

    A. china　　　　　　B. ch　　　　　　C. ca　　　　　　D. cn

24. 某种网络安全威胁是通过非法手段取得对数据的使用权，并对数据进行恶意地添加和修改，这种安全威胁属于（　　）。

    A. 窃听数据　　　　B. 破坏数据完整性　　C. 拒绝服务　　　　D. 物理安全威胁

25. 关于 WWW 服务，以下哪种说法是错误的（　　）。

    A. WWW 服务采用的主要传输协议是 HTTP

    B. WWW 服务以超文本方式组织网络多媒体信息

    C. 用户访问 Web 服务器可以使用统一的图形用户界面

    D. 用户访问 Web 服务器不需要知道服务器的 URL 地址

26. 在以下网络威胁中，哪个不属于信息泄露（　　）。

    A. 数据窃听　　　　B. 流量分析　　　　C. 拒绝服务攻击　　D. 偷窃用户账号

27. 国际标准化组织制定的 OSI 模型的最低层是（　　）。

    A. 数据链路层　　　B. 逻辑链路　　　　C. 物理层　　　　　D. 介质访问控制方法

28. 目前因特网还没有提供的服务是（　　）。

    A. 文件传送　　　　B. 电视广播　　　　C. 远程使用计算机　D. 电子函件

29. Internet 的通信协议是（　　）。

    A. X.25　　　　　　B. CSMA/CD　　　　C. TCP/IP　　　　　D. CSMA

30. 计算机病毒是指（　　）。

    A. 带细菌的磁盘　　B. 已损坏的磁盘　　C. 具有破坏性的特制程序　D. 被破坏了的程序

31. 目前使用的防杀病毒软件的作用是（　　）。

    A. 检查计算机是否感染病毒，清除已感染的任何病毒

    B. 杜绝病毒对计算机的侵害

    C. 检查计算机是否感染病毒，清除部分已感染的病毒

    D. 查出已感染的任何病毒，清除部分已感染病毒

32. 文件被感染上病毒之后，其基本特征是（　　）。

    A. 文件不能被执行　B. 文件长度变短　　C. 文件长度加长　　D. 文件照常能执行

第8章 Python 程序设计与软件工程概念

本章首先简要描述了程序设计语言的发展情况及几种流行的程序设计语言，然后较详细地介绍了适合初学者学习的 Python 应用基础，最后叙述软件危机、软件工程概念及软件工程的基本原理。

8.1 程序设计语言的发展简介

计算机程序（program）通常称为软件（software），是发给计算机的指令，告诉计算机该做什么。

因为计算机不理解人类的语言，所以，需要在计算机程序中使用计算机语言。程序设计（programming）就是创建一个可以让计算机执行并完成指定任务的程序。

计算机本身的语言因计算机类型的不同而有差异，计算机本身的语言就是它的机器语言（machinelanguage）——最初植入计算机的一套原始指令集。因为这些指令都是以二进制代码的形式存在，所以，为了告诉机器该做什么，必须输入二进制代码。用机器语言进行程序设计是非常单调乏味的过程，而且，所编的程序也非常难以读懂和修改。例如，为进行两数的相加，程序可能必须写成如下的二进制形式：

```
1101101010011010
```

汇编语言（assembly language）是一种低级的程序设计语言，它用助记符表示每一条机器语言指令。

例如，为进行两数相加，用汇编代码所编写的指令形式如下：

```
ADDF3 R1, R2, R3
```

汇编语言的出现降低了程序设计的难度。然而，由于计算机不理解汇编语言，所以需要使用一种称为汇编器（assembler）的程序将汇编语言程序转换为机器代码。

汇编程序是用易于记忆的助记符形式的机器指令编写的。因为汇编语言具有机器依赖性，所以汇编程序只能在某种特定的机器上执行。为了克服平台依赖性问题并降低程序设计难度，人们开发了高级语言。

高级语言（high-level language）很像英语，易于学习和编写程序。例如，下面是计算半径为 5 的圆面积的高级语言语句：

```
area = 5 * 5 * 3.1415;
```

在 100 多种高级语言中，以下几种是很著名的：
- COBOL（面向商业的通用语言）
- FORTRAN（公式翻译）
- BASIC（初学者通用符号指令代码）
- Pascal（以 Blaise Pascal 命名）
- Ada（以 Ada Lovelace 命名）

- C（由 B 的设计者开发）
- Visual Basic（Microsoft 公司开发的类似 Basic 的可视化语言）
- Delphi（Borland 公司开发的类似 Pascal 的可视化语言）
- C++（基于 C 语言的一种面向对象程序设计语言）
- C#（Microsoft 公司开发的类似 Java 的语言）
- Java（一种可以撰写跨平台应用软件的面向对象的程序设计语言）

上述每一种语言都是为了特定目的而设计的。COBOL 是为商业应用而设计的，现在主要用于商业数据处理。FORTRAN 为数学运算而设计的，主要用于数值计算。BASIC 是为了易学易用而设计的。Ada 是为美国国防部开发的，主要用于国防项目。C 语言具有汇编语言的强大功能以及高级语言的易学性和可移植性。Visual Basic 和 Delphi 用于开发图形用户界面，还可以进行快速应用开发。C++非常适合开发系统软件项目，例如，编写编译器和操作系统。Microsoft 公司的 Windows 操作系统就是用 C++编写的。

C#（读作：C Sharp）是由微软开发出来的新语言，用来开发基于微软.NET 平台的应用程序。Java 是由 Sun 公司开发的，广泛用于开发一些独立于平台的互联网应用程序。

用高级语言编写的程序称为源程序（source program）或源代码（source code）。由于计算机不能理解源程序，所以，要使用称为编译器（compiler）的程序将源程序翻译成机器语言程序。然后，这个机器语言程序再与其他辅助的库代码进行连接，构成可执行文件，该文件就可以在机器上运行。在 Windows 平台上，可执行文件的扩展名是.exe。

程序设计语言是一组用来定义计算机程序的语法规则。它是一种被标准化的交流技巧，用来向计算机发出指令。一种计算机语言让程序员能够准确地定义计算机所需要使用的数据，并精确地定义在不同情况下所应当采取的行动。

对从事计算机应用的人来说，懂得程序设计语言十分重要，当今所有的计算需要程序设计语言才能完成。

自 20 世纪 60 年代以来，世界上公布的程序设计语言已有上千种之多，大量的程序设计语言被发明、被取代、被修改或组合在一起。但是只有很小一部分得到了广泛的应用。TIOBE 编程语言社区排行榜是程序设计语言流行趋势的指标，每月更新，这份排行榜的排名基于互联网上有经验的程序员、课程和第三方厂商的数量。如表 8.1 所示是 TIOBE 编程语言社区 2015 年 3 月编程语言排行榜中前十位的高级程序设计语言。

表 8.1　TIOBE 2015 年 3 月编程语言排行榜前十

Feb 2015	Feb 2014	Change	Programming Language	Ratings	Change
1	1		C	16.488%	-1.85%
2	2		Java	15.345%	-1.97%
3	4	∧	C++	6.612%	-0.28%
4	3	∨	Objective-C	6.024%	-5.32%
5	5		C#	5.738%	-0.71%
6	9	∧	JavaScript	3.514%	+1.58%
7	6	∨	PHP	3.170%	-1.05%
8	8		Python	2.882%	+0.72%
9	10	∧	Visual Basic .NET	2.026%	+0.23%
10	-	∧∧	Visual Basic	1.718%	+1.72%

人们多次试图创造一种通用的程序设计语言，却没有一次尝试是成功的。存在多种不同编程语言原因有：编写程序的初衷其实也各不相同；新手与老手之间技术的差距非常大，而且有许多语言对新手来说太难学；不同程序之间的运行成本不相同。下面简要介绍几种典型的高级程序设计语言。

1. C 语言

C 语言是由 UNIX 的研制者 Dennis Ritchie 于 1970 年在 B 语言的基础上发展和完善起来的一种通用的、过程式的编程语言，被广泛用于操作系统和编译器的开发（即所谓的系统编程）。它具有高效、灵活、功能丰富、表达力强和较高的移植性等特点，备受程序员青睐。目前，C 语言编译器普遍存在于各种不同的操作系统中，例如 UNIX、MS-DOS、Microsoft Windows、Linux 等。C 语言的设计影响了许多后来的编程语言，例如 C++、Objective-C、Java、C#等。

2. Java

Java 是跨平台、面向对象、泛型编程的程序设计语言，由 Sun Microsystems 公司的 James Gosling 等人设计，于 1995 年 5 月推出。Java 技术具有卓越的通用性、高效性、平台移植性和安全性，广泛应用于个人 PC、数据中心、游戏控制台、科学超级计算机、移动电话和互联网，同时拥有全球最大的开发者专业社群。在云计算和移动互联网的产业环境下，Java 更具备了显著优势和广阔前景。Java 是简单、面向对象、分布式、解释性、健壮、安全与系统无关、可移植、高性能、多线程和动态的程序设计语言。

3. C++

C++是一种广泛使用的程序设计语言。它是一种通用程序设计语言，静态数据类型检查，支持多重编程范式，如：过程化程序设计、数据抽象化、面向对象程序设计、泛型程序设计、基于原则设计等。贝尔实验室的 Bjarne Stroustrup 在 20 世纪 80 年代发明并实现了 C++。起初，这种语言被称作 C with Classes（包含类的 C 语言），作为 C 语言的增强版出现。随后，C++不断增加新特性，虚函数、操作符重载、多重继承、模板、异常处理、名字空间等逐渐纳入标准。

4. Objective-C

Objective-C 是一种通用、高级、面向对象的编程语言。它扩展了标准的 ANSI C 编程语言，将 Smalltalk 式的消息传递机制加入 ANSI C 中。目前主要支持的编译器有 GCC 和 LLVM（采用 Clang 作为前端）。Objective-C 的商标权属于苹果公司，苹果公司也是这个编程语言的主要开发者。苹果在开发 NeXTSTEP 操作系统时使用了 Objective-C，之后被 OS X 和 iOS 继承下来。现在 Objective-C 是 OS X 和 iOS 操作系统及与其相关的 API、Cocoa 和 Cocoa Touch 的主要编程语言。

5. C#

C#是微软推出的一种基于.NET 框架的、面向对象的高级编程语言。C#的发音为 see sharp，模仿音乐上的音名"C#"（C 调升），是 C 语言的升级的意思。C#由 C 语言和 C++派生而来，继承了其强大的性能，同时又以.NET 框架类库作为基础，拥有类似 Visual Basic 的快速开发能力，微软希望用这种语言来取代 Java。

6. JavaScript

JavaScript，一种直译式脚本语言，是一种动态类型、弱类型、基于原型的语言，内置支持类。它的解释器被称为 JavaScript 引擎，为浏览器的一部分，广泛用于客户端的脚本语言，最早在 HTML 网页上使用，用来给 HTML 网页增加动态功能。在 1995 年时，由网景公司的布兰登·艾克，在网景导航者浏览器上首次设计实现而成。因为网景公司与升阳公司合作，网景公司管理层次结构希望它外观看起来像 Java，因此取名为 JavaScript。

7. PHP

PHP（PHP：Hypertext Preprocessor，即"PHP：超文本预处理器"）是一种开源的通用计算机脚本语言，尤其适用于网络开发并可嵌入 HTML 中使用。PHP 的语法借鉴吸收 C 语言、Java 和 Perl 等流行计算机语言的特点，易于一般程序员学习。PHP 的应用范围相当广泛，尤其是在网页程序的开发上。PHP 大多运行在网页服务器上，通过运行 PHP 代码来产生用户浏览的网页。PHP 可以在多数的服务器和操作系统上运行，而且使用 PHP 完全是免费的。根据 2013 年 4 月的统计数据，PHP 已经被安装在超过 2.44 亿个网站和 210 万台服务器上。

8. Python

Python 是一种面向对象、直译式的编程语言，具有近 20 年的发展历史。它包含了一组功能完备的标准库，能够轻松完成很多常见的任务。它的语法简单，与其他大多数程序设计语言使用大括号不一样，它使用缩进来定义语句块。Python 的创始人为 Guido van Rossum，1989 年的圣诞节期间，为了在阿姆斯特丹打发时间，他决心开发一个新的脚本解释程序，之所以选中 Python 作为程序的名字，是因为他是 BBC 电视剧——蒙提·派森的飞行马戏团（Monty Python's Flying Circus）的爱好者。Python 支持命令式程序设计、面向对象程序设计、函数式编程、面向侧面的程序设计、泛型编程多种编程范式。

快速测试

1. C 语言的发明者是谁？是哪一年发明的？
2. Java 的发明者是谁？是哪一年发明的？
3. C 语言的标准目前有哪些？
4. C 语言与 Java、C++之间的关系如何？

8.2　Python 基本知识

Python 的设计哲学是"优雅""明确""简单"。在设计上坚持了清晰划一的风格，这使得 Python 成为一门易读、易维护、被大量用户所欢迎的、用途广泛的语言。国际上用 Python 做科学计算的研究机构日益增多，一些知名大学已经采用 Python 教授程序设计课程。众多开源的科学计算软件包都提供了 Python 的调用接口，例如著名的计算机视觉库 OpenCV、三维可视化库 VTK、医学图像处理库 ITK。而 Python 专用的科学计算扩展库如 NumPy、SciPy 和 matplotlib，分别为 Python 提供了快速数组处理、数值运算以及绘图功能。Python 语言及其众多的扩展库所构成的开发环境十分适合工程技术、科研人员处理实验数据、制作图表，甚至开发科学计算应用程序。

8.2.1 Python 的下载、安装与运行环境

Python 是一种解释型语言，开发过程中没有编译这个环节。Python 是交互式语言，可在 Python 提示符下，直接互动执行写你的程序。Python 是面向对象语言，支持面向对象的风格或代码封装在对象的编程技术。Python 是初学者的语言，它支持广泛的应用程序开发，从简单的文字处理到 WWW 浏览器再到游戏。

Python 是跨平台的，它可以运行在 Windows、Mac 和各种 Linux/UNIX 系统上。要开始学习 Python，首先要下载并安装。目前 Python 有两个版本：2.x 版、3.x 版，两个版本是不兼容的，目前有许多第三方库还暂时无法在 3.x 上使用。为了保证程序能用到大量的第三方库，建议下载 2.x 版本，下载网站为：https://www.python.org/。本书下载为 Windows 版本，文件名为 python-2.7.9.msi。双击该文件，即可安装，安装过程很简单，默认安装就可以了，如图 8.1 所示。也可使用图形用户界面（GUI）环境来编写及运行 Python 代码，PythonWin 是 Windows 下的 Python 集成开发环境。

运行在开始菜单中文件夹 Python2.7 下的 Python(command line)启动 Python，如图 8.2 所示。也可以直接运行 Python 解释器（C:\Python27\python.exe）。若运行开始菜单中文件夹 Python2.7 下的 IDLE（Python GUI），则进入 Python 解释器的图形用户界面。

图 8.1 Python 的安装过程图

图 8.2 启动 Python

IDLE（Python GUI）界面比 Python(command line)更友好，因此本书采用 IDLE 作为学习 Python 的交互界面。在命令提示符>>>后输入 print "hello, world"并按回车键，就可输出字符串：hello, world。这个简单程序通常作为开始学习编程语言时的第一个程序。运行结果如图 8.3 所示。下面的 Python 学习过程首先通过 Python 解释器的交互模式来编写代码。

图 8.3 Python 解释器环境的两种交互界面

除了图 8.3 所示的交互方式外，也可以以程序文件方式执行程序。方法是：打开 IDEL，选择 File→New File，出现了新的窗口，在其中输入 Python 程序，并保存为任何以.py 为扩展名的源程序文件，然后单击菜单 Run→Run Module（或按快捷键 F5）即可运行程序。

8.2.2 Python 语法基础

Python 的设计目标之一是让代码具有高度的可阅读性。它设计时尽量使用其他语言经常使用的标点符号和英文单字，让代码看起来整洁美观。因为 Python 是动态语言，它不像其他的静态语言如 C、Pascal 那样需要书写声明语句。

1. Python 标识符

在 Python 里，标识符由字母、数字、下划线组成。在 Python 中，所有标识符可以包括英文、数字以及下划线（_），但不能以数字开头。Python 中的标识符是区分大小写的。以下划线开头的标识符是有特殊意义的。以单下划线开头（_foo）的标识代表不能直接访问的类属性；以双下划线开头（__foo）的标识代表类的私有成员；以双下划线开头和结尾（__foo__）的标识代表 Python 里特殊方法专用的标识，如__init__（）代表类的构造函数。

下面的列表显示了在 Python 中的保留字。这些保留字不能用作常数或变数，或任何标识符名称。所有 Python 的关键字只包含小写字母，如表 8.2 所示。

表 8.2　Python 的关键字

and	exec	not	assert	finally	or
break	for	pass	class	from	print
continue	global	raise	def	if	return
del	import	try	elif	in	while
else	is	with	except	lambda	yield

2. 缩进

Python 有意让违反了缩进规则的程序不能通过编译，以此来强迫程序员养成良好的编程习惯。Python 语言利用缩进表示语句块的开始和退出（Off-side 规则），而不使用花括号或者某种关键字。增加缩进表示语句块的开始，而减少缩进则表示语句块的退出。缩进成为了语法的一部分。

根据 PEP（Python Enhancement Proposals）的规定，必须使用 4 个空格来表示每级缩进。使用 Tab 字符和其他数目的空格虽然都可以编译通过，但不符合编码规范。

如对于下面的程序段：

```
if 1<2:
    print "1"
    print "2"
else:
    print "3"
print "4"
```

程序段的运行结果为：

```
1
2
4
```

3. 字符串

Python 接收单引号(')、双引号(")、三引号(''' """)来表示字符串，引号的开始与结束必须是相同类型的。其中三引号可以由多行组成，编写多行文本的快捷语法，常用于文档字符串，在文件的特定地点，被当作注释。如：

```
word = 'word'
sentence = "This is a sentence."
paragraph = """This is a paragraph. It is
    made up of multiple lines and sentences."""
```

4. 注释

Python 中单行注释采用 # 开头，如：

```
# First comment
print"Hello, Python!"# second comment
```

5. 输入与输出

Python 的输入与输出十分简单，输入与输出语句分别为：raw_input 和 print（Python 3 分别改为 input 和 print 函数）。如下面的程序在按回车键后就会等待用户输入：

```
raw_input("\n\nPress the enter key to exit.")
```

以上代码中，"\n\n"在结果输出前会输出两个新的空行，直到用户从键盘中输入各种符号并最后按回车键后，程序才能够继续往下执行。

print 是 Python 的输出语句，如：print "hello, world"，语句将输出："hello, world"，并自动换行，若不想换行，则在最后加上"，"，如："print' "hello, world","，在输出"hello, world"之后，再输出一个空格，并不换行，下一个输出将紧接在空格之后。

8.2.3　Python 变量类型

变量存储在内存中的值，在创建变量时会在内存中开辟一个空间。基于变量的数据类型，解释器会分配指定内存，并决定什么数据可以被存储在内存中。变量可以指定不同的数据类型，这些变量可以存储整数、小数或字符。

1. 变量赋值

Python 中的变量不需要声明，变量的赋值操作即是变量声明和定义的过程。每个变量在内存中创建，都包括变量的标识、名称和数据这些信息。每个变量在使用前都必须赋值，变量赋值以后该变量才会被创建。等号（=）用来给变量赋值。等号（=）运算符左边是一个变量名，等号（=）运算符右边是存储在变量中的值。如：

```
counter = 100
miles = 1000.0
name = "John"
```

在以上实例中，100、1000.0 和"John"分别赋值给 counter、miles、name 变量。Python 允许同时为多个变量赋值。如：

```
a = b = c = 10
```

以上实例创建一个整型对象，值为 10，3 个变量被分配到相同的内存空间上。也可以为多个对象指定多个变量。例如：

```
a, b, c = 1, 2, "john"
```

以上实例将两个整型对象 1 和 2 的分配给变量 a 和 b，字符串对象"john"分配给变量 c。

2. 标准数据类型

在内存中存储的数据可以有多种类型。Python 有 5 个标准的数据类型：Numbers、String、List、Tuple、Dictionary，分别代表数字、字符串、列表、元组、字典。

1）数字数据类型

数字数据类型用于存储数值，是不可改变的数据类型，这意味着改变数字数据类型会分配一个新的对象。当指定一个值时，Numbers 对象就会被创建。

```
var1 = 1
var2 = 10
```

Python 支持 4 种不同的数值类型：int、long、float、complex，分别表示有符号整型、长整型（可代表八进制和十六进制）、浮点型、复数。

一些数值类型的实例如表 8.3 所示。

表 8.3 Python 的数值类型实例

int	long	float	complex
10	51924361L	0.0	3.14j
100	-0x19323L	15.20	45.j
-786	0122L	−21.9	9.322e-36j
080	0xDEFABCECBDAECBFBAEl	32.3+e18	.876j
-0490	535633629843L	−90.	−.6545+0J
-0x260	-052318172735L	−32.54e100	3e+26J
0x69	-4721885298529L	70.2-E12	4.53e-7j

注意，长整型也可以使用小写 l，为避免与数字 1 混淆，建议使用大写 L。Python 使用 L 来显示长整型。Python 支持复数，复数由实数部分和虚数部分构成，可以用 a + bj,或者 complex(a,b)表示，复数的实部 a 和虚部 b 都是浮点型。

2）字符串

字符串或串(String)是由数字、字母、下划线组成的一串字符。一般记为 s="a1a2⋯an"(n>=0)。字符串是编程语言中表示文本的数据类型，字串列表有两种取值顺序：

● 从左到右索引默认 0 开始的，最大范围是字符串长度少 1。

● 从右到左索引默认–1 开始的，最大范围是字符串开头。

如果实要取得一段子串的话，可以用到变量[头下标:尾下标]，就可以截取相应的字符串，其中下标是从 0 开始算起，可以是正数或负数，下标可以为空表示取到头或尾。

若 s = 'I love Python'，则 s[2:6]的结果是 love。使用以冒号分隔的字符串，Python 返回一个新的对象，结果包含了以这对偏移标识的连续的内容，左边的开始包含了下边界。上面的结果包含了 s[2]的值 1，而取到的最大范围不包括上边界，就是 s[6]的值（空格）。

加号（+）是字符串连接运算符，星号（*）是重复操作。如：

```
mystr = 'AAAaaa'
```

```
print mystr , mystr[0]
print mystr[2:5], mystr[2:]
print mystr * 2, mystr + "bbb"
```

以上实例输出结果：

```
AAAaaa A
Aaa Aaaa
AAAaaaAAAaaa AAAaaabbb
```

3）列表

List 是 Python 中使用最频繁的数据类型，可以完成大多数集合类的数据结构。它支持字符、数字、字符串，甚至可以包含列表（嵌套）。列表用[ ]标识。是 Python 最通用的复合数据类型。列表中的值的分割也可以用到变量[头下标:尾下标]，就可以截取相应的列表，从左到右索引默认从 0 开始的，从右到左索引默认从-1 开始，下标可以为空，表示取到头或尾。

加号（+）是列表连接运算符，星号（*）是重复操作。如：

```
myList = [ 'aa', 12 , 3.4, 'bb', 5.6 ]
tinylist = [78, 'cc']

print myList, myList[0]
print myList[1:3], myList[2:]
print tinylist * 2, myList + tinylist
```

以上实例输出结果：

```
['aa', 12, 3.4, 'bb', 5.6] aa
[12, 3.4] [3.4, 'bb', 5.6]
[78, 'cc', 78, 'cc'] ['aa', 12, 3.4, 'bb', 5.6, 78, 'cc']
```

4）元组

元组是另一个数据类型，类似于 List（列表）。元组用"( )"标识。内部元素用逗号隔开，元组不能二次赋值，相当于只读列表。

```
myTuple = ('aa', 12 , 3.4, 'bb', 5.6)
tinytuple = (78, 'cc')

print myTuple, myTuple[0]
print myTuple[1:3], myTuple[2:]
print tinytuple * 2, myTuple + tinytuple
```

以上实例输出结果：

```
('aa', 12, 3.4, 'bb', 5.6) aa
(12, 3.4) (3.4, 'bb', 5.6)
(78, 'cc', 78, 'cc') ('aa', 12, 3.4, 'bb', 5.6, 78, 'cc')
```

5）字典

字典（dictionary）是除列表外 Python 中最灵活的内置数据结构类型。列表是有序的对象结合，字典是无序的对象集合。两者之间的区别在于：字典当中的元素是通过键来存取的，而不是通过偏移存取。字典用"{ }"标识。字典由索引（key）和它对应的值（value）组成。

```
myDict = {}
```

```
myDict['aa'] = "bb"
myDict[11] = "22"
tinydict = {'name': 'zhangsan', 'sex':'male', 'age': '18'}
print myDict['aa'], myDict[11]
print tinydict
print tinydict.keys(), tinydict.values()
```

输出结果为：

```
bb 22
{'age': '18', 'name': 'zhangsan', 'sex': 'male'}
['age', 'name', 'sex'] ['18', 'zhangsan', 'male']
```

6）Python 数据类型转换

有时需要对数据内置的类型进行转换，只需要将数据类型作为函数名即可。表 8.4 列出了几个内置的函数，实现数据类型之间的转换。这些函数返回一个新的对象，表示转换的值。

表 8.4　Python 的数据类型转换函数

函　　数	描　　述
int(x [,base])	将 x 转换为一个整数
long(x [,base])	将 x 转换为一个长整数
float(x)	将 x 转换到一个浮点数
complex(real [,imag])	创建一个复数
str(x)	将对象 x 转换为字符串
repr(x)	将对象 x 转换为表达式字符串
eval(str)	用来计算在字符串中的有效 Python 表达式，并返回一个对象
tuple(s)	将序列 s 转换为一个元组
list(s)	将序列 s 转换为一个列表
set(s)	转换为可变集合
dict(d)	创建一个字典。d 必须是一个序列（key,value）元组
frozenset(s)	转换为不可变集合
chr(x)	将一个整数转换为一个字符
unichr(x)	将一个整数转换为 Unicode 字符
ord(x)	将一个字符转换为它的整数值
hex(x)	将一个整数转换为一个十六进制字符串
oct(x)	将一个整数转换为一个八进制字符

8.2.4　Python 运算符

Python 语言支持以下类型的运算符：算术运算符、比较（关系）运算符、赋值运算符、逻辑运算符、位运算符、成员运算符、身份运算符等。

1. 算术运算符

Python 的算术运算符有+、-、*、/、//、**、%，分别表示加法或者取正、减法或者取负、乘法、除法、整除、乘方、取模。例如：

```
a, b = 21, 10
print "a+b=", a + b
print "a-b=", a - b
```

```
print "a*b=", a * b
print "a/b=", a / b
print "a%b=", a % b
a, b = 3, 2
print "a**b=", a ** 2
print "a//b=", a // b
```

以上实例输出结果：

```
a+b= 31
a-b= 11
a*b= 210
a/b= 2
a%b= 1
a**b= 9
a//b= 1
```

2. 比较运算符

Python 比较两个表达式值的比较运算符有 6 个：>、<、==、!=、<=、>=，分别表示大于、小于、等于、不等于、小于等于、大于等于。比较的结果为真，则返回 True，否则返回 False。与!=运算符类似的为<>。例如：

```
a, b = 21, 10
print "a>b:", a > b
print "a<b:", a < b
print "a==b:", a == b
print "a!=b:", a != b
print "a<>b:", a <> b
print "a>=b:", a >= b
print "a<=b:", a <= b
```

以上实例输出结果：

```
a>b: True
a<b: False
a==b: False
a!=b: True
a<>b: True
a>=b: True
a<=b: False
```

3. 赋值运算符

Python 基本的赋值运算符为=，如：c = 10 + 20，功能是 10 + 20 的值赋给 c。除基本的赋值运算外，还包括符合的赋值运算符：+=、−=、*=、/=、%=、**=、//=，分别表示加法赋值运算符、减法赋值运算符、乘法赋值运算符、除法赋值运算符、取模赋值运算符、幂赋值运算符和取整除赋值运算符。例如：

```
c += 1 等效于 c = c + 1
c -= 2 等效于 c = c - 2
```

4. 位运算符

按位运算符是把数字看作二进制来进行计算的。Python 中的按位运算有：&、|、^、～、<<、>>，分别表示按位与、按位或、按位异或、按位取反、左移、右移运算，位运算的运算对象必须是整数。如

```
a = 60       # 60 = 0011 1100
b = 13       # 13 = 0000 1101
print a & b    # 12 = 0000 1100
print a | b    # 61 = 0011 1101
print a ^ b    # 49 = 0011 0001
print ~a       # -61 = 1100 0011
print  a <<2 # 240 = 1111 0000
print a >>2 # 15 = 0000 1111
```

以上实例输出结果：

```
12
61
49
-61
240
15
```

5. Python 逻辑运算符

Python 使用 and、or、not 表示逻辑运算。and、or、not 分别表示与、或、非。用 and 连接起来的表达式 x and y，若 x、y 同时成立，则返回 True，否则返回 False。用 or 连接起来的表达式 x or y，若 x、y 有一个成立，则返回 True，否则返回 False。对于表达式 not x，若 x 不成立，则返回 True，否则返回 False。如：

```
a, b = 10, 20
print a > b and a >= b
print a < b or a < b
print not a
```

以上实例输出结果：

```
False
True
False
```

6. Python 成员运算符

Python 还支持成员运算符，测试实例中包含了一系列的成员，包括字符串、列表或元组。运算 in 表示若在指定的序列中找到值返回 True，否则返回 False。而 not in 表示在指定的序列中没有找到值返回 True，否则返回 False。如：

```
a = 10
b = 20
MyList = [1, 2, 3, 4, 5 ];

print a in MyList
print b notin MyList
```

以上实例输出结果：

```
False
True
```

7．Python 身份运算符

身份运算符用于比较两个对象的存储单元。is 是判断两个标识符是不是引用自一个对象，x is y 表示如果 id(x)等于 id(y)，is 返回结果 1；is not 是判断两个标识符是不是引用自不同对象 x is not y 表示如果 id(x)不等于 id(y)，is not 返回结果 1。

```
a = 20
b = 20
print a is b
print a is not b
print  id(a) == id(b)
b = 30
print a is b
print a is not b
print  id(a) == id(b)
```

以上实例输出结果：

```
True
False
True
False
True
False
```

8．Python 运算符优先级

表 8.5 列出了从最高到最低优先级的所有运算符。

表 8.5　Python 的运算符优先级列表

运算符	描　　述
**	指数（最高优先级）
~ +-	按位取反，一元加号和减号（最后两个的方法名为+@和-@）
* / % //	乘、除、取模和取整除
+-	加法减法
>> <<	右移、左移运算符
&	按位与
^		位运算符
<= <> >=	比较运算符
<> == !=	等于运算符
= %= /= //= -= += *= **=	赋值运算符
is, is not	身份运算符
in, not in	成员运算符
not, or, and	逻辑运算符

快速测试

1．Python 是一种什么样的语言？

2．Python 的输入和输出函数是什么？

3．Python 语言的缩进重要吗？PEP 规定必须使用多少个空格来表示每级缩进？

4．Python 的变量有哪些数据类型？

8.3 Python 程序的基本控制结构

8.3.1 Python 条件语句

Python 条件语句是通过一条或多条语句的执行结果（True 或者 False）来决定执行的代码块。Python 规定，在判断一个表达式的逻辑值时，任何非 0 和非空（null）值为 True，0 或者 null 为 False。

Python 编程中 if 语句用于控制程序的执行，基本形式为：

if 判断条件：
    执行语句……
else:
    执行语句……

其中"判断条件"成立时（非零），则执行后面的语句，而执行内容可以多行，以缩进来表示同一范围。

else 为可选语句，当需要在条件不成立时执行内容则可以执行相关语句。if 语句的判断条件可用>、<、==、>=、<=、!=这些关系运算符表示其关系。

例 8.1 输入两个数，输出它们的最大值。

```
num1 = eval(raw_input("num1:"))
num2 = eval(raw_input("num2:"))
if num1 > num2:
    maxnum = num1
else:
    maxnum = num2;
print "max=", maxnum
```

程序的运行结果如下：

```
num1:12
num2:5
max= 12
```

其中第一行的 12 和第二行的 5 是程序运行时用户的输入数据。

当判断条件为多个值是，可以使用以下形式：

```
if 判断条件 1:
    执行语句 1……
elif 判断条件 2:
    执行语句 2……
elif 判断条件 3:
    执行语句 3……
else:
    执行语句 4……
```

例 8.2 输入一个百分制成绩,输出该成绩的等级,规定:90 分及以上为'A',80~89 分为'B',70~79 分为'C',60~69 分为'D',60 分以下为'E'。

```python
score = eval(raw_input("score(0-100):"))
if score >= 90:
    grade = 'A'
elif score >= 80:
    grade = 'B'
elif score >= 70:
    grade = 'C'
elif score >= 60:
    grade = 'D'
else:
    grade = 'E'
print "The grade is:", grade
```

程序的运行结果如下:

```
score(0-100):86
The grade is: B
```

其中第一行的数 86 为程序运行时的用户输入。Python 中多个条件判断用 elif 来实现,如果判断需要多个条件同时判断时,可以使用 or(或),表示两个条件有一个成立时判断条件成功;使用 and(与)时,表示只有两个条件同时成立的情况下,判断条件才成功。

8.3.2 Python 循环语句

循环语句允许我们执行一个语句或语句组多次,Python 提供了 for 循环和 while 循环,while 循环是在给定的判断条件为 true 时执行循环体,否则退出循环体。for 循环是重复执行语句。

Python 语言允许在一个循环体里面嵌入另一个循环,可以在 while 循环体中嵌套 for 循环,或相反。

break 语句可以在语句块执行过程中终止循环,并且跳出整个循环,continue 语句在语句块执行过程中终止当前循环,跳出该次循环,执行下一次循环。pass 语句是空语句,是为了保持程序结构的完整性。

1. while 循环语句

while 语句用于循环执行程序,即在某条件下,循环执行某段程序,以处理需要重复处理的相同任务。其基本形式为:

```
while 判断条件:
    执行语句……
```

执行语句可以是单个语句或语句块。判断条件可以是任何表达式,任何非零或非空(null)的值均为 True。当判断条件假(False)时,循环结束。

例 8.3 计算 $1+2+3+4+\cdots+99+100$ 的值并输出。

```python
n = 1
s = 0
while n <= 100:
```

```
    s += n
    n = n + 1
print "s=", s
print "Good bye!"
```

以上代码执行输出结果:

```
s=5050
Good bye!
```

2. for 循环语句

Python for 循环可以遍历任何序列的项目,如一个列表或者一个字符串。for 循环的语法格式如下:

```
for iterating_var in sequence:
    statements(s)
```

例 8.4 计算 $1+2+3+4+...+99+100$ 的值并输出,用 for 语句实现。

```
s = 0;
for n in range(1, 101):  # to iterate between 1 to 100
    s += n
print "s=", s
```

以上代码执行输出结果:

```
s=5050
```

其中 range(1,101)表示计数从 1 开始,到 100,但不包含 101。一般地,函数原型为:range(start, end, scan),表示计数从 start 开始,默认是从 0 开始;End 表示计数到 end 结束,但不包括 end;scan 表示每次跳跃的间距,默认为 1。

例 8.5 输出下三角形式的九九乘法表。

```
for i in range (1, 10):
  for j in range(1, i + 1):
      print "%d*%d=%-3d" % (j, i, i * j),
  print
```

上述程序的输出为:

```
1*1=1
1*2=2    2*2=4
1*3=3    2*3=6    3*3=9
1*4=4    2*4=8    3*4=12   4*4=16
1*5=5    2*5=10   3*5=15   4*5=20   5*5=25
1*6=6    2*6=12   3*6=18   4*6=24   5*6=30   6*6=36
1*7=7    2*7=14   3*7=21   4*7=28   5*7=35   6*7=42   7*7=49
1*8=8    2*8=16   3*8=24   4*8=32   5*8=40   6*8=48   7*8=56   8*8=64
1*9=9    2*9=18   3*9=27   4*9=36   5*9=45   6*9=54   7*9=63   8*9=72   9*9=81
```

其中 print 语句支持格式输出,%-3d 中的 d 表示后面的参数以带符号的十进制整数输出,"-"表示左对齐,默认为右对齐,其中的 3 表示后面参数的最后宽度为 3 个字符,不足 3 个则用空格补足,参数则位于为 "%()" 中,参数之间用逗号分隔。

在 for 语句或 while 语句中，可以通过 continue、break 来跳过循环，其中 continue 用于跳过该次循环，break 则是用于退出循环。

例 8.6　输入一个正整数，按照素数的定义判断它是否是素数。

素数的定义可以表述为：素数，亦称质数，是指在大于 1 的自然数中，除了 1 和此整数自身外，不能被其他自然数整除的数。也就是说，只有两个正因数（1 和自己）的自然数即为素数。

判断正整数 n 是否是素数，按定义，可用 2～n-1 中的所有整数，依次判断它们是否能整除 n，若其中某一个能整除 n，则立即可断定 n 不是素数，不用继续判断了。只有 2～n-1 中的所有整数都不能整除 n，n 才是素数。

判断素数的程序如下：

```
n = eval(raw_input("n(n>1,integer):"))
d = 2
for d in range(2, n + 1):
    if n % d == 0:
            break # 已确定 n 不是素数
if d < n:
    print "%d is not a prime." % (n)
else:
    print "%d is a prime." % (n)
```

当程序的运行时，输入 4，程序的运行结果为：

```
n(n>1,integer):4
4 is not a prime.
```

当程序的运行时，输入 13，程序的运行结果为：

```
n(n>1,integer):13
13 is a prime.
```

上面程序的 for 循环体也可以用当 continue 语句，下面的程序与上面的程序等价：

```
n = eval(raw_input("n(n>1,integer):"))
for d in range(2, n + 1):
    if n % d != 0:
        continue
    else:
        break
if d < n:
    print "%d is not a prime." % (n)
else:
    print "%d is a prime." % (n)
```

在 Python 中，在循环语句也使用 else 语句，for … else 表示：for 中的语句和普通的没有区别，else 中的语句会在循环正常执行完（即 for 不是通过 break 跳出而中断的）的情况下执行，while … else 也是一样。例如下面的程序与上面的两个程序等价：

```
n = eval(raw_input("n(n>1,integer):"))
for d in range(2, n):
    if n % d == 0:
        print "%d is not a prime." % (n)  # 已确定 n 不是素数
        break
```

```
else:
    print "%d is a prime." % (n)
```

为了保持程序结构的完整性，Python 语言中提供了空语句 pass，其语法格式如下：pass。例如，上面的程序可以改为如下的形式，在循环体中包括了 if else 语句，而 else 部分什么也不做，尽管如此，也必须写上空语句，否则会出现语法错误。

```
n = eval(raw_input("n(n>1,integer):"))
for d in range(2, n):
    if n % d == 0:
        print "%d is not a prime." % (n)   # 已确定 n 不是素数
        break
    else:
        pass
else:
    print "%d is a prime." % (n)
```

快速测试

1. Python 的条件语句的一般形式是什么？
2. Python 的循环语句有哪些？
3. break 语句与 continue 语句有何区别？

8.4　Python 函数

函数是组织良好的、可重复使用的、用来实现单一或相关联功能的代码段，它能提高应用的模块性和代码的重复利用率。Python 提供了许多内建函数，比如 print()。但也可以自己创建函数，称为用户自定义函数。

8.4.1　函数定义与调用

自定义函数的规则如下：函数代码块以 def 关键词开头，后接函数标识符名称和圆括号()。任何传入参数和自变量必须放在圆括号中间。圆括号之间可以用于定义参数。函数的第一行语句可以选择性地使用文档字符串，用于存放函数说明。函数内容以冒号起始，并且缩进。return [expression]结束函数，选择性地返回一个值给调用方。不带表达式的 return 相当于返回 none。

函数定义的语法为：

```
def functionname( parameters ):
    "函数_文档字符串"
    function_suite
    return [expression]
```

默认情况下，参数值和参数名称是按函数声明中定义的顺序匹配起来的。以下为一个简单的 Python 函数，它将一个字符串作为传入参数，再输出到标准显示设备上。

```
def myprint(str1):
    "打印传入的字符串到标准显示设备上"
```

```
    print str1
    return
```

当函数定义以后，可通过另一个函数调用执行，也可直接从 Python 提示符执行。如调用了 myprint（）函数：

```
def myprint(str1):
     "打印传入的字符串到标准显示设备上"
     print str1
     return
myprint("hello,world");
myprint("123456");
```

以上程序执行后的输出结果为：

```
hello,world
123456
```

所有参数（自变量）在 Python 里都是按引用传递。若在函数里修改了参数，那么在调用这个函数的函数里，原始的参数也被改变了。例如：

```
def changeme(mylist):
     "修改传入的列表"
     mylist.append([1, 2, 3, 4]);
     print "函数内取值: ", mylist
     return

# 调用 changeme 函数
mylist = [10, 20, 30];
changeme(mylist);
print "函数外取值: ", mylist
```

传入函数的和在末尾添加新内容的对象用的是同一个引用，输出结果为：

```
函数内取值:  [10, 20, 30, [1, 2, 3, 4]]
函数外取值:  [10, 20, 30, [1, 2, 3, 4]]
```

8.4.2　函数参数

以下是调用函数时可使用的正式参数类型：必备参数、命名参数、缺省参数、不定长参数。必备参数须以正确的顺序传入函数。调用时的参数数量必须和声明时的一样。调用 myprint()函数，必须传入一个参数，否则会出现语法错误。

```
Traceback (most recent call last):
  File "C:/Users/Administrator/Desktop/test.py", line 5, in <module>
    myprint();
TypeError: myprint() takes exactly 1 argument (0 given)
```

命名参数和函数调用关系紧密，调用方用参数的命名确定传入的参数值。可跳过不传的参数或无序的传参，因为 Python 解释器能够用参数名匹配参数值。用命名参数调用 myprint()函数：

```
myprint( str1 = "My string");
```

下面的示例说明将命名参数顺序不重要：

```
def printinfo(name, age):
    "打印任何传入的字符串"
    print "Name: ", name;
    print "Age ", age;
    return;
# 调用 printinfo 函数
printinfo(age=50, name="miki");
```

以上实例输出结果：

```
Name: miki
Age  50
```

调用函数时，若缺省参数的值没有传入，则为默认值。下面的示例说明若 age 没有被传入，将会输出 age 的默认值。

```
def printinfo(name, age = 20):
    "打印任何传入的字符串"
    print "Name: ", name;
    print "Age ", age;
    return;

#调用 printinfo 函数
printinfo( age=50, name="zhangsan" );
printinfo( name="lisi" );
```

以上实例输出结果：

```
Name: zhangsan
Age  50
Name: lisi
Age  20
```

有时，需要函数能处理比当初声明时更多的参数，这些参数则称为不定长参数，与前面几类参数不同，声明时不命名。基本语法如下：

```
def functionname([formal_args,] *var_args_tuple ):
    "函数_文档字符串"
    function_suite
    return [expression]
```

加了星号（*）的变量名会存放所有未命名的变量参数。选择不定长参数也可。例如：

```
def printinfo(arg1, *vartuple):
    "打印任何传入的参数"
    print arg1
    for var in vartuple:
        print var,
    return;
# 调用 printinfo 函数
printinfo(1);
printinfo(1, 2, 3);
```

以上实例输出结果：

```
1
1
2 3
```

Python 用关键字 lambda 创建小型匿名函数，省略了用 def 声明函数的标准步骤。Lambda 函数能接收任何数量的参数，但只能返回一个表达式的值，同时不能包含命令或多个表达式。匿名函数不能直接调用 print，lambda 函数拥有自己的名字空间，且不能访问自有参数列表之外或全局名字空间里的参数。lambda 函数的语法只包含一个语句：

```
lambda [arg1 [,arg2,.....argn]]:expression
```

例如：

```
add = lambda arg1, arg2: arg1 + arg2;
# 调用 sum 函数
print add(1, 2)
printadd(3, 4)
```

以上实例输出结果：

```
3
7
```

8.4.3 return 语句

return 语句[表达式]退出函数，选择性地向调用方返回一个表达式。不带参数值的 return 语句返回 none。下面的函数 add 返回计算结果。

```
def add( arg1, arg2 ):
   # 返回 2 个参数的和."
   total = arg1 + arg2
   return total;

# 调用 sum 函数
total = add( 10, 20 );
print total
```

以上实例输出结果：

```
30
```

8.4.4 变量作用域

变量的作用域决定了特定变量的访问范围。两种最基本的变量作用域有：全局变量、局部变量。定义在函数内部的变量拥有一个局部作用域，定义在函数外的拥有全局作用域。局部变量只能在其被声明的函数内部访问，而全局变量可以在整个程序范围内访问。调用函数时，所有在函数内声明的变量名称都将被加入作用域中。例如：

```
total = 0; # global variable
def add( arg1, arg2 ):
```

```
   total = arg1 + arg2; #local variable
   return total;
#调用 sum 函数
print add( 10, 20 );
print  total
```

以上实例输出结果：

```
30
0
```

快速测试

1. Python 函数定义的一般形式是什么？
2. return 语句的作用是什么？

8.5 Python 面向对象程序设计

Python 是一门面向对象的语言，支持类和对象的创建。本节首先介绍面向对象语言的基本特征，形成面向对象的概念，便于学习 Python 的面向对象编程。

8.5.1 面向对象方法的基本概念

面向对象的方法使用现实世界的概念，抽象地思考问题，从而自然地解决问题。以对象为核心，用抽象现实世界实体，对象是描述内部状态的属性和对这些数据施加的操作的封装体，用对象之间的传递消息来模拟现实世界中不同事物彼此之间的联系。其要点是：

（1）世界由各种对象组成，任何事物都是对象，是某个对象类的实例；复杂的对象可由比较简单的对象以某种方式组成。

（2）所有对象划分成各种对象类，每个对象类都定义了一组方法。

（3）对象之间只有互相传递消息的联系。

（4）对象类按"类""子类"与"父类"的关系构成层次结构的系统。面向对象的方法可概括为：

```
OO = Object + Classes + Inheritance + Communication with messages
```

类(class)用来描述具有相同的属性和方法的对象的集合。它定义了该集合中每个对象所共有的属性和方法。对象是类的实例。类变量在整个实例化的对象中是公用的，它定义在类中且在函数体之外。类变量通常不作为实例变量使用。

数据成员是类变量或者实例变量用于处理类及其实例对象的相关的数据。在类中定义的函数称为方法。

继承是派生类（derived class）继承基类（base class）的字段和方法，也允许把派生类的对象作为基类对象对待。例如:Dog 类的对象派生自 Animal 类，模拟（is-a）关系。

如果从父类继承的方法不能满足子类的需求，可以对其进行改写，这个过程叫方法的覆盖（override），也称为方法的重载。定义在方法中的变量，只作用于当前实例的类。

实例化是指创建一个类的实例，类的具体对象。对象包括两个数据成员（类变量和实例变量）和方法。

8.5.2 Python 类的使用

1. 定义类

使用 class 语句来创建一个新类，class 之后为类的名称并以冒号结尾，一般形式为：

```
class ClassName:
    '类的帮助信息'    #类文档字符串
    class_suite    #类体
```

类的帮助信息可以通过 ClassName.__doc__查看。class_suite 由类成员、方法、数据属性组成。以下程序段定义了 Employee 类：

```
class Employee:
    '所有员工的基类'
    empCount = 0

    def __init__(self, name, salary):
        self.name = name
        self.salary = salary
        Employee.empCount += 1

    def displayCount(self):
        print "Total Employee %d" % Employee.empCount

    def displayEmployee(self):
        print "Name : ", self.name,  ", Salary: ", self.salary
```

其中 empCount 是类变量，其值将在类的所有实例之间共享。可在内部类或外部类使用 Employee.empCount 访问。__init__是一种特殊的方法，称为类的构造函数或初始化方法，当创建了这个类的实例时就会调用该方法。

2. 创建实例对象

创建类的实例可使用类的名称，并通过__init__方法接受参数。例如：

```
"创建 Employee 类的第一个对象"
emp1 = Employee("zhangsan", 2000)
"创建 Employee 类的第二个对象"
emp2 = Employee("lisi", 5000)
```

3. 访问属性

可使用点(.)来访问对象的属性，使用类名访问类变量，如：

```
emp1.displayEmployee()
emp2.displayEmployee()
print "Total Employee %d" % Employee.empCount
```

上述 3 段程序合起来作为一个程序，运行的结果为：

```
Name : zhangsan , Salary: 2000
Name : lisi , Salary: 5000
```

```
Total Employee 2
```

Python 中，允许添加、修改、删除类的属性，如：

```
emp1.age = 7# 添加一个 'age' 属性
emp1.age = 8 # 修改 'age' 属性
del emp1.age  # 删除 'age' 属性
```

也可以使用函数的方式来访问属性，一般形式如下：

```
getattr(obj, name[, default]): 访问对象的属性。
hasattr(obj,name): 检查是否存在一个属性。
setattr(obj,name,value): 设置一个属性。如果属性不存在，会创建一个新属性。
delattr(obj, name): 删除属性。
```

如：

```
hasattr(emp1, 'age')    # 如果存在 age 属性返回 True。
getattr(emp1, 'age')    # 返回 age 属性的值
setattr(emp1, 'age', 8) # 添加属性 age 值为 8
delattr(emp1, 'age')    # 删除属性 age
```

4. Python 内置类属性

__dict__：类的属性（包含一个字典，由类的数据属性组成）。

__doc__：类的文档字符串。

__name__：类名。

__module__：类定义所在的模块（类的全名是__main__.className，如果类位于一个导入模块 mymod 中，则 className.__module__等于 mymod）。

__bases__：类的所有父类构成元素（包含了以个由所有父类组成的元组）。

Python 内置类属性调用示例：

```
class Employee:
        '所有员工的基类'
        empCount = 0

    def __init__(self, name, salary):
         self.name = name
         self.salary = salary
         Employee.empCount += 1

    def displayCount(self):
         print "Total Employee %d" % Employee.empCount

    def displayEmployee(self):
         print "Name : ", self.name,  ", Salary: ", self.salary
print "Employee.__doc__:", Employee.__doc__
print "Employee.__name__:", Employee.__name__
print "Employee.__module__:", Employee.__module__
print "Employee.__bases__:", Employee.__bases__
print "Employee.__dict__:", Employee.__dict__
```

执行以上代码输出结果如下：

```
Employee.__doc__: 所有员工的基类
Employee.__name__: Employee
Employee.__module__: __main__
Employee.__bases__: ()
Employee.__dict__: {'__module__': '__main__', 'displayCount': <function
displayCount at 0x01E60A70>, 'empCount': 0, 'displayEmployee': <function display
Employee at 0x01E60AB0>, '__doc__': '\xcb\xf9\xd3\xd0\xd4\xb1\xb9\xa4\xb5\xc4\
xbb\xf9\xc0\xe0', '__init__': <function __init__ at 0x01E60A30>}
```

8.5.3 类的继承

面向对象编程的好处之一是代码重用，实现重用的方法之一是继承机制。继承完全可以理解为类之间的类型和子类型关系。

❖**注意：**继承语法 class 派生类名（基类名）：//...基类名写作括号里，基本类是在类定义的时候在元组之中指明的。

在 Python 中继承的特点有：

（1）在继承中基类的构造（__init__()方法）不会被自动调用，它需要在其派生类的构造中亲自专门调用。

（2）在调用基类的方法时，需要加上基类的类名前缀，且需要带上 self 参数变量。区别于在类中调用普通函数时并不需要带上 self 参数。

（3）Python 总是首先查找对应类的方法，若不能在派生类中找到对应的方法，它才开始到基类中逐个查找，即先在本类中查找调用的方法，找不到才去基类中找。

如果在继承元组中列了一个以上的类，则称为"多重继承"。派生类定义时，与其父类类似，继承的基类列表跟在类名之后，一般形式为：

```
class SubClassName (ParentClass1[, ParentClass2, ...]):
    'Optional class documentation string'
    class_suite
```

示例程序如下：

```
class Parent:  # 定义父类
    parentAttr = 1
    def __init__(self):
        print "super constructor"

    def parentMethod(self):
        print 'super method'

    def setAttr(self, attr):
        Parent.parentAttr = attr

    def getAttr(self):
        print "super attribute:", Parent.parentAttr
```

```
class Child(Parent):  # 定义子类
    def __init__(self):
            print "child constructor"

    def childMethod(self):
            print "child method"

c = Child()  # 实例化子类
c.childMethod()  # 调用子类的方法
c.parentMethod()  # 调用父类方法
c.setAttr(2)  # 再次调用父类的方法
c.getAttr()  # 再次调用父类的方法
```

以上代码执行结果如下：

```
child constructor
child method
super method
super attribute: 2
```

例8.7 类的继承实例：Human 类与 Student 类。

首先定义类 Human，包括数据成员：姓名、身份证号和输出方法 print。在此基础上派生出类 Student（增加一个属性：学号），并实现对 Student 对象输出方法 print。编写主函数，并声明一个 Student 对象，然后调用成员函数输入、输出对象信息。

源程序清单如下：

```
classHuman :
    def __init__(self, name,id):
            self.name = name;
            self.id = id;

    def outputInfo(self):
            print "Name:%s,Id:%s" %(self.name, self.id)

classStudent(Human):
    def __init__(self,name, id, sid):
            Human.__init__(self,name, id);
            self.sid = sid;
    def outputInfo(self):
            Human.outputInfo(self);
            Print "Sid:%s" % (self.sid)

s1 = Student("zhang san", "123", "s2015");
s1.outputInfo();
```

上述程序的运行结果为：

```
Name:zhang san,Id:123
Sid:s2015
```

快速测试

1. 现实世界对象包含是什么?
2. Python 中类的构造器方法是什么名字?
3. Python 是否支持多重继承?
4. Student 类从 Human 类继承了哪些属性和方法?

8.6　软件工程概念

软件工程是研究和应用如何以系统性的、规范化的、可定量的过程化方法开发和维护软件,以及如何把经过时间考验而证明正确的管理技术和当前能够得到的最好的技术方法结合起来的学科。它涉及程序设计语言、数据库、软件开发工具、系统平台、标准、设计模式等方面。

在现代社会中,软件应用于多个方面。典型的软件有电子邮件、嵌入式系统、人机界面、办公套件、操作系统、编译器、数据库、游戏等。同时,各个行业几乎都有计算机软件的应用,比如工业、农业、银行、航空、政府部门等。这些应用促进了经济和社会的发展,提高人们的工作效率,同时也提升了生活质量。

软件工程师是对用软件、创造软件的人们的统称,软件工程师按照所处的领域不同可以分为系统分析员、软件设计师、系统架构师、程序员、测试员等。

8.6.1　软件危机

软件工程的兴起要根源于 20 世纪 60 年代开始的软件危机。在那个时代,很多的软件最后都得到了一个悲惨的结局。很多的软件项目开发时间大大超出了规划的时间表。一些项目导致了财产的流失,甚至某些软件导致了人员伤亡。同时软件开发人员也发现软件开发的难度越来越大。

OS 360 操作系统是一个典型的案例。到现在为止,它仍然被使用在 IBM360 系列主机中。这个经历了数十年、极度复杂的软件项目甚至产生了一套不包括在原始设计方案之中的工作系统。OS 360 是第一个超大型的软件项目,使用了约 1000 位程序员。Fred Brooks 在《人月神话》中曾经承认,在管理此项目的时候,他犯了价值数百万美元的错误。

财产的损失:软件的错误可能导致巨大的财产损失。欧洲阿里亚娜火箭的爆炸就是一个最为惨痛的教训。

人员伤亡:由于计算机软件被广泛应用于包括医院等与生命息息相关的行业,因此软件的错误也有可能会导致人员伤亡。

在工业上,某些嵌入式系统导致机器的不正常运转,从而将一些人推入了险境。

8.6.2　软件工程的基本原理

鉴于软件开发时所遭遇困境,北大西洋公约组织在 1968 年举办了首次软件工程学术会,提出了"软件工程"概念。软件工程自 1968 年正式提出至今,累积了大量的研究成果,广泛地进行大量的技术实践,在学术界和产业界的共同努力下,它正逐渐发展成为一门专业学科。

软件工程专家 Barry Boehm 提出了软件工程的 7 条基本原理。他认为这些原理是确保软件产品质量和开发效率的原理的最小集合。这 7 条原理如下。

1. 用分阶段的生命周期计划严格管理

统计表明，50%以上的失败项目是由于计划不周而造成的。在软件开发与维护的漫长生命周期中，需要完成许多性质各异的工作。应该把软件生命周期分成若干阶段，并相应制定出切实可行的计划，然后严格按照计划对软件的开发和维护进行管理。在整个软件生命周期中应指定并严格执行 6 类计划：项目概要、里程碑、项目控制、产品控制、验证、运行维护计划。

2. 坚持阶段评审

统计显示，大部分错误是在编码之前造成的，大约占 63%错误发现得越晚，改正它要付出的代价就越大，要差 2～3 个数量级。软件的质量保证工作不能等到编码结束之后再进行，应坚持进行严格的阶段评审，以便尽早发现错误。

3. 实行严格的产品控制

开发人员最痛恨的事情之一就是改动需求。需求的改动往往是不可避免的，这就应采用科学的产品控制技术来顺应这种要求。采用变动控制，又叫基准配置管理，当需求变动时，其他各个阶段的文档或代码随之相应变动，以保证软件的一致性。

4. 采用现代程序设计技术

采用先进的技术既可提高软件开发的效率，又可减少软件维护的成本。

5. 结果应能清楚地审查

软件开发小组的工作进展情况可见性差，为更好地进行管理，应根据软件开发的总目标及完成期限，尽量明确地规定开发小组的责任和产品标准，从而使所得到的标准能被清楚地审查。

6. 开发小组的人员应少而精

开发人员的素质和数量是影响软件质量和开发效率的重要因素，应该少而精。原因是：高素质开发人员的效率高，犯的错误也要少；当开发小组人数增加，通信开销将急剧增大。

7. 承认不断改进软件工程实践的必要性

对现有经验的总结与归纳不能保证赶上技术不断发展的步伐。不仅要积极采用新的软件开发技术，还要注意不断总结经验，收集进度和消耗等数据，进行出错类型和问题报告统计。这些数据既可以用来评估新的软件技术的效果，也可以用来指明必须着重注意的问题和应该优先进行研究的工具和技术。

软件工程的目标是：在给定成本、进度的前提下，开发出具有可修改性、有效性、可靠性、可理解性、可维护性、可重用性、可适应性、可移植性、可追踪性和可互操作性，并且满足用户需求的软件产品。追求这些目标有助于提高软件产品的质量和开发效率，减少维护的困难。

快速测试

1. 软件工程是什么？

2．Fred Brooks 是什么人？

3．软件工程的基本原理有哪些？

习　题

一、选择题

1．人们根据特定的需要预先为计算机编制的指令序列称为（　　）。

　　A．软件　　　　　　　　B．文件　　　　　　　　C．程序　　　　　　　　D．集合

2．能直接让计算机识别的语言是（　　）。

　　A．C 语言　　　　　　　B．BASIC　　　　　　　C．汇编语言　　　　　　D．机器语言

3．解释程序的功能是（　　）。

　　A．解释执行高级语言程序　　　　　　　　B．解释执行汇编语言程序

　　C．将汇编语言程序编译成目标程序　　　　D．将高级语言程序翻译成目标程序

4．（　　）不是高级语言的特征。

　　A．源程序占用内存少　　B．通用性好　　　　　　C．独立于微机　　　　　D．易读、易懂

5．汇编语言是程序设计语言中的一种（　　）。

　　A．低级语言　　　　　　B．机器语言　　　　　　C．高级语言　　　　　　D．算法语言

6．语言编译程序按软件分类来看是属于（　　）。

　　A．操作系统　　　　　　B．系统软件　　　　　　C．应用软件　　　　　　D．数据库管理系统

7．只有当程序要执行时，才会被翻译成机器语言，并且一次只能读取、翻译，并执行源程序中的一行语句，此程序称为（　　）。

　　A．目标程序　　　　　　B．编辑程序　　　　　　C．解释程序　　　　　　D．汇编程序

8．计算机能直接处理的语言是由 0 与 1 组合而成的语言，这种语言称为（　　）。

　　A．汇编语言　　　　　　B．人工语言　　　　　　C．机器语言　　　　　　D．高级语言

9．（　　）不是计算机高级语言。

　　A．机器语言　　　　　　B．FORTRAN　　　　　　C．C 语言　　　　　　　D．BASIC

10．对软件的态度为（　　）。

　　A．可以正确使用盗版软件　　　　　　　　B．系统软件不需要备份

　　C．购买商品软件时要购买正版　　　　　　D．软件不需要法律保护

二、用 Python 编程

1．编写程序输出"Write once, run anywhere"。

2．从键盘中输入长方形的长和宽，计算并输出该长方形的周长和面积。

3．编写程序求圆柱体的表面积和体积，已知底面圆心 p 为（0，0），半径 r 为 10，圆柱体高 5。

4．列举所学专业中所涉及的一个对象，并为其创建 Python 类。

5．编写一个类 Rectangle，它的实例代表一个矩形。其中包括两个属性：宽度（width）和高度（hight），至少包括方法 getArea，求出矩形的面积。

6．定义一个复数类，通过构造函数给复数对象赋值，实部和虚部是该类的私有属性，必须有获取和修改属性的方法，并定义它与复数、实数相加和相减及复数间乘、除的方法。

7. 以电话为父类，移动电话和固定电话为两个子类。固定电话又有子类：无绳电话。定义这几个类，明确它们的继承关系。

三、简答题

1. 什么是软件工程？
2. 软件工程的目标是什么？
3. 软件工程的基本原理包括哪些？
4. 码农、程序员、软件工程师有何区别？

第9章 数据库基础及 Access 2010 应用

本章首先简述数据库与数据管理技术的基本概念和知识，着重分析关系数据库的概念、关系模型、关系运算以及 SQL 的查询命令使用等内容，最后介绍在 Microsoft Access 环境中如何实现数据库的建立和各种对象的创建，以及数据的维护。

9.1 数据库系统基础知识

首先，我们通过事例，讨论为什么需要数据库。

每个人都有在银行接受服务的经历。我们在银行开户，向银行提供基本信息（如姓名和身份证号码等），然后不断地存款、取款、消费；而银行需要及时地记录这些数据，并实时地更新账户余额。

解决此问题的最佳方案之一就是使用数据库。产生数据库的动因和使用数据库的目的正是为了及时地采集数据、合理地存储数据、有效地使用数据，保证数据的准确性、一致性和安全性，在需要的时间和地点获得有价值的信息。

9.1.1 基本概念

数据（Data）是描述事物所使用的符号，它是计算机加工的"原料"，如图形、声音、文字、数、字符和符号等。数据是信息的具体表现形式，信息是数据的内涵（即数据的语义解释）。

数据库（DataBase，DB）是指储存在计算机存储设备上、结构化的相关数据的集合。实际上，为了更好地检索和使用数据，数据库中的数据要按某种规则（即数据模型）组织起来存放，这就是所说的"结构化"。此外，存储在数据库中的数据彼此间是有一定联系的，而不是毫不相干的。

数据库管理系统（DataBase Management System，DBMS）是一类系统软件，提供能够科学地组织和存储数据、高效地获取和维护数据的环境。它为数据库提供数据的定义、建立、维护、查询和统计等操作功能，并完成对数据完整性、安全性进行控制的功能，并提供了相应的数据语言。

（1）数据定义语言（DDL）：Data Definition Language_DDL，该语言负责数据的模式定义与数据的物理存取构建。

（2）数据操纵语言（DML）：Data Manipulation Langugge_DML，该语言负责数据的操纵，包括查询、增加、删除、修改等操作。

（3）数据控制语言（DCL）：Data Control Language_DCL，该语言负责数据完整性、安全性的定义与检查，以及并发控制、故障恢复等功能。

目前比较常用的 DBMS 有 MySQL、PostgreSQL、Microsoft Access、SQL Server、FileMaker、Oracle、Sybase、Informix、dBASE、Clipper、FoxPro 等。

数据库系统（Database System，DBS）是由保存数据的数据库、数据库管理系统、用户应用程序和用户组成，如图 9.1 所示。DBMS 是数据库系统的核心。用户及应用程序都是通过数据库管理系统对数据库中的数据进行访问的。

图 9.1　数据库系统组成

9.1.2　数据管理技术的发展

计算机数据的管理是随着计算机硬件（主要是外存储器）、软件技术和计算机应用范围的发展而不断发展，且大致经历了如下 3 个阶段：人工管理阶段、文件系统阶段、数据库系统阶段。

1．人工管理阶段

20 世纪 50 年代中期以前，计算机主要用于科学计算。从硬件系统看，当时的外存储设备只有卡片、纸带和磁带，没有磁盘等直接存取的存储设备；而软件方面，只有汇编语言，没有操作系统和高级语言，更没有管理数据的软件；数据处理的方式是批处理。这些决定了当时的数据管理只能依赖人工来进行。人工管理阶段的特点如下。

（1）数据不进行保存：一个目标计算完成后，程序和数据都不能被保存。

（2）应用程序管理数据：应用程序与数据之间缺少独立性。

（3）数据不能共享：数据是面向应用的，一组数据只能对应一个程序。

（4）数据不具有独立性：数据结构改变后，应用程序必须修改。

2．文件系统阶段

20 世纪 60 年代，随着科学技术的发展，计算机技术有了很大的提高，计算机的应用范围也不断扩大，不仅用于科学计算，还大量用于管理。这时的计算机硬件已经有了磁盘和磁鼓等直接存取的外存设备；软件也有了操作系统、高级语言，操作系统中的文件系统是专门用于数据管理的软件；处理方式不仅有批处理，还增加了联机实时处理。文件系统阶段的特点如下：

（1）数据可以长期保存在磁盘上。用户可以反复对文件进行查询、修改、插入和删除等操作。

（2）文件系统提供了数据与程序之间的存取方法。应用程序和数据有了一定的独立性。数据物理结构的改变也不一定反映在程序上，大大减轻了程序员的负担。

（3）数据共享差、数据冗余量大。数据冗余是指不必要的重复存储。在文件系统中，文件仍然是面对应用的，一个文件基本上对应于一个应用程序。即使多个程序使用了一部分相同的数据，也必须建立各自的文件，不能对数据项进行共享，因此数据冗余大，存储空间浪费。由于数据可能有多个副本，对其中之一进行修改时还容易造成数据的不一致。

（4）数据独立性不好。数据文件与应用程序一一对应，数据文件改变时，应用程序需要改变；同样，应用程序改变时，数据文件也许要改变。

3. 数据库系统阶段

20 世纪 60 年代末以来，计算机的应用更为广泛，用于数据管理的规模也更为庞大，由此带来数据量的急剧膨胀。计算机存储技术有了很大发展，出现了大容量的磁盘。在处理方式上，联机实时处理的要求更多。这种变化促使了数据管理手段的进步，数据库技术应运而生。数据库系统的特点如下：

（1）数据冗余度得到合理的控制。

（2）数据的共享性高。

（3）数据的独立性好。

（4）数据经过结构化处理，具有完备的数据控制功能。

值得一提的是，近年来，智能数据库的研究取得了可喜的进展。传统数据库存储的数据都是已知的事实，智能数据库除了存储已知的事实外，还能存储用于推理的规则，故又称为"基于规则的数据库"（rule-based database）。随着人工智能逐步走向实用化，对智能数据库的研究日趋活跃。演绎数据库、专家数据库和知识库系统等都属于智能数据库的范畴。

9.1.3 数据模型

数据库中不仅要存放数据本身，还要存放数据与数据之间的联系。可以用不同的方法表示数据与数据之间的联系，表示数据与数据之间的联系的方法称为数据模型。传统的数据模型有层次模型、网状模型和关系模型。

1. 层次模型

用树型结构表示实体类型及实体间联系的数据模型称为层次模型。

树的结点是记录类型，每个非根结点有且只有一个父结点。上一层记录类型和下一层记录类型之间的联系是一对多的联系。1968 年美国 IBM 公司推出的 IMS（Information Management System）系统是典型的层次模型系统。

2. 网状模型

用有向图结构表示实体类型及实体间联系的数据模型称为网状模型。

有向图中的结点是记录类型，箭头表示从箭尾的记录类型到箭头的记录类型间的联系是一对多的联系。由于网状模型没有层次模型的两点限制，所以也可以直接表示多对多的联系。网状模型有许多的 DBMS 产品，20 世纪 70 年代的 DBMS 产品大部分是网状系统。

3. 关系模型

关系模型的主要特征是用二维表格表达实体集。关系模型是由若干个关系模式组成的集合，关系模式相当于前面提到的记录类型，它的实例称为关系，每个关系实际上是一张二维表格。对我们而言，无论是浏览还是设计一张二维表格都没有什么困难。另外，关系模型有严格的理论基础（关系数学理论），因此，基于关系模型的关系型数据库管理系统成为当今最为流行的数据库管理系统。

经过几十年的发展，基于不同数据模型的数据库系统经历了第一代层次模型和网状模型、第二代关系模型，正在走向面向对象的数据模型等非传统数据模型的第三个阶段。

快速测试

1. DB、DBMS 和 DBS 三者之间的关系？DBS 的核心是什么？

2．负责数据库中查询操作的数据语言是什么？

3．传统的数据模型包括哪些？

9.2　关系数据库基础

关系数据库是建立在关系模型基础上的数据库，借助于集合代数等数学概念和方法来处理数据库中的数据。现实世界中的各种实体以及实体之间的各种联系用关系模型来表示。

9.2.1　基本概念

在关系型数据库中，关系模型常用的术语有：

（1）关系：关系（Relation）即一个二维表格。

（2）属性：表（关系）的每一列必须有一个名字，称为属性（Attribute）。

（3）元组：表（关系）的每一行称为一个元组（Tupe）。

（4）域：表（关系）的每一属性有一个取值范围，称为域（Domain）。域是一组具有相同数据类型的值的集合。

（5）关键字：关键字（Key）又称主属性，可以唯一地标识一个元组（一行）的一个属性或多个属性的组合。

（6）外部关键字：如果某个关系中的一个属性或属性组合不是所在关系的关键字，但却是其他关系的主关键字，对这个关系而言，则称其为外部关键字（Foreign key）。

（7）关系模式：关系模式（Relational Schema）是对关系结构的描述。简记为关系名（属性 1，属性 2，属性 3，…，属性 n）。

综上，关系是一个具有如下特点的二维表：

（1）行存储实体的数据，列存储实体属性的数据。

（2）表中单元格存储单个值。

（3）每列具有唯一名称且数据类型一致。

（4）列的顺序任意，行的顺序也任意。

（5）任意两行内容不能完全重复。

下面通过实例来了解关系（表）之间是如何进行的数据操作。分别有如表 9.1 所示的部门表和如表 9.2 所示的教师表。

表 9.1　部门表

部门编号	部门名称	办公电话
B01	计算机学院	58108750
B02	美术学院	58103212
B03	工商学院	58108931

表 9.2　教师表

教师编号	姓名	性别	职称	部门编号
101	刘翰林	男	教授	B02
102	李明	男	副教授	B01
103	尤可	女	研究员	B03
104	陈欣	女	教授	B02

若要查询陈欣所在的部门名称，可以检索教师表的"姓名"属性，查询结果是：陈欣的部门编号为"B02"。若要查询"B02"所属部门名称，就必须再查询部门表，得知"B02"代表美术学院。实体集（数据表）之间是有联系的，"教师表"依赖于"部门表"，"部门编号"是联系两个实体集的纽带，离开了"部门表"，则教师的信息不完整。在数据库技术术语中，两个实体集共有的属性称为公共属性。

9.2.2　关系运算

关系是集合，关系中的元组可以看成是集合的元素。因此，能在集合上执行的操作也能在关系上执行，即对关系的运算。关系运算的结果仍然是一个关系，关系运算分为传统的集合运算和专门的关系运算。传统的集合运算包括并、差、交、广义笛卡尔积 4 种运算，专门的关系运算（操作）包括投影、选择和连接。

1．投影

投影操作是指从一个或多个关系中选择若干个属性组成新的关系。投影操作取的是垂直方向上关系的子集（列），即投影是从关系中选择列。投影可用于变换一个关系中属性的顺序。

2．选择

选择操作是指从关系中选择满足一定条件的元组。选择取的是水平方向上关系的子集（行）。

3．连接

选择操作和投影操作都是对单个关系进行的操作。在有的时候，需要从两个关系中选择满足条件的元组数据，对两个关系在水平方向上进行合作（如从表 9.1 和表 9.2 中查询某教师所属部门）。连接操作即是这样一种操作形式，它是两个关系的积、选择和投影的组合。

9.2.3　结构化查询语言 SQL 简介

SQL（Structured Query Language）是一种基于关系数据库的结构化查询语言，这种语言执行对关系数据库中数据的检索和操作。它是一个通用的、功能极强的关系性数据库语言。目前，绝大多数流行的关系型数据库管理系统，如 Oracle、Sybase、Microsoft SQL Server、Access 等都采用了 SQL 语言标准。

1．SQL 的组成

可以把 SQL 分为两个部分：数据操作语言（DML）和数据定义语言（DDL）。

SQL 是用于执行查询的语法，但也包含用于更新、插入和删除记录的语法。查询和更新指令构成了 SQL 的 DML 部分。

（1）SELECT：从数据库表中获取数据。

（2）UPDATE：更新数据库表中的数据。

（3）DELETE：从数据库表中删除数据。

（4）INSERT INTO：向数据库表中插入数据。

SQL 的数据定义语言（DDL）部分用于创建或删除表格，也可定义索引（键），规定表之间的链接，以及施加表间的约束。SQL 中最重要的 DDL 语句如下。

（1）CREATE DATABASE：创建新数据库。
（2）ALTER DATABASE：修改数据库。
（3）CREATE TABLE：创建新表。
（4）ALTER TABLE：变更（改变）数据库表。
（5）DROP TABLE：删除表。
（6）CREATE INDEX：创建索引。

2. SELECT 语句的使用简介

为了说明 SQL 语言的简单使用方法，以表 9.1 和表 9.2 为例。

SELECT 语句用于从表中选取数据。基本格式为：

```
SELECT 列名称 FROM 表名称
SELECT * FROM 表名称
```

若从“教师表”中获取每名教师的职称情况，只需选择属性为“姓名”和“职称”的列的内容，则 SELECT 语句：

```
SELECT 姓名,职称 FROM 教师表
```

得到查询结果如图 9.2 所示。

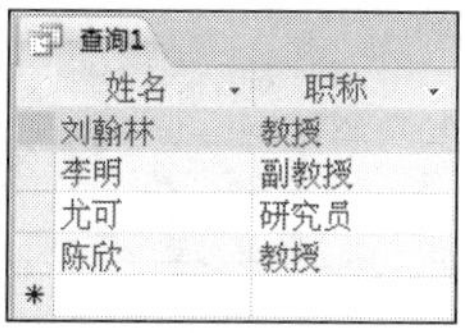

查询1

姓名	职称
刘翰林	教授
李明	副教授
尤可	研究员
陈欣	教授
*	

图 9.2　查询 1

若从教师表中选取所有的列，则使用符号 * 取代列的名称：

```
SELECT * FROM 教师表
```

其中星号（*）是选取所有列的快捷方式。

WHERE 子句是条件语句，其中包含的条件有两种，一是连接条件，二是查询条件。在 FROM 子句指定的数据源表有两个以上时，要用 WHERE 子句指定多表之间主键=外键的连接条件。例如，“部门表”与“教师表”的连接条件就是部门表.部门编号=教师表.部门编号。查询条件就是查询结果中记录应该满足的条件。WHERE 子句添加到 SELECT 语句中的基本格式为：

```
SELECT 列名称 FROM 表名称 WHERE 条件
```

其中，WHERE 子句中的常用运算符如下：

运算符类型	运　算　符
算术运算符	+,–,*,/……
关系运算符	>,<,=,>=,<=,!=,<>
逻辑运算符	AND, OR, NOT
特殊运算符	[NOT] BETWEEN…AND… （区间运算)
	[NOT] LIKE (匹配运算)
	[NOT] IN (包含运算)
	IS [NOT] NULL (检测空值运算)

若只希望选取“教师表”中职称为“教授”的信息情况，则需要向 SELECT 语句添加 WHERE 子句：

```
SELECT * FROM 教师表 WHERE 职称=”教授”
```

得到的查询结果如图 9.3 所示。

图 9.3　查询 2

若要查询出陈欣所在部门名称，则 SELECT 语句如下：

```
SELECT 部门名称
FROM 部门表，教师表
WHERE 部门表.部门编号=教师表.部门编号 AND 姓名="陈欣"
```

得到的查询结果如图 9.4 所示。

若要查询所有姓"刘"的老师的信息情况，则需要向 SELECT 语句添加 WHERE 子句：

```
SELECT * FROM 教师表 WHERE 姓名 LIKE "刘*"
```

得到的查询结果如图 9.5 所示。

图 9.4　查询 3

图 9.5　查询 4

事实上，SQL 的查询语句只有一个，可以由 6 个子句构成，分别是 Select、From、Where、OrderBy、GroupBy 和 Having。虽然语句不多，但功能强大。这里只是简单介绍了 SQL 的使用方法，关于 SQL 语句更多的应用，请查询相关资料。

快速测试

1．关系数据库系统的特点是什么？
2．什么是主键、外键？
3．关系数据库管理系统应具备的 3 种基本关系操作是什么？
4．什么是 SQL？

9.3　Access 2010 数据库系统简介

Access 2010 用于构造数据库应用程序并对数据库实行统一管理，该系统简单易用、快速便捷，大部分工作是直观的可视化的操作，以高效地完成各种数据库的管理工作，如财务、行政、金融、经济、统计、审计等。具有以下基本特点：

- 存储文件单一。一个 Access 2010 数据库文件中包含了该数据库中的全部数据表、查询等与之相关的内容。
- 可以利用各种图例查询，快速获取数据。
- 利用报表设计工具，可以非常方便快捷地生成数据报表。
- 利用 OLE 技术，可以在数据库中插入各种对象，包含声音、图像、视频等。
- Access 为用户提供了强大的向导功能，利用向导，用户可以轻松地创建 Access 的各种对象，包括表、查询、窗体、报表、Web 页、宏和模块。

● 提供了功能强大的编程语言 VBA（Visual Basic For Application），利用它用户可以编写复杂的数据库应用程序。

9.3.1 Access 2010 的启动

安装完 Access 2010 以后，就可以开始使用了。Access 2010 常用的启动方式有以下两种。

使用"开始"菜单启动。单击 Windows 任务栏左下角"开始"→"程序"→Microsoft Office →Microsoft Office Access 2010，就可以启动 Access 2010。

使用快捷方式启动。最简单而直接的启动方法，就是在桌面上建立 Access 2010 的快捷方式，这样只需要双击桌面上的快捷方式图标，就可以方便、快捷地启动该软件。

创建快捷方式：在"开始"菜单的级联菜单中指向 Microsoft Office Access 2010，并单击鼠标右键，在弹出的快捷菜单中选择"发送到"→"桌面快捷方式"。这样，在桌面上就有了一个 Access 的快捷方式图标，双击它可以直接打开 Access 2010。

9.3.2 创建数据库

例 **9.1**   建立"教学管理"空数据库，并将建好的数据库保存在 D 盘的 database 文件夹（事先建好的文件夹）中。

操作步骤如下：

（1）选择"文件"→"新建"，打开"新建"对话框，单击"空数据库"选项，弹出"新建"对话框。

（2）在右窗格中"空数据库"下的"文件名"框中输入文件名"教学管理"，如图 9.6 所示。单击"文件名"框右侧的浏览按钮，通过浏览窗口找到 D 盘 database 文件夹的位置来存放数据库，然后单击"确定"按钮。

图 9.6 "新建"对话框

（3）单击"创建"按钮。Access 2010 将创建一个空数据库，该数据库含一个名为"表 1"的空表，该表已经在"数据表"视图中打开。游标将被置于"单击以添加"列中的第一个空单元格中，如图 9.7 所示。

（4）输入字段名称和数据类型以添加数据，或者粘贴来自其他数据源的数据。开始使用数据库。

图 9.7　新建数据库界面

需要说明的是：

● Access 2010 创建的数据库，默认的扩展名为 accdb。

● 字段名可以理解为二维表格中各列的标题。

在 Access 中提供了许多可以选择的数据库模板，如"慈善捐赠 Web 数据库""教职员""联系人 Web 数据库""任务"等。通过这些模板可以方便、快速地创建基于该模板的数据库。"样本模板"对话框如图 9.8 所示。

图 9.8　"样本模板"对话框

9.3.3　表的建立

表是 Access 数据库的基础，是存储数据的容器。在空数据库建好后，要先建立表对象，并建立各表之间的关系，以提供数据的存储构架，最终形成完备的数据库。

表结构是指数据表的框架，主要包括字段名称、数据类型、字段属性等。每个字段应具有唯一的名字，称为字段名称。在 Access 2010 中，字段名称的命名规则如下：

（1）长度为 1~64 个字符。

（2）可以包含字母、汉字、数字、空格和其他字符，但不能以空格开头。

（3）不能包含句号"."、叹号"!"、方括号"[]"和重音符号"'"。

（4）不能使用 ASCII 为 0~32 的 ASCII 字符。

在关系数据库理论中，一个表中的同一列数据必须具有相同的数据特征，称为字段的数据类型。在设计表时，必须定义表中每个字段应该使用的数据类型。Access 常用的数据类型有文本、备注、数字、日期/时间、货币、自动编号、是/否、OLE 对象、超链接、查阅向导等。

在设计表结构时，除要定义每个字段的字段名称和数据类型外，如果需要，还要定义每个字段的相关属性，如字段大小、格式、输入掩码、有效性规则等。定义字段属性可实现输入数据的限制和验证，或控制数据在数据表视图中的显示格式等。

建立表结构有 3 种方法：

（1）在数据表视图中直接在字段名处输入字段名，但无法对每一字段的数据类型、属性进行设置，一般还需要在设计视图中进行修改。

（2）使用设计视图，这是一种最常用的方法。

（3）通过表向导创建表结构，其创建方法与使用数据库向导创建数据库的方法类似。

例 9.2 建立学生表、教师表、课程表和选课成绩表，表结构分别如表 9.3～表 9.6 所示。

表 9.3 学生表结构

字段名称	数据类型
学号	文本
姓名	文本
性别	文本
入校年份	数字
团员否	是/否
所在系	文本

表 9.4 教师表结构

字段名称	数据类型
教师号	文本
姓名	文本
性别	文本
工作时间	日期/时间
职称	文本
学历	文本

表 9.5 课程表结构

字段名称	数据类型
课程编号	文本
课程名称	文本
课程类别	文本
学分	数字

表 9.6 选课成绩表结构

字段名称	数据类型
选课号	自动编号
学号	文本
课程编号	文本
成绩	数字

（1）单击"创建"功能区的"表"按钮，出现数据表视图，如图 9.9 所示。

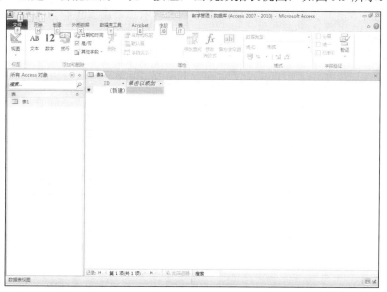

图 9.9 数据表视图

（2）在"导航窗格"中的"表 1"上单击鼠标右键，在出现的快捷菜单中选择"设计视图",出现"另存为对话框",输入表名为"学生表",单击"确定"按钮,则出现"设计视图"
界面,如图 9.10 所示。

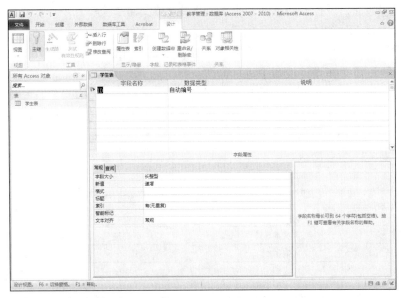

图 9.10　学生表设计视图

（3）单击设计视图的第一行"字段名称"列,并在其中输入"学号";单击"数据类型"
列,并单击其右侧的向下箭头按钮,在下拉列表中选择"文本"数据类型。

（4）单击设计视图的第二行"字段名称"列,并在其中输入"姓名";单击"数据类型列,
并单击右侧的向下箭头按钮,在下拉列表中选择"文本"数据类型。

（5）重复上一步,按表 9.3 所列字段名称和数据类型,分别定义表中其他字段。

（6）定义完全部字段后,单击第一个字段的字段选定器,然后单击工具栏上的"主键"
按钮,为所建表定义一个主键,设计结果如图 9.11 所示。单击"保存"按钮。

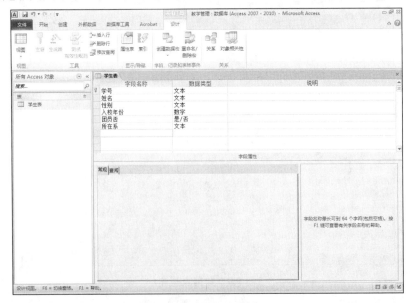

图 9.11　学生表设计

同样的方法可以建立教师表和选课成绩表。可在表设计视图下对已建的表结构进行修改。修改时只要单击要修改字段的相关内容，并根据需要输入或选择所需内容即可。表设计视图是创建表结构以及修改表结构最方便、最有效的窗口，如图 9.12 和图 9.13 所示。

图 9.12　教师表设计

图 9.13　选课成绩表设计

9.3.4　表中数据的输入

定义好数据表的结构后，就可以向表中输入数据了。输入数据可以有多种方法。一是用数据表视图模式，手工录入数据，另一种是用命令或屏幕操作的办法成批导入数据，这种方法效率比较高，适合一次输入大量数据。但无论哪种方法，输入的数据都必须满足各种字段属性的设置和数据约束。

例 9.3 （一）用"数据表视图"方式向学生表中输入数据。

（1）打开教学管理数据库，并切换到"表"对象面板。

（2）在"导航窗格"中双击"学生表"，进入学生表的数据表视图。

（3）将光标移动到表的首行，依次录入合法的数据。输入完一条记录后，自动出现下一条空白记录等待输入，如图 9.14 所示。

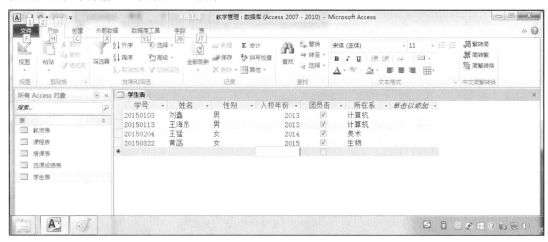

图 9.14　向"学生表"输入数据

（4）若给学生表增加一个 OLE 类型的照片字段，该类型的字段输入方法为：在相应字段单元格中点击右键、选用"插入对象"，如图 9.15(a)所示。再按照（b）、(c)图示操作，最后得到(d)图，即照片字段数据成功输入。

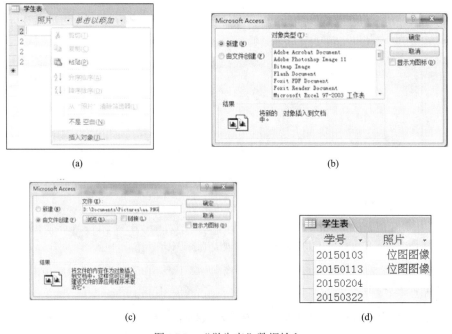

(a)　　　　　　　　　　　(b)

(c)　　　　　　　　　　　(d)

图 9.15　"学生表"数据输入

（二）用外部文件导入方式向学生表中输入数据。

（1）打开教学管理数据库，并切换到"表"对象面板。

（2）选择功能区的"外部数据"选项卡，如图 9.16 所示。选择 Excel，弹出对话框，单击"浏览"按钮，选择要导入的数据源文件(已存在的"学生.xlsx"文件)，指定"向表中追加一份记录的副本"，并指定目标数据表"学生表"，如图 9.17(a)所示。

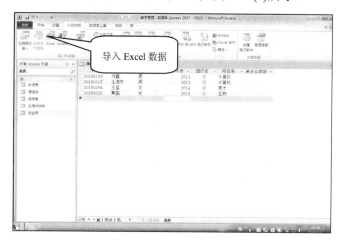

图 9.16　导入 Excel 数据

（3）选择 Excel 工作区，如图 9.17(b)所示。单击"下一步"按钮，执行图 9.17(c)，单击"下一步"按钮，弹出对话框如图 9.17(d)所示。

（4）单击"完成"按钮，实现数据导入。

(a)　　　　　　　　　　　　　　　　(b)

(c)　　　　　　　　　　　　　　　　(d)

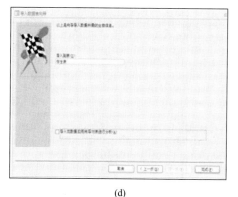

图 9.17　通过外部导入方式向"学生表"输入数据

9.3.5　表间关联的建立与修改

一个数据库中常常包含若干个表，表之间可以相互关联。通常相互关联的字段是表的主键，它能够对每个记录提供唯一的标识，在另一个相关联的数据表中称为外键。外键对应的字段的数据应该与关联表中的主键对应的字段的数据匹配。并且在建立表之间的关系之前，每个表必须都设置一个主键，同时要关闭所有打开的表。

表之间的关联有 3 种。

（1）一对一的关系：指第一个表中的每条记录，在第二个表中有且只有一条相关的记录。

（2）一对多的关系：指第一个表中的每条记录，在第二个表中有多条相关的记录。

（3）多对多的关系：指第一个表中的多条记录与第二个表中多条相关的记录。

例 9.4　建立"教师表"和"课程表"之间的关系。

在"教学管理"数据库中，"教师表"和"课程表"两个表之间是多对多的关系。为了将其转换为一对多的关系，在二者之间引进一个"授课"关系作为它们之间的联系：

图 9.18　"显示表"容器

授课（授课号，教师编号，课程编号）

建立三者之间的关系的步骤如下：

（1）"数据库工具"功能区中单击"关系"按钮，打开如图 9.18 所示的"显示表"窗口。

（2）分别双击"教师表""课程表"和"授课表"，将 3 个表添加"关系"窗口中，然后关闭"显示表"窗口，返回到"关系"窗口，如图 9.19 所示。

（3）在"关系"窗口中，选中"教师表"中的"教师编号"字段名，拖动鼠标到"授课表"中，选择其中的字段"教师编号"，使"教师表"与"授课表"之间形成一对多的关系，如图 9.20 所示。在鼠标拖曳过程中，光标形状会变成长条状，所建立关系的表之间有主次之分，鼠标拖动起始的表是主表，终止的表是次表。

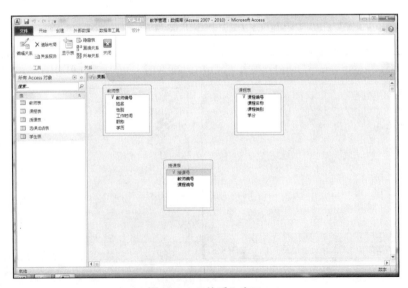

图 9.19　"关系"窗口

（4）用类似的方法，建立"课程表"和"授课表"之间的一对多的关系。在选择"左列名称"和"右列名称"时，要选择"课程编号"。

至此，"教师表""课程表"和"授课表"之间的关系已经创建完成，如图 9.21 所示。单击工具栏上的"保存"按钮，保存创建的关系，然后关闭"关系"窗口。

图 9.20　编辑关系

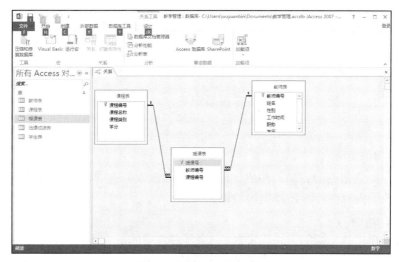

图 9.21　教师和课程的关系

9.3.6　维护数据表

在表创建后，可以对表结构和数据进行维护。

1. 添加字段

在表中添加一个新字段不会影响其他字段和现有数据。但利用该表建立的查询、窗体或报表，新字段是不会加入的，需要手工添加。添加新字段的操作步骤如下：

（1）打开要添加字段的表的"设计"视图。

（2）将光标移动到要插入新字段的位置上，单击工具栏上的"插入行"按钮或选择"插入"菜单中的"行"命令。

（3）在新行的"字段名称"列中输入新字段的名称。

（4）单击"数据类型"列，并单击右侧的下拉按钮，然后在弹出的下拉列表中选择所需的数据类型，在窗口下面的字段属性区设置字段的属性。

（5）单击工具栏上的"保存"按钮，保存所做的修改。

2. 修改字段

修改字段包括修改字段名称、数据类型、属性等。操作步骤如下：

（1）打开要修改字段的表的"设计"视图。

（2）如果要修改某字段的名称，则在该字段的"字段名称"列中单击，修改字段名；如果要修改某字段的数据类型，单击该字段"数据类型"列右侧的下拉按钮，然后从弹出的下拉列表中选择需要的数据类型。

（3）单击工具栏上的"保存"按钮，保存所做的修改。

3. 删除字段

删除表某一字段的操作步骤如下：

（1）打开要删除字段的表的"设计"视图。

（2）将光标移到要删除字段的位置上。

（3）单击工具栏上的"删除行"按钮，这时弹出提示框。

（4）单击"是"按钮，删除所选字段；单击"否"按钮，不删除这个字段。

（5）单击工具栏上的"保存"按钮，保存所做的修改。

4. 重新设置主关键字

如果原定义的主关键字不合适，可以重新定义。

5. 编辑表内容

1）修改数据记录

将光标定位到要修改的记录的相应字段上，直接修改其中的内容，如果该字段定义了有效性规则，修改的内容要符合该规则的约束。

2）删除数据记录

用鼠标左键单击该记录的记录选定器（记录行最左边的小方格），右键单击弹出快捷菜单，执行"删除记录"菜单命令可删除该记录。也可按 Del 键删除该条记录。

3）复制数据记录

将光标定位到复制的记录（即选中该行数据），右键单击弹出快捷菜单，执行"复制"菜单命令，然后在所需要的位置粘贴记录即可。

4）数据表记录的排序

（1）在数据表视图中选中要排序或设置条件的字段。

（2）选择功能区的"开始"选项卡。

（3）在"排序和筛选"组中选择 ↓ 表示升序，选择 ↓ 表示降序；选择"筛选器"，在弹出的"筛选器"菜单中，选择满足条件的复选框即可。

Access 为用户提供了强大的向导功能，利用向导，还可创建查询、窗体、报表等。用功能强大的 VBA 编程语言，可以编写复杂的数据库应用程序。若感兴趣可自行查阅资料学习相关知识。

快速测试

1. 在 Access 2010 中如何创建表？

2. 数据表之间的关系有哪几种类型？

3. 在 Access 2010 中，SQL 语句如何应用？

习　题

一、选择题

1. 在数据库管理技术的发展过程中，经历了人工管理阶段、文件系统阶段和数据库系统阶段，在这几个阶段中，数据独立性最高的是（　　）阶段。

A. 数据库系统　　　　B. 文件系统　　　　C. 人工管理　　　　D. 数据项管理

2. 数据库系统是由硬件系统、数据库、数据库管理系统、软件系统、（　　）、用户等构成的人机一体系统。

A. 软件开发商　　　　B. 程序员　　　　　C. 高级程序员　　　　D. 数据库管理员

3. 下列关于数据库系统的叙述中，正确的是（　　）。

A. 数据库系统没有数据冗余　　　　　　　B. 数据库系统只是比文件系统管理的数据要多

C. 数据库系统中数据完整性是指数据类型完整　　D. 以上都不是

4. 一个关系相当于一张二维表，二维表中的各行相当于关系的（　　）。

A. 数据项　　　　　B. 元组　　　　　　C. 表结构　　　　　D. 属性

5. 数据库系统的核心是（　　）。

A. 编译系统　　　　B. 数据库管理系统　　C. 操作系统　　　　D. 数据库

6. 关系数据库管理系统应能实现的专门关系运算包括（　　）。

A. 排序、索引、统计　　　　　　　　　　B. 选择、投影、连接

C. 关联、更新、排序　　　　　　　　　　D. 显示、打印、制表

7. 在 Access 2010 数据库中创建一个表，应该使用的 SQL 语句是（　　）。

A. Alter Table　　　B. Insert Table　　　C. Create Table　　　D. Create Database

8. 在 Access2010 中，以下字符串符合命名规则的是（　　）。

A. 'city　　　　　　B. %city%　　　　　C. !city　　　　　　D. [city]

9. 在 SQL 语句中，与 X BETWEEN 20 AND 30 等价的表达式是（　　）。

A. X>20 AND X<30　　B. X>=20 AND X<=30　　C. X>20 AND X<=30　　D. X>=20 AND X<30

10. Access 2010 中，若要在选课成绩表中查找 056 和 078 课程选课情况，应该在查询设计视图的条件网格中输入（　　）。

A. NOT("056", "078")　　　　　　　　　B. NOT IN（"056"，"078"）

C. "056", "078"　　　　　　　　　　　　D. IN("056", "078")

11. 下列哪项是判断数据 X 是否是空值的正确表达式？（　　）

A. X IS EMPTY　　　B. X IS NULL　　　　C. X="　　　　　　D. X=0

12. 下列字段的数据类型中，不能作为主键的数据类型是（　　）。

A. 文本　　　　　　B. 货币　　　　　　C. 日期/时间　　　　D. OLE 对象

13. 在数据表中，建立索引的主要目的是（　　）。

A. 易于管理　　　　B. 防止数据丢失　　　C. 提高查询速度　　　D. 节省存储空间

14. 假设关系数据库中表 A 与表 B 建立了一对多关系，表 B 为"多的"一方，则下列描述中正确的是（　　）。

A. 表 A 中的一个字段能与表 B 中的多个字段匹配

B. 表 B 中的一条记录能与表 A 中的多条记录匹配

C. 表 B 中的一个字段能与表 A 中的多个字段匹配

D. 表 A 中的一条记录能与表 B 中的多条记录匹配

15. 身份证号码最好采用（　　）。

A. 文本　　　　　　B. 长整型　　　　　C. 备注　　　　　　D. 自动编号

16. 表是数据库的核心与基础，它存放着数据库的（　　）。

A. 部分数据　　　　B. 全部数据　　　　C. 全部对象　　　　D. 全部数据结构

17. 关系数据库中，数据表之间的参照完整性规则不包括（　　）。

    A. 更新规则   B. 插入规则   C. 检索规则   D. 删除规则

18. 下列操作中，不会造成表中数据丢失的操作是（　　）。

    A. 更改字段名称或说明   B. 更改字段的数据类型

    C. 更改字段的属性   D. 删除某个字段

19. 关于主关键字正确的是（　　）。

    A. 主关键字的内容具有唯一性，而且不能为空值

    B. 同一个数据表中可以设置一个主关键字，也可以设置多个主关键字

    C. 排序只能依据主关键字字段

    D. 设置多个主关键字时，每个主关键字的内容可以重复，但全部主关键字的内容组合起来必须具有唯一性

20. 一个关系中的各条记录（　　）。

    A. 前后顺序不能任意颠倒，一定要按照输入的顺序排列

    B. 前后顺序可以任意颠倒，不影响关系中数据的实际含义

    C. 前后顺序可以任意颠倒，但顺序不同，统计结果可能不同

    D. 前后顺序不能任意颠倒，一定要按照关键字段值的顺序排列

二、填空题

1. 数据库中的数据是有结构的，这种结构是由数据库管理系统所支持的_____表现出来的。

2. 常见的数据模型有层次、网状、关系和面向对象模型，Access 2010 的类型是_____。

3. 在关系 M(S,SN,D)和关系 N(D,CB,AB)中，S 是关系 M 的主关键字，D 是关系 N 的主关键字，则称_____是关系 M 的外码。

4. 在关系运算中，从关系模式中指定若干属性组成新的关系，这个关系运算称为_____。

5. 存储图像的 OLE 数据类型字段，宽度应小于_____。

6. 在 SQL 语句中，字符串匹配运算符用，匹配符表示 0 个或多个字符，_____表示任何一个字符。

7. 数据库管理系统中的 3 种数据处理语言可以支持数据操纵、数据定义和_____。

三、简答题

1. 简述数据库系统的组成。

2. 什么是实体？什么是属性？在 Access 的数据表中，它们被称作什么？

3. 什么是主键？什么是外键？试举例说明。

4. 以表 9.1、表 9.2 为例，用 SQL 语句查询"李"姓教师的姓名和所在部门名称。

第 10 章　多媒体技术基础

本章介绍有关多媒体技术的基本概念，多媒体计算机系统的硬件和软件组成，多媒体关键技术等基础知识，并介绍数据压缩技术、音频处理技术和视频处理技术，最后介绍 PhotoShop CS5、Flash 8 的基本操作，以及实现图形、图像、动画的基本制作技术。

10.1　多媒体的基本概念

多媒体技术的概念起源于 20 世纪 80 年代初期，是在计算机技术、通信网络技术、大众传播技术等现代技术不断进步的条件下，由多学科不断融合、相互促进而产生的。随着存储技术、计算技术、通信技术的发展，基于数字化的多媒体系统将系统的交互能力、媒体质量、处理灵活性等性能提高到了一个新的水平。宽带数字网络的发展，使系统的集成性有了基础，不再局限于个人计算机领域，而是向分布综合服务的方向发展。

1. 媒体

媒体作为信息表示和传播的形式载体，根据信息被人们感知、表示、呈现、存储或传输的载体不同，ITU（International Telecommunication Union，国际电信联盟）建议将媒体分为下列 5 类：感觉媒体、表示媒体、表现媒体、存储媒体和传输媒体。

（1）感觉媒体：指直接作用于人的感觉器官，使人产生直接感觉的媒体。感知媒体帮助人类来感知环境。目前，人类主要靠听觉和视觉来感知外部环境中的信息，如我们用听觉感知语言、音乐，用视觉感知图像、动画和视频等。

（2）表示媒体：指传送感觉媒体的中介媒体，即用于数据交换的编码。借助于此种媒体，能更有效地存储感觉媒体，或将感觉媒体从一个地方传送到遥远的另一个地方，如图形编码、文本编码和声音编码等。

（3）显示媒体：指把媒体信息显示出来。它通常分为两种，一种是输入类显示媒体，用来获取信息，如键盘、鼠标、扫描仪、摄像机和话筒等；另一种是输出类显示媒体，用来帮助人们进行信息的再现，如显示器、扬声器、打印机和绘图仪等。

（4）存储媒体：指用于存储表示媒体的物理介质，如磁带、磁盘、光盘等。

（5）传输媒体：指用来将表示媒体从一个地方传输到另外一个地方的物理介质，如电缆、光缆和微波等。

2. 多媒体

多媒体（Multimedia）是由多种媒体复合而成的。实际上，多媒体不仅融合了文本、声音、图像、视频和动画等多种媒体信息，同时还包括计算机处理信息的多元化技术和手段。一般来说，"多媒体"指的是一个很大的领域，是和信息有关的所有技术与方法进一步发展的领域。因此，要对多媒体有更准确的理解，更多的是从它的关键特性去考虑。

多媒体的关键特性主要包括信息载体的多样性、交互性和集成性这 3 个方面，这既是多媒体的主要特征，也是在多媒体研究中必须解决的主要问题。

（1）信息载体多样性指的是信息媒体的多样化，也称为信息多维化。把计算机能处理的信息空间范围扩展和放大，而不再局限于数值、文本，或被特别处理对待的图形或图像，这是计算机变得更加人性化所必须具备的条件。多媒体的信息多维化不仅指输入，还指输出。但输入和输出并不一定都是一样的。对于应用而言，前者称为获取，后者称为表现。如果两者完全一样，这只能称为记录和重放。如果对其进行变换、组合和加工，就可以大大丰富信息的表现力和增强效果。

（2）交互性。长久以来，人们在很多情况下已经习惯于被动地接收信号，例如看电视、听广播。多媒体系统将向用户提供交互式使用、加工和控制信息的手段，为应用开辟更加广阔的领域，也为用户提供更加自然的信息存取手段。交互性引入到用户的活动之中，会带来很大的作用。从数据库中检索出某人的照片、声音及文字材料，这是多媒体的初级交互应用；通过交互特性使用户介入信息过程中（不仅仅是提取信息），才达到了中级交互应用水平。当我们完全进入一个与信息环境一体化的虚拟信息空间中自由遨游时，这才是交互式应用的高级阶段，这就是虚拟现实（Virtual Reality）。人机交互不仅仅是一个人机界面的问题，对于多媒体的理解和人机通信过程可以看成是一种智能的行为，它与人类的智能活动有着密切的关系。

（3）集成性。多媒体的集成性主要表现为两个方面。一是多媒体信息媒体的集成，二是处理这些媒体的设备与设施的集成。首先，各种信息媒体应该能够同时地、统一地表示信息。这种集成包括信息的多通道统一获取，多媒体信息的统一存储与组织，以及多媒体信息表现合成等各方面。其次，多媒体系统是建立在一个大的信息环境之下的，系统的各种设备应该成为一个整体。从硬件来说，应该具有能够处理各种媒体信息的高速及并行的处理系统、大容量的存储、适合多媒体多通道的输入输出能力及外设、宽带的通信网络接口，以及适合多媒体信息传输的多媒体通信网络；从软件来说，应该有集成一体化的多媒体操作系统、各个系统之间的媒体交换格式，适合于多媒体信息管理的数据库系统，以及合适的创作工具和各类应用软件等。

3．多媒体技术

多媒体技术就是利用计算机把文字、图形、图像、动画、声音及视频等媒体信息进行数字化，并将其整合在一定的交互式界面上，使计算机具有交互展示不同媒体形态的能力。它实际是一种信息处理技术，是把多媒体信息通过计算机进行数字化采集、获取、压缩/解压缩、编辑、存储等加工处理，再以单独或合成形式表现出来的一体化技术。这极大地改变了人们获取信息的传统方法，符合人们在信息时代的阅读方式。

多媒体技术具有以下几个特性。

（1）多样性：是指信息载体的多样以及处理信息技术的多样化。

（2）集成性：是指将不同的媒体信息有机地组合在一起，形成一个整体，并且是建立在数字化处理基础上的。多媒体信息由计算机统一存储和组织，使得 1+1>2 的系统特性得到体现，应该说集成性是多媒体计算机的一次飞跃。

（3）交互性：是指通过各种方式，有效地控制和使用信息，让使用者完成交互性沟通的特性。

（4）实时性：由于声音、视频图像等是和时间密切相关的连续媒体，所以多媒体技术在处理的过程中必须支持实时性处理，即当用户给出操作命令时，相应的多媒体信息都能够得到实时控制。例如网络视频会议、IP 电话、视频点播都能让我们感到实时的效果。

（5）非线性：一般而言，使用者对非线性信息存取需求要比循序性信息存取大得多。非线性特点将改变传统循序性的读写模式。以往人们读写方式大都采用章、节、页阶梯式的结构，多媒体系统克服了这个缺点，借助超文本链接的方法，把内容以一种更灵活、更具变化的方式呈现给读者。

到目前为止，声音、视频、图像压缩方面的基础技术已成熟，并形成了产品进入市场，热门技术如模式识别、MPEG 压缩技术、虚拟现实技术也正逐步走向成熟。从通信、数字声像技术、网络电视、3G、MP4、MP5 等多媒体应用领域，可以看到多媒体技术对人类文明进步的影响。

10.2 多媒体计算机系统

多媒体计算机系统是指具有多媒体信息处理能力的计算机系统，它主要由多媒体硬件系统和多媒体软件系统组成。

10.2.1 多媒体硬件系统

在现有的计算机系统中，要以数字方式处理多媒体信息，需要解决的首要问题是各种媒体的数字化。图像、音频、视频信号只有以数字形式进入计算机的设备中，计算机软件才能对它们进行存储、传输和处理。完成这些工作的首先是各种硬件环境，包括多媒体计算机硬件系统、多媒体存储、音频接口、视频接口、多媒体 I/O 设备等。

1. 多媒体计算机硬件系统

由于多媒体计算机系统需要交互式地综合处理图、文、声、像等媒体信息，不仅处理的数据量大，而且要求处理速度高。因此，多媒体计算机系统要求具有功能强大、速度快的主机，有足够大的存储空间，有高分辨率的显示接口和显示设备，还需要音频、视频处理设备、各种媒体输入/输出设备等。比如，CPU 至少是 Pentium 3 或 Pentium 4 以上，内存至少为 128MB，硬盘至少为 40GB，显示器的分辨率在 1024×768 以上，颜色识别 24 位真彩色，声卡的量化位数为 16 位，CD-ROM 驱动器的数据传输率在 40 倍速以上等。但是，根据多媒体计算机的处理用途，例如用于家庭一般使用、图形图像处理（平面设计/3D 设计）或是电脑游戏爱好者（特别是 3D 游戏），计算机的配置都不一样。

2. 多媒体存储设备

多媒体存储技术主要是指光存储技术和闪存技术。

常用的光存储系统有只读型、一次写型和可重写型光存储系统 3 类。下面介绍几种常用的光存储设备，如表 10.1 所示。

表 10.1 常用光存储设备

存 储 设 备	读 写 能 力	容 量	主 要 用 途
CD-ROM 只读型光存储系统	只读型	650MB 左右	常用于存储固定的软件、数据和多媒体演示节目
CD-R 可刻录光盘	一次写、多次读	700MB	用户自己确定刻录内容
DVD 数字视频光盘	可读、可刻录	单面单层：4.7GB 双面双层：17GB	利用 MPEG2 的压缩技术存储影像，满足人们对大存储容量和高性能的存储媒体的需求
BD 蓝光盘	可读写	单面单层：25GB 单面双层：50GB	大容量的存储和快速的读写能力，可实现高质量、长时间记录的要求

Flash Memory 翻译成中文就是"闪动的存储器"，通常称为"快闪存储器"，简称"闪存"。闪存卡/盘是一种移动存储产品，可用于存储任何格式的数据文件，便于随身携带，是个人的"数据移动中心"。闪存卡采用闪存存储介质和通用串行总线（USB）接口，具有轻巧精致、使用方便、便于携带、容量较大、安全可靠、时尚潮流等特征。常见的闪存卡如图 10.1 所示，其名称及简称如表 10.2 所示。目前流行的是 SanDisk（闪迪）公司发明的 TF 卡，最大容量可达 128GB，如图 10.2 所示。

CF卡　　MMC卡　　SD卡　　SM卡　　记忆棒　　XD卡　　微硬盘

图 10.1　各种闪存卡

表 10.2　常见闪存卡

名　　称	简　　称	名　　称	简　　称
SmartMedia	SM 卡	Compact Flash	CF 卡
MultiMediaCard	MMC 卡	Secure Digital	SD 卡
Memory Stick	记忆棒	XD-Picture Card	XD 卡
MICRODRIVE	微硬盘	MicroSD Card	TF 卡

3. 音频卡

处理音频信号的 PC 插卡是音频卡（Audio Card），又称声音卡，如图 10.3 所示。它是多媒体技术中最基本的组成部分，是实现声波/数字信号相互转换的一种硬件。音频卡能把来自话筒、磁带、光盘的原始声音信号加以转换，输出到耳机、扬声器、扩音机、录音机等声响设备，或通过音乐设备数字接口（MIDI）使乐器发出美妙的声音。其主要功能包括：录制、编辑和回放声音文件；压缩及解压缩功能；音乐合成；混音器功能及数字声音效果处理；语音通信等。

图 10.2　128GB 的 TF 卡

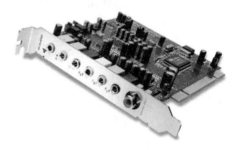

图 10.3　音频卡

下面介绍声卡的主要性能指标。

（1）采样频率：指声卡在单位时间内对声音数据采样的多少。采样率越高，记录声音的波形就越准确，保真度越高，音质越好。目前声卡常用的采样频率有 3 种：11.025kHz（语音）、22.05kHz（音乐）和 44.1kHz（高保真）。当然，采样频率越高，采样产生的数据量也越大，要求的存储空间也越多。

（2）采样位：每次采样所需用的数据位数，平时所说的 16 位声卡、32 位声卡即是就采样位。目前主流声卡的采样位多是 24 位。采样频率与采样位越大，录制和重放声音的质量与原始声音就越接近。

（3）声道数：指声卡处理声音的通道数目。声道数一般包括单声道、立体声道、四声道、5.1 声道等。随着 DVD 的流行，5.1 声道已广泛用于各类传统影院和家庭影院中，它是美国杜比实验室创制的音频环绕声系统的一种声道量描述。目前市场上还有更高标准的 7.1 声道系统。

声音文件的数据量计算公式如下：

$$\frac{采样频率（Hz）\times 量化位数（位）\times 声道数\times 时间（s）}{8\times 1024\times 1024}=（MB）$$

例如：我们用 44.1kHz 采样率采样数据，每个采样用 16 位数据，即 2 个字节来表示，采样 1 秒钟，双声道的数据量为多少？

$$\frac{44.1\times 10^3\times 16\times 2\times 1}{8\times 1024}=172.3KB$$

照此计算，1 分钟的声音就达 10 338KB，即 10.1MB。

4. 视频卡

多媒体计算机要处理视频信号，如模拟摄像机、录像机、LD 视盘机、电视机输出的视频数据或者视频音频的混合数据信号，送到计算机中进行分析、处理，转换成计算机可辨别的数字数据，存储在计算机中，成为可编辑处理的视频文件。有时还需要将存储在计算机中的这些数字信号输出变成视频信号送到电视机、录像机等视频设备上显示或者记录下来，这就需要视频采集卡（简称视频卡），如图 10.4 所示。

计算机通过视频卡对模拟视频信号进行采集、量化处理成数字信号，然后压缩编码成数字视频。大多数视频卡都具备硬件压缩的功能，在采集视频信号时首先在卡上对视频信号进行压缩，然后再通过 PCI 接口把压缩的视频数据传送到主机上。一般的 PC 视频卡采用帧内压缩的算法把数字化的视频存储成 AVI 文件，高档一些的视频采集卡还能直接把采集到的数字视频数据实时压缩成 MPEG 格式的文件，这个过程就要求计算机有高速的 CPU、足够大的内存、高速的硬盘、通畅的系统总线。利用视频采集卡我们可以将原来的录像带转换成计算机可以识别的数

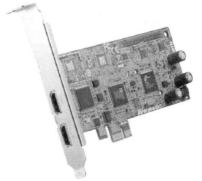

图 10.4　视频卡

字化信息，然后制作成 VCD，还可以直接从摄像机、摄像头中获取视频信息，从而编辑、制作自己的视频节目。

视频卡的主要性能指标如下。

（1）接口：指视频卡与主板连接所采用的接口种类。视频卡的接口决定着视频卡与系统之间数据传输的最大带宽。不同的接口能为显卡带来不同的性能。显卡发展至今出现过 PCI、AGP、PCI Express 等几种接口，所能提供的数据带宽依次增加。

（2）分辨率：视频卡的分辨率与所连的计算机密不可分。如果想通过视频卡来获取一些高质量的视频画面，应该注意视频卡在播放动态视频时的分辨率大小，分辨率越高越好。如果想要视频卡能出现最完美的演示效果，建议大家将计算机的分辨率调整到与购买的视频卡的分辨率一致。

（3）帧速率：帧速率的高低直接影响采集卡制作的视频文件是否流畅，现阶段一般的视

频采集卡基本能达到 352×288（PAL 制式），在此分辨率下其可采录的帧速率能达到 25 帧/秒，而高档产品可达到 60 帧/秒。

（4）功能选择：现在的视频卡功能越来越全，也越来越完善。一般在购买时不必苛求高、新、全，只要实用即可。低档视频采集卡在使用的时候分辨率较低，保存的文件类型少，并且没有影像压缩的功能，但用途相当广泛，是用户用得最多的一类产品。中档视频采集卡带有视频的硬件压缩功能，可以将视频数据实时压缩成 MPEG 格式的视频数据流。高档视频采集卡不仅能提供高质量的 VCD，更专业的还可以进行 DVD（MPEGII）的硬件级编辑制作。

下面分别介绍有关图像文件和视频文件数据量计算的方法

（1）图像文件的数据量计算公式：（一般情况下，PAL 制式的帧率为 25 帧/秒，NTSC 制式的帧率为 30 帧/秒）

$$\frac{图像分辩率（像素）×彩色深度（位）}{8×1024×1024} = （MB）$$

例如：若不经过压缩，以 VGA640×480 点阵存储一幅 256（即 2^8）色的彩色图像大约需要多少 MB 存储空间？

$$\frac{640×480×8}{8×1024×1024} = 0.293KB$$

（2）视频文件的数据量计算公式：

$$\frac{图像分辩率（像素）×彩色深度（位）×帧率×时间（秒）}{8×1024×1024} = （MB）$$

例如：2 分钟 PAL 制 720×576 分辨率 24 位真彩色数字视频不压缩的数据量是多少？

$$\frac{720×576×24×25×60×2}{8×1024×1024} = 3559.57（MB）$$

5. 多媒体信息 I/O 设备

多媒体计算机在处理信息时，首先必须通过各种信息获取设备将数字、字符、图形、图像和视频等信息，转换成计算机能够识别的数字形式存入计算机存储器中，然后经过计算机软件进行有效的处理，变成编辑好的文稿、设计好的工程图纸、处理过的图像、计算得到的数据等。

信息获取设备除了我们经常使用的键盘以外，还有数字笔（图 10.5）、触摸屏、扫描仪（图 10.6）、数码相机、数码摄像机等。

图 10.5　数字笔　　　　　　　　　　　图 10.6　扫描仪

常用的输出设备有以显示器为核心的显示设备、可以长期保存结果的打印机、绘图仪，以及用来输出美妙声音的语音输出系统等。

10.2.2 多媒体软件系统

多媒体软件系统按功能可分为系统软件、支持软件和应用软件 3 部分。系统软件是多媒体系统的核心，它一方面要控制各种媒体硬件设备协调工作，如多媒体操作系统；另一方面提供具有综合使用各种媒体、灵活调度多媒体数据进行媒体传输和处理的能力，如多媒体设备驱动程序。多媒体支持工具软件指多媒体开发工具，通常包括多媒体素材准备软件、多媒体著作工具软件和多媒体编程语言等。多媒体应用软件是在多媒体硬件平台上设计开发的面向应用的软件系统。下面介绍各种软件的基本功能。

1. 多媒体设备驱动软件

设备驱动程序是一种可以使计算机和设备通信的特殊程序，相当于硬件的接口，操作系统只能通过这个接口才能控制硬件设备工作。通过驱动程序完成对设备的初始化、设备的打开、关闭、执行内部程序等功能。因为不同版本的操作系统对硬件设备的支持不同，版本越高的操作系统所支持的硬件设备越多。

2. 多媒体操作系统

操作系统是管理计算机资源的最重要的系统软件之一，主要进行 CPU 管理、作业管理、存储管理、设备管理、文件管理等。而多媒体操作系统作为多媒体软件的核心，除了具有一般操作系统的功能外，还具有多媒体底层扩充模块，支持高层多媒体信息的采集、编辑、播放和传输等处理功能的系统。多媒体操作系统提供了多媒体之间的同步和多媒体运行环境。

目前，比较常用的多媒体功能的操作系统主要有通用的多媒体操作系统，如用于多媒体个人计算机的 Windows NT、Windows 7、Windows 8，较高要求的企业用户和特殊用户使用的 Linux/UNIX，广泛用于苹果机的多媒体操作系统 Macintosh；Mac 上运行的 BeOS 多媒体操作系统；用于特定的交互式多媒体系统中的 CD-I 实时光盘操作系统，和智能手机上的多媒体操作系统 Android、iOS、Windows Mobile、PALM、BlackBerry、Linux。

3. 多媒体支持工具

多媒体支持工具软件是集成处理和统一管理文本、图形、静态图像、视频图像、动画、声音等多种媒体信息的一套编辑、制作工具，也称为多媒体开发平台。目前，常用的多媒体支持工具软件包括以下 3 类。

（1）多媒体素材制作软件：包括用于文字处理的软件，如 Word（艺术字）、Ulead COOL 3D；用来音频处理的软件，如 GoldWave、SoundEdit；进行图形图像处理的软件，如 Photoshop、CorelDraw 等；用于二维和三维动画制作的软件，如 Flash、3ds Max、Maya 等；用于视频编辑和处理的软件，如 Adobe Premiere 和 Media Studio Pro 等。

（2）多媒体著作工具软件：利用编程语言调用多媒体硬件开发工具和函数库来实现的，它作为一种高级的软件程序或命令集合，能够将图形、文本、动画、声音和视频等不同类型的信息等给合在一起，并进一步提供一个导向结构，使多媒体系统的设计者具有一个良好的集成环境，帮助设计者将各种内容与各种不同功能结合在一起，组成一个结构完整的系统。常用的著作工具软件有 Authorware、Adobe Premiere、Director、Windows Movie Maker、Flash 等。

（3）多媒体编程语言：可用来直接开发多媒体应用软件，但对开发人员的编程能力要求较高,程序使多媒体产品具有明显的灵活性。常用的多媒体编程语言有 Visual Basic、Visual C++及 Delphi 等。

4．多媒体应用软件

多媒体应用软件是直接面向用户的，主要涉及的领域有教育系统、电子出版、音像、各种信息系统、影视特技等。包括多媒体压缩与解压缩工具，如 WinRAR；多媒体播放软件，如 Windows Media Player、影音风暴等；图片浏览器，如 ACDSee、Photoshop、光影魔术手等；多媒体数据库；多媒体网络应用软件等。

快速测试

1．什么是多媒体技术？多媒体技术有哪些特性？
2．有哪些常用的多媒体存储设备？
3．处理多媒体信息的 I/O 设备有哪些？
4．使用 22.05kHz 采样率采样数据，每个采样位是 24 位，双声道，采样 2 秒钟的数据量是多少？

10.3　多媒体信息处理技术

10.3.1　数据压缩技术

数字化的视频信号和音频信号的数据量是非常大的。例如，一幅具有中等分辨率（640×480）的真彩色图像（24bit/像素），它的数据量约为 7.37Mbit/帧。若要达到每秒 25 帧的显示要求，每秒所需的数据量为 184Mbit，而且要求系统的数据传输率也必须达到 184Mbit/s。声音也是如此，若采用 16bit 样值的 PCM 编码，采样率选为 44.1kHz，则双声道立体声声音每秒将有 172KB 的数据量。由此可见，音频、视频的数据量之大，如果不进行处理，计算机系统对它进行存取和交换的代价太大。

而且，视频、图像和声音这些媒体确实又具有很大的压缩潜力，数据的冗余度很大，因此，在允许一定限度失真的前提下，可以对图像数据进行压缩。

1．数据冗余的类型

一般而言，图像、视频和音频数据中存在的数据冗余类型主要有以下几种。

（1）空间冗余：在同一幅图像中，规则物体和规则背景的表面物理特性具有相关性，这些相关性的光成像结果在数字化图像中就表现为数据冗余。

（2）时间冗余：反映在图像序列中就是相邻帧图像之间有较大的相关性，一帧图像中的某物体或场景可以由其他帧图像中的物体或场景重构出来。音频的前后样值之间也同样有时间冗余。

（3）信息熵冗余：如果图像中平均每个像素使用的比特数大于该图像的信息熵，则图像中存在冗余，这种冗余称为信息熵冗余，也称编码冗余，

（4）视觉冗余：人眼对于图像场的注意是非均匀的，人眼并不能察觉图像场的所有变化。

事实上人类视觉的一般分辨能力为 26 灰度等级，而一般图像的量化采用的是 28 灰度等级，即存在着视觉冗余。

（5）听觉冗余：人耳对不同频率的声音的敏感性是不同的，并不能察觉所有频率的变化，对某些频率不必特别关注，因此存在听觉冗余。

（6）其他冗余：包括结构冗余、知识冗余等。

2. 数据压缩方法分类

针对多媒体数据冗余类型的不同，相应地有不同的压缩方法。根据解码后数据与原始数据是否完全一致进行分类，压缩方法可以分为有失真编码和无失真编码两大类。在此基础上根据编码原理进行分类，大致有：预测编码、变换编码、统计编码、分析—合成编码、混合编码和其他一些编码方法。其中统计编码是无失真的编码，其他编码方法基本上都有失真的编码。

3. 数据压缩技术的性能指标

评价一种数据压缩技术的性能好坏主要有 3 个关键指标：压缩比、图像质量、压缩和解压缩的速度。希望压缩比要大，即压缩前后所需的信息存储量之比要大；恢复效果要好，尽可能地恢复原始数据；实现压缩的算法要简单，压缩、解压缩速度快，尽可能地做到实时压缩解压。除此之外还要考虑压缩算法所需要的软件和硬件。

4. 音频压缩标准

音频信号可分为电话质量的语音、调幅广播质量的音频信号和高保真立体声信号。针对不同的音频信号，ITU-T 和 ISO 先后提出了一系列有关音频压缩编码的建议。

电话质量语音信号的频率范围是 300Hz～3.4kHz，用标准的 PCM，当采样频率为 8kHz、量化位数为 8bit 时所对应的速率为 64kbit/s。

调幅广播质量音频信号的频率范围是 50Hz～7kHz，当使用 16kHz 的抽样频率和 14bit 的量化位数时，信号速率为 224kbit/s。1988 年 ITU 制定了 G.722 标准，它可以把信号速率压缩成 64kbit/s。

高保真立体声音频信号的频率范围是 50Hz～20kHz，在 44.1kHz 抽样频率下用 16bit 量化，信号速率为每声道 705kbit/s。目前国际上比较成熟的高保真立体声音频压缩标准为 MPEG 音频。MPEG 音频压缩方法中应用了许多典型的方法，传输速率为每声道 32kbit/s～448kbit/s。

5. 图像和视频压缩标准

原始的彩色图像一般由红、绿、蓝 3 种基色的图像组成。然而人的视觉系统对彩色色度的感觉和亮度的敏感性是不同的，因此产生了不同的彩色空间表示。H、S、I 彩色空间比 R、G、B 彩色空间更符合人的视觉特性，其中 H 为色调、S 为饱和度、I 表示光的强度或亮度。

对于静止的图像压缩，已有多个国际标准，如 ISO 制定的 JPEG（Joint Photographic Experts Group）标准、JBIG（Joint Bi-level Image Group）标准和 ITU-T 的 G3、G4 标准等。特别是 JPEG 标准，适用黑白及彩色照片、彩色传真和印刷图片，可以支持很高的图像分辨率和量化精度。

视频编码标准的国际组织主要有两个：ITU-T 和 ISO/IEC。ITU-T 制定的视频编码标准一般称为建议，表示为 H.26x（例如：H.261、H.262、H.263 和 H.26L），而 ISO/IEC 制定的标准表示为 MPEG-x（例如：MPEG-1、MPEG-2 和 MPEG-4）。ITU-T 的标准主要用于实时视频通信，如视频电视会议、可视电话等。而 MPEG 标准主要用于广播电视、DVD 和视频流媒体。

6. 压缩计算实例

一幅 512×512（像素）的灰度图像信号，若每像素用 8bit 表示，没有压缩时数据量约为 512×512×8=262144byte=256KB。

同样一幅大小的 RGB 彩色图像，每像素用 8bit 表示，不经压缩，数据量约为 512×512×8×3=786432byte=768KB。

如果采用 JPEG 保存该文件，压缩比为 20：1 时，其数据量是 768÷20=38.4KB=0.0375MB。

10.3.2 音频处理技术

1. 音频信息

在多媒体技术中，人们通常将声音媒体分为 3 类：波形声音、语音、音乐。从听觉角度讲，声音媒体具有 3 个要素，即音调、音强和音色。一般来说，声音的质量与声音的频率范围有关，即频率范围越宽，声音的质量越好。

2. 声音文件的基本格式

声音信息的不同表示形式，导致了不同的文件格式。常见的数字音频文件格式有 WAV、MIDI、MP3、RA、WMA 等。

Windows 环境使用的标准波形声音文件格式，扩展名为.WAV，其内容记录了对实际声音进行采样的数据。在适当的计算机设备控制下，使用波形文件能够重现各种声音。多数音频卡都能以 44.1kHz 的采样频率、16 位量化精度录制和重放声音信号，但这种文件格式需要较大的存储空间。

MIDI 文件是记录 MIDI 音乐的文件格式，扩展名为.MID。与波形文件相比，它记录的不是实际声音信号采样的数值，而是演奏乐曲的动作过程及属性。因此，它的文件数据量较小。

MP3 的全称是 MPEG-1 Audio Layer3，是近年来颇为流行的音乐文件，它在 1992 年被合并至 MPEG 规范中。MP3 文件的音质较好，并且文件的数据量较小。

RA 文件是 Real Network 公司开发的一种流式音频文件，主要应用于网络上进行音频传输。

WMA 文件是 Microsoft 公司开发的一种音频压缩格式，存储容量比 MP3 小，但音质稍差。

3. 数字化音频信号

声音是由物体的振动产生的，这种振动引起了周围空气压力的震荡，一般表现为随时间连续变化的波形。数字化声音信号首先应对声音波形采样，即每隔一个固定的时间间隔对波形曲线的振幅进行一次取值。然后将采样取得的结果进行量化，变换成计算机可以表示的数值。

音频经过数字化采样和量化得到的时间和幅度都离散的数字信号就称为数字音频信号。

将声音信号数字化后声音质量的好坏主要取决于采样频率、量化精度和声道数等因素。采样频率越高，数字化后的声音越接近原始声音，但所需存储空间也越多。常见的音频采样频率有 11.025kHz，适用于语音信号；22.05kHz，适用于要求不太严格的背景音乐；44.1kHz，适用于高保真音乐。

量化精度是表示采样数值所使用的二进制位数。二进制位数越多，表示的数值范围越大，量化精度就越高。常见的量化精度有 8 位和 16 位，对于语音信号用 8 位即可，对于音乐信号应使用 16 位。

常见的声道数有单声道和双声道（立体声）两种。单声道适合于表现语音，立体声给人身临其境的感觉，比较适合于表现音乐信号。

4. 音频信号的获取

常见的声音信息的获取方式有：通过声音数字化接口的录音设备将声音直接或间接录制到计算机中。实际上，这个方法就是将模拟声音信号经过采样、量化进行数字化的过程。另外一种方式是购买声音素材库，这是已经数字化好的数字声音信息，通常质量比较高。

如果用户需要自己获取音频信号，那么利用 Windows 提供的"录音机"就可以实现声音录制。方法如下：

（1）将麦克风插头插入声卡提供的标有 MIC 的插口，并确认已连接好。

（2）单击 Windows 的"开始"→"程序"→"附件"→"娱乐"→"录音机"，以便打开"录音机"窗口，如图 10.7 所示。

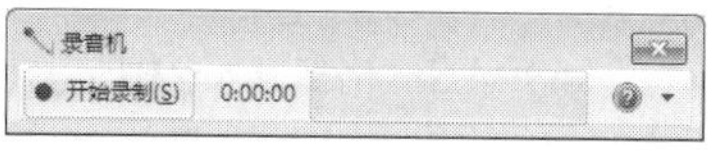

（3）单击" ● "按钮开始录音。

（4）单击" ■ "停止录音。

图 10.7　Windows 提供的"录音机"

（5）单击"文件"→"保存"，将录制好的声音保存成波形声音文件（.WAV 格式）。

（6）声音录制完毕以后，可以单击"文件"→"打开"，将刚才保存好的文件打开，然后单击" ▶ "按钮播放，聆听录制的声音效果。

常见的音频处理软件还有 Sound Blaster 系列音频卡所附带的 WaveStudio 以及一些专门的多媒体音频处理软件，如 GoldWave、Cool Edit 等。

10.3.3　视频处理技术

1. 视频信息

从物理意义上看，任何动态图像都是由多幅连续的图像序列构成。每一幅图像沿着时间轴保持一个$\triangle t$时间，以较快的速度（一般为每秒 25～30 帧）顺序更换为另一幅图像，连续不断地显示，就形成了动态图像。动态图像序列根据每一幅图像的产生形式，又分为不同的种类。当每一帧图像是人工或计算机产生的时候，被称为"动画"；当每一帧图像是通过实时获取的自然景物时，被称为"视频"。

视频有模拟和数字两种形式。家中的电视机、收录机处理的都是模拟信号。模拟信号在时间和幅度上具有连续性，它是基于模拟技术以及图像显示的国际标准来产生视频画面的，具有成本低、还原性好等优点。但它无法用计算机进行加工，经过长时间的存放之后，其质量会显著下降。数字视频实际上是对模拟视频信息进行数字化后的产物，它是基于数字技术记录视频信息的，在时间和幅度上都是离散的，可以无限次地复制而不会产生失真，并且可以通过计算机对其进行精确且富有创造性的编辑或再创作。

2. 视频文件的基本格式

常见的视频文件格式有：AVI、MOV、MPG、DAT、RM、ASF 和 WMV 等。

（1）AVI 文件格式：是一种将视频信息与同步音频信号结合在一起存储的多媒体文件格式。它以帧为存储动态视频的基本单位。在每一帧中，都是先存储音频数据文件，再存储视频数据。总体看来，音频数据和视频数据相互交叉存储。播放时，音频流和视频流交叉使用处理器的存取时间，保持同期同步。通过 Windows 的对象链接与嵌套技术，AVI 格式的动态视频片段可以嵌入任何支持对象链接及嵌入技术的 Windows 应用程序中。

（2）MOV 文件格式：该格式是 Quick Time 视频处理软件所选用的视频文件格式。

（3）MPG 文件格式：是采用 MPEG 方法进行压缩的全运动视频图像文件格式。其中：MPEG1 是 VCD 的视频图像压缩标准；MPEG2 是 DVD/超级 VCD 的视频图像压缩标准；MPEG4 是网络视频图像压缩标准之一。

（4）DAT 文件格式：是 VCD 和 CD 数据文件的扩展名，也是基于 MPEG 压缩方法的一种文件格式。

（5）RM 格式是 RealNetwork 公司所制定的视频压缩规范 RealMedia 中的一种。RealMedia 是目前 Internet 上最流行的跨平台的客户机/服务器结构多媒体应用标准。其采用音频/视频流的同步回放技术，实现了网上全带宽的多媒体回放。

（6）ASF 格式是一种体积较小的视频数据格式，因此适合网络传输。

（7）WMV 格式是 Microsoft 公司出品的视频格式文件，Microsoft 公司希望用其取代 QuickTime 之类的技术标准以及 AVI 之类的文件扩展名。

（8）3GP 是一种 3G 流媒体的视频编码格式，使用户能够发送大量的数据到移动电话网络，如音频、视频和数据网络的手机。3GP 是 MP4 格式的一种简化版本，减少了储存空间和较低的频宽需求，能在手机上有限的储存空间中使用。

3．视频信息的获取

获取数字视频信息主要有两种方式：一种方式是将模拟视频信号数字化，即在一段时间内以一定的速度对连续的视频信号进行采集，所谓采集就是将模拟的视频信号经硬件设备数字化，然后将其数据加以存储。在编辑或播放视频信息时，需将数字化数据从存储介质中读出，经过硬件设备还原成模拟信号后输出。使用这种方法，需要有录像机、摄像机及一块视频捕捉卡。录像机和摄像机负责采集实际景物，视频卡负责将模拟的视频信息数字化。另一种方式是利用数字摄像机拍摄实际景物，从而直接获得无失真的数字视频。

目前 PC 上的视频软件有微软公司的 MovieMaker、Adobe 公司的 Premiere 以及友立公司的绘声绘影等。

快速测试

1．为什么要对多媒体信息进行压缩？
2．多媒体数据冗余信息包括哪些？
3．音频、图像、视频的压缩标准分别有哪些？
4．评价一种数据压缩技术的性能好坏有哪 3 个关键指标？
5．你知道有哪些多媒体处理软件吗？请列举出来。

10.4　Photoshop

进行图像处理的软件很多，其中以美国 Adobe 公司的 Photoshop 功能最为强大，它不但提供绘图功能，而且可以和扫描仪相连，是一款集图像扫描、编辑修改、图像制作、广告创意，图像输入与输出于一体的图形图像处理软件，深受广大平面设计人员和计算机美术爱好者的喜爱。

在介绍 Photoshop 的基本操作之前，我们先了解一些数字图像的基本概念。

10.4.1 数字图像

顾名思义，数字图像就是以数字的方式来记录或处理图像，然后，以数字的方式予以保存，并且，所有的输入输出与制作都可以在计算机中完成。数字图像按照图像元素的组成方式，基本上可以归纳为两大类：位图图像和矢量图形。

1. 位图图像

位图图像也叫点阵图像，即该图像是由许多不同的颜色的点组成，这些点被称为像素。许多个像素组合在一起便产生了完整的图像。位图图像文件是将每一个像素的位置及其色彩数据一一记录下来而形成的，而每一个像素的信息都互不相同且相互独立存在。位图图像的优点就是色彩丰富，色调变化丰富，表现自然逼真，可以自由地在各软件中转换；其缺点就是图像信息量大，且在图像放大时失真。常见的位图图像文件类型有 BMP、JPEG、PSD、GIF 等。

（1）BMP 是 Windows 中的标准图像文件格式，它以独立于设备的方法描述位图，可用非压缩格式存储图像数据，解码速度快，支持多种图像存储，常见的各种计算机图形图像软件都能对其进行处理。

（2）JPEG 是应用最广泛的图片格式之一，它采用一种特殊的有损压缩算法，将不易被人眼察觉的图像颜色删除，从而达到较大的压缩比（可达到 2:1 甚至 40:1），特别受网络青睐。但那些被删除的资料无法在解压时还原，所以.jpg/.jpeg 文件并不适合放大观看。

（3）PSD 是 Adobe Photoshop 的位图文件格式，被 Macintosh 和 MS Windows 平台所支持，最大的图像像素是 30 000×30 000，支持压缩，广泛用于商业艺术。

（4）GIF 支持透明背景图像，适用于多种操作系统，是经过压缩后形成的一种图形文件格式，文件数据量很小，网上很多小动画都是 GIF 格式。其实 GIF 是将多幅图像保存为一个图像文件，从而形成动画，所以归根到底 GIF 仍然是图片文件格式。它的最大缺点是最多只能处理 256 种色彩，故不能用于存储真彩色的图像文件。

2. 矢量图形

矢量图形也叫向量图形，它以数学方式来记录图像内容。例如，在一条线段上的矢量数据只需记录两个端点的坐标、线段和粗细和色彩等，因而它的文件信息量小。由于矢量图形在放大或缩小时，组成图形的点的坐标位置没有改变，因此，图形的清晰度也不会改变，即使图形旋转时操作也不会失真。由于矢量图形主要是由线条和颜色块组成，因此，它不宜用来表现色彩变化丰富、色调变化复杂的图像。常见的矢量文件类型有 SVG、EPS、SWF、DXF 等。

（1）SVG 是基于 XML，由 W3C 联盟进行开发的一种开放标准的矢量图形语言。用户可以直接用代码来描绘图像，可任意放大图形显示，边缘异常清晰。文字在 SVG 图像中保留可编辑和可搜寻的状态，没有字体的限制，生成的文件很小，下载很快，十分适合用于设计高分辨率的 Web 图形页面。

（2）EPS 主要用于矢量图像和光栅图像的存储。EPS 格式采用 PostScript 语言进行描述，并且可以保存其他一些类型信息，例如多色调曲线、Alpha 通道、分色、剪辑路径和色调曲线等，因此 EPS 格式常用于印刷或打印输出。Photoshop 中的多个 EPS 格式选项可以实现印刷打印的综合控制，在某些情况下甚至优于 TIFF 格式。

（3）SWF 是 Macromedia 公司的动画设计软件 Flash 的专用格式，是一种支持矢量和点阵图形的动画文件格式，被广泛应用于网页设计、动画制作等领域，SWF 文件通常也被称为 Flash 文件。

（4）DXF 是 AutoCAD 中的矢量文件格式，它以 ASCII 码方式存储文件，在表现图形的大小方面十分精确。

10.4.2　Photoshop 简介

Adobe Photoshop，简称 PS，是由 Adobe Systems 开发和发行的图像处理软件。Photoshop 目前最新的版本是 Photoshop CC，中国官网最高版本是 Photoshop CS6，目前应用较广泛的版本为 Photoshop CS5。下面以 Photoshop CS5 为例，介绍怎样在 Photoshop 中进行简单的图像编辑和处理。

Photoshop 文件的扩展名是.psd，但支持多种图像文件格式的打开和存储。Photoshop 中支持多种图像模式，图像模式由"图像"→"模式"菜单设定，其中最常用的有 4 种模式：黑白二值图、灰度图、RGB 彩色图、CMYK 彩色图。黑白二值图中只能有黑、白两色，常用于线图。灰度图中有黑到白的各种灰度层次，常用 8 位的存储。RGB 彩色图用红、绿、蓝 3 种颜色的不同比例配合，合成所需要的任何颜色，适用于显示器显示的彩图。RGB 模式的彩图在印刷时某些颜色可能与设计色有偏差，因此需要彩图印刷时一般选用 CMYK 模式。

Photoshop CS5 应用程序窗口主要由菜单栏、工具箱、工具属性栏、图像编辑窗口、浮动控制面板组成，相对于早期的版本，窗口的最上面还增加了控制区、工作区选择器、网络服务，如图 10.8 所示。

图 10.8　Photoshop CS5 主界面

1．Photoshop CS5 菜单栏

Photoshop CS5 中有 10 个菜单命令，分别是文件、编辑、图像、图层、选择、滤镜、分析、3D、视图、窗口和帮助。下面对菜单的功能作简单介绍。

"文件"菜单：用于对图像文件进行操作，包括文件的新建、保存和打开等。

"编辑"菜单：用于对图像进行编辑操作，包括剪切、复制、粘贴和键盘快捷键的查看等。

"图像"菜单：用于调整图像的色彩模式、色调和色彩，以及图像和画布大小定义等。

"图层"菜单：用于对图像中的图层进行编辑操作。

"选择"菜单：用于创建图像选择区域和对选区进行编辑。

"滤镜"菜单：用于对图像进行扭曲、模糊、渲染等特殊效果的制作和处理。

"分析"菜单：用于设置测量比例、记录测量、显示标尺工具、计数工具等。

"3D"菜单：用于 3D 效果制作，其中包括：从 3D 文件中新建图层、从图层新建形状、3D 绘画模式、合并、导出 3D 图层等。

"视图"菜单：用于对调整图像显示比例、显示或隐藏标尺和网格等。

"窗口"菜单：用于对 Photoshop CS5 工作界面的各个面板进行显示和隐藏。

"帮助"菜单：用于为用户提供使用 Photoshop CS5 的帮助信息。

2. Photoshop CS5 工具箱

Photoshop 的主要绘图工具和图像编辑工具都由工具箱提供，工具箱中的大部分工具图标的右下角都有一个小三角标记，代表该图标隐藏着一种以上的其他工具。只要用鼠标单击该工具图标，并按住鼠标左键不放，便会显示出隐藏的工具面板。如果将鼠标停在工具上，可显示出该工具的名称。工具的设置在工具属性栏中进行，选择了不同的工具，工具属性栏的选项随之不同。

工具箱如图 10.9 所示，其中的工具按功能可分为选区工具、绘图工具、编辑工具、填充工具、色彩工具、文字工具、观察工具等。

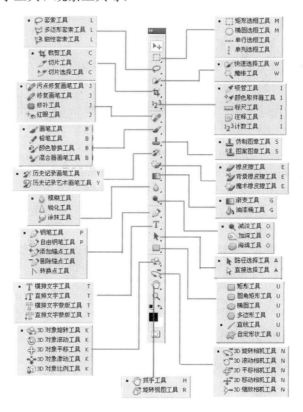

图 10.9　Photoshop CS5 的工具箱

（1）选区工具。用于在图像中选出特定的区域。用鼠标单击选择一种选框工具，在图像中拖动以创建选区，按 **Ctrl+D** 组合键取消选区。

（2）绘图工具。绘图工具可以用来在图像或选区中画图。绘图工具包括画笔工具和多边形工具。画笔工具中包括画笔工具和铅笔工具。使用画笔工具可以用前景色给出柔软边线的笔触效果，使用铅笔工具可以以前景色画出自由手绘的硬性边缘线条；多边形工具可以绘制出矩形、圆角矩形、圆形、多边形、直线等常规形状，也可绘制多种已定义的图案等。

（3）编辑工具。编辑工具主要用来修改图像。包括移动工具、裁剪工具、橡皮擦工具、涂抹工具、色调处理工具、图章工具、修补工具、历史画笔工具等。

- 移动工具：可将某层中的全部图像或选择区域移动到指定位置。在使用移动工具时，同时按 **Alt** 键，被选择的部分就不会露出背景色，而是对所选区域的图片进行复制移动。
- 裁剪工具：单击并拖曳出裁剪框，确认后将裁掉框外的图像。
- 橡皮擦工具：它是擦除工具，可以随意擦去图片中不需要的部分，如擦除人物图片的背景等。在背景层中将擦过的区域涂成背景色；若在普通层中使用时，擦过的部位透明化。在属性栏设置相关的参数，如：模式、不透明度、流量等，可以更好地控制擦除效果。
- 涂抹工具：包括"模糊""锐化""涂抹"工具，常用于细节的修饰。模糊工具用来降低相邻像素的对比度，使图像边缘模糊；锐化工具用来增加相邻像素点的对比度，使得图像的边缘清晰；涂抹工具用来模仿手指在未干的颜料中涂抹的效果。
- 色调处理工具：包括"减淡""加深""海绵"工具，用来改变图像上某个区域的亮度。海绵工具用来增加或降低颜色的饱和度。

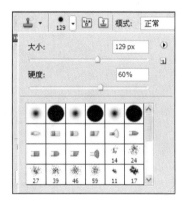

图 10.10　"仿制图章工具"属性设置

- 图章工具：可以将一幅图像的选定点作为取样点，将该取样点周围的图像复制到同一图像或另一幅图像中。也是专门的修图工具，可以用来消除人物脸部斑点、背景部分不相干的杂物、填补图片空缺等。具体操作：选择"仿制图章工具"，在其属性栏中设置画笔直径、硬度等参数，勾选"对齐"选项，如图 10.10 所示。在需要取样的地方，按住 **Alt** 键，同时单击鼠标，采集取样点；在另一图像区域拖动鼠标进行涂抹，即可绘制出相同的图像。原始图像如 10.11 所示，利用图章工具绘制的效果如图 10.12 所示。

图 10.11　原始图像

图 10.12　使用图章工具绘制后的图像

- 修复工具：修复工具可以借用周围的像素和光源来修复图像。使用方法同橡皮图章工具。补缀工具是修补笔刷工具功能的扩展，用该工具画一个想要修改的区域，将鼠标移动到区域中间并拖动该区域到目的地释放鼠标，则原来选定区域的图像就变成目的地的图像，边缘也和背景融合。

● 历史画笔工具：与历史控制面板配合使用，可以恢复到某一历史操作。

（4）填充工具。填充工具可用前景色或定义好的连续图案对封闭选择区域填充颜色或图案，包括油漆筒工具、渐变填色工具。

（5）色彩工具。色彩工具可对绘图工具、填色工具等设定颜色。色彩设置工具用来设定前景色和背景色；吸管工具从图像中拾取某一像素点的颜色来改变前景色或背景色。

（6）观察工具也称手掌工具，用来移动图像画面，只有当图像显示比窗口大时才起作用。

（7）文字工具可用于在图像中加入文字对象。和文字有关的一组工具为"横排"/"直排"文字工具、"横排"/"直排"文字蒙版工具。使用文字工具生成的文字对象单独占据一个文字图层，在图层控制面板中可观察到有一个带字母 T 的图层。文字蒙版工具用来输入文字边线，形成浮动的文字选区。

（8）路径工具。选择钢笔笔尖工具，在图像区单击就会形成一个锚点，接着移动鼠标到其他位置点按下并拖拉，两个锚点之间就会以线连接。

（9）蒙版切换工具：使用显示模式按钮，可以使用户进入快速蒙版或脱离快速蒙版模式。

3. Photoshop 主要浮动面板

浮动面板是非常重要的图像处理工具，如果所需面板没有显示，可以从"窗口"菜单中选择。几种主要的面板如下。

（1）导航控制面板。主要用于按不同的比率缩放图像的视图显示，并可以通过移动取景框观察全部或局部图像。

（2）颜色控制面板。用于快捷地调配颜色。其上的菜单可以控制颜色模式，默认为 RGB 模式，可以利用滑杆上的小三角在 0～255 范围内改变颜色，也可以直接输入数值改变颜色。

（3）图层控制面板。对于复杂的图像，可以将构成图像的各组成部分，如背景、文字、图像 1、图像 2 等，分别设置在不同的图层中，每个图层可以进行单独的编辑或修改。对图层可以进行新建、删除、合并等操作。

（4）历史控制面板。其中存储了图像处理的每一步，可以通过它恢复到图像处理的某一步操作前的状态。

10.4.3 Photoshop 的主要操作

1. 选区操作

在图像处理中，常常只对图像的某一部分区域进行变换或处理，因此选区操作是最经常的操作之一。首先是创建选区，然后对选区进行相关的编辑，最后是对选区内的图像进行编辑处理。

1）创建选区

Photoshop 中有 3 种创建选区的方式，一是通过工具箱中的选区工具创建选区，二是通过"选择"菜单中的"色彩范围"命令建立选区，三是通过路径建立选区。通常主要通过工具箱中的选区工具创建选区，工具箱中的选区工具有 3 个，分别是规则选区工具、套索工具和魔棒工具。

（1）规则选区工具。可以创建矩形选区、椭圆形选区、单行像素选区、单列像素选区，如图 10.13 所示。

（2）套索工具。包括套索工具、多边形套索工具和磁性套索工具，如图 10.14 所示。套索工具用于创建比较复杂的选区，使用过程中要一直按住鼠标左键不放，直到完成全部的选择区域，最后松开鼠标，则起始点和终点连起来；多边形套索工具一般用于选择无规则但棱角分明的区域，方法是使用鼠标左键单击所选区域的多边形顶点，以获得选区；磁性套索工具可以协助使用者自动寻找区域色差变化明显的区域，方法是在图像中将鼠标沿区域边界移动，计算机会沿色差明显的边界自动拟合，如果拟合正确，继续，如果不正确，则按 Delete 键删除已确定的控制点，也可以用左键人为添加控制点，直到完成区域的选择后单击鼠标，得到选区。

图 10.13　规则选区工具

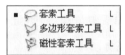

图 10.14　套索工具

（3）魔棒工具。如图 10.15 所示，它可以选取图像中颜色相同的或相近的不规则区域，工具属性栏中的"容差"，可以设置选取的颜色范围的大小，参数设置范围为 0～255。当使用魔棒单击图像上的某个点时，在这个点附近与它颜色相近的点都可以自动被选取。如果要加选选择区域，可按住 Shift 键同时单击加选区域，如图 10.16 所示。快速选择工具可以将连续单击的区域自动合并在一起被选择。

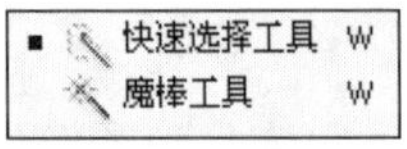

图 10.15　魔棒工具

图 10.16　使用魔棒工具选区的效果图

2）编辑选区

对选区进行操作需要用到工具箱中的相关工具以及"选择"菜单中的相关命令和工具栏的选项。

（1）选区的移动。使用工具箱中的移动工具，可以把选区的图像移动到其他位置。也可以通过"编辑"菜单对选区图像进行剪切和复制。还可以通过鼠标操作：选区确定后，按住 Ctrl 键不放，拖动选区内部，可以将选区内图像移动，图像原来的位置将被白色或透明色填充，如图 10.17 所示；按住 Ctrl+Alt 组合键用鼠标拖动选区内容，可以复制选区内图像，如图 10.18 所示。

（2）选区的调整。通过按住 Shift 键配合其选区工具的使用，可以增加已有选区的范围；通过按住 Alt 键配合其选区工具的使用，可以减小已有选区的范围；其他选区调整主要使用"选择"菜单中的命令及功能，实现扩展、自由变换、反选、选取相似等功能。

图 10.17　移动的效果图　　　　　　　　图 10.18　复制的效果图

（3）选区的羽化。羽化命令通过创建选区与它周围的像素之间的过渡边界，使选区边缘变得模糊，取得特殊的效果。使用规则选区工具或套索创建选区时，可以在工具栏中设定羽化值；如果已经创建好选区，可以执行"选择"→"修改"→"羽化"命令来修改羽化值。

（4）选区的存储和载入。执行"选择"→"存储选区"命令，可以把当前选区存入图像的通道中，也可以执行"选择"→"载入选区"命令把通道里的选区调出来使用。

3）编辑图像

针对选区内的图像或整个图像，可以使用"编辑"菜单中的命令进行编辑、修改。

2．图层操作

Photoshop 创作的图像一般是由若干个图层构成的，在图层绘图后，上方图层的图像将遮盖下方图层中的图像，没有图像的区域呈透明状态。每个图层以及图层内容都是独立的，在不同图层中进行设计或修改等操作不影响其他图层。图层操作是进行图像处理的重要操作，Photoshop处理图像的功能之所以强大，与其图层有着密切的关系，图层为用户提供了更广泛的创作功能。

图层分为背景图层、普通图层、效果图层、文本图层、矢量图层等。

（1）背景图层。是 Photoshop 中唯一不透明图层，通过双击可以将背景图层转换为普通图层。

（2）普通图层。通常的图像绘制和编辑图层，普通图层中的方格表示不含像素。

（3）文本图层。使用文字工具形成的图层，在图层面板中表示为 T。

（4）矢量图层。用形状工具形成的图层，和文本图层一样，需要进行栅格化之后才能进行填充。

（5）效果图层。对图层中的图像或文字创建了效果后形成的图层。

利用图层菜单配合图层浮动面板，能完成关于图层的一切操作。在图层面板中可以看到图层间的上下关系，可以方便地控制层的增加、删除、显示，可将所有的图层合并成一层，最后以不同的文件格式输出。

通过单击图层浮动面板下方的"添加图层蒙版"按钮，可以添加图层蒙版。图层蒙版的作用是在上方图层中的图像中以半隐半现的效果显示出下方图层。

3．通道操作

Photoshop 用通道来存储色彩信息和选择区域，分为颜色通道、专用通道和 Alpha 通道 3种。用户在不同的通道间作图像处理时，可利用通道控制面板来增加、删除或合并通道。

4．路径操作

路径是 Photoshop 提供的精确、灵活确定选区边界或描边的方法，路径由锚点和路径线段组成，锚点是路径线段的起点和终点。路径工具可以绘制任意形状的图形，路径可以转换成选区，因此路径可以创建复杂选区。

5. 滤镜操作

滤镜专门用于对图像进行各种特殊效果处理。图像特殊效果是通过计算机的运算来模拟摄影时使用的偏光镜、柔焦镜及暗房中的曝光和镜头旋转等技术，并加入美学艺术创作的效果而发展起来的。

10.4.4 Photoshop 综合图像处理实例

1. 水边的加菲猫

有时候我们需要将两张照片合二为一，下面介绍将加菲猫的图像加入另一张照片中的具体操作。

（1）打开"加菲猫.jpg""湖水.jpg"两幅图像。

（2）切换到"加菲猫.jpg"，用魔棒工具选择加菲猫图像，方法是单击加菲猫，然后按住 Shift 键重复单击，直到全部选中加菲猫。如果选中了多余部分，按住 Alt 键单击将多余部分去掉，最后如图 10.19 所示。执行"编辑"→"拷贝"命令。

（3）切换到"湖水.jpg"，执行"编辑"→"粘贴"命令，将加菲猫图像粘贴到"湖水.jpg"中。此时，图层面板增加了一个新图层，名称为"图层 1"，将其改为"加菲猫"。

图 10.19　加菲猫选区

（4）确保当前图层为"加菲猫"层，执行"编辑"→"变换"→"缩放"命令，将加菲猫图像缩小到合适大小，然后选择移动工具，将其放到湖边合适位置，如图 10.20 所示。

图 10.20　图层内容变换与移动

（5）在图层控制面板中右键单击"加菲猫"图层，在弹出的快捷菜单中执行"复制图层"命令，复制一个新图层，命名为"加菲猫 2"。

（6）确保当前图层为"加菲猫 2"图层，执行"编辑"→"变换"→"垂直翻转"命令，然后使用移动工具移动翻转后的"加菲猫 2"图层，使它位于原来加菲猫的映像位置，如图 10.21 所示。

图 10.21　加菲猫映像

（7）选择滤镜菜单，执行"滤镜"→"模糊"→"高斯模糊"命令，对"加菲猫 2"图层进行高斯模糊，模糊半径为 2.0px。

（8）执行"图层"→"合并可见图层"命令，将所有图层合并，然后执行"文件"→"存储为"命令，将图像存储为"水边的加菲猫.jpg"。

2．文字处理

有些照片上会有拍摄日期或其他文字，我们需要把它擦除掉。或者某些照片比较有纪念意义，我们希望给照片添加文字效果。下面介绍具体的操作。

（1）打开需要擦除字样的照片"两只加菲猫.jpg"，如图 10.22 所示。

（2）在图层面板双击背景层，这时会弹出一个"新建图层"对话框，单击"确定"按钮，将背景图层变为可编辑图层。

（3）选择仿制图章工具，在待擦除文字附近选择一个合适位置单击鼠标，同时按住 Alt 键，这一点会被选为源点。

（4）用仿制图章工具单击擦除文字，文字部分会被刚才源点的图像取代。如果觉得效果不好，可以使用涂抹工具将图像替代后的痕迹涂抹均匀，效果如图 10.23 所示。

图 10.22　有字样的照片

图 10.23　擦除字样后的效果

（5）选择横排文字工具，在工作区单击后书写文字"两只猫"。此时图层面板又出现一个新图层，该图层为文字图层，图层的名称为"加菲猫"。

（6）单击工具栏的"创建文字变形"按钮，在弹出的"变形文字"对话框中将样式选为"凸起"，弯曲设为15%，如图10.24所示。确定后将文字拖到合适位置。

（7）执行"图层"→"栅格化"→"文字"命令，将文字图层变为普通图层，然后执行"滤镜"→"风格化"→"浮雕效果"命令，在"浮雕效果"对话框中将高度设为"8"，其余不变。

（8）执行"图层"→"图层样式"→"混合选项"命令，在图层样式设置对话框中，图层样式选中"投影""内发光"，图层的混合模式选为"叠加"。最后的效果如图10.25所示。

图 10.24　"变形文字"对话框

图 10.25　最后效果图

快速测试

1．Photoshop CS5 的工具栏中有哪些工具？

2．Photoshop CS5 中有哪些创建选区的方式？试从标准形状、复杂轮廓、相近颜色等方面考虑。

3．Photoshop CS5 中的滤镜能处理哪些特殊效果？自己实际操作一下。

4．选择一张黑色背景的图片，使用 Photoshop CS5，去掉背景的黑色。

5．一张人物照片因为使用了闪光灯而出现了"红眼"现象，Photoshop CS5 中什么工具可以消除红眼？

10.5　Flash 8

Flash 是美国 Macromedia 公司于 1996 年推出的交互式矢量图和 Web 动画的标准，是一款优秀的网页动画设计软件。它创作的动画体积小，适合网络传输，采用流媒体技术，可同步下载和播放。目前的最高版本是 Flash CS6，本教材使用的是经典版本 Flash 8。

在介绍 Flash 的基本操作之前，我们先介绍一下动画的相关知识。

10.5.1　动画

1．动画原理

动画是指由一系列的静止画面以一定的速度连续播放时，由于人类眼睛存在"视觉滞留效应"而产生的连续动态的效果。视觉暂留现象是人眼的一个特性，这个特性使人能够把它看到的东西在视网膜上保留一段时间。一般视觉暂留的时间为 1/12～1/16s。由于视觉暂留现象的存在，可以使一系列虽然近似但在时间上和空间都不连续的图像在连续播放中，给人以连续的感觉。因此视觉暂留现象被人们巧妙地运用到电影和电视以及动画中。

动画中每一个单独的静态图像称为帧。每秒播放静止画面的个数，称为帧频。受视觉暂留时间的限制，一般要形成连续的效果，每秒至少要播放 12 个连续的画面，即一般动画最低的帧频为 12。

2．计算机动画的分类

按表现空间的维度，可以把动画分为二维（平面）动画和三维（立体）动画。二维动画制作软件具有图形绘制、素材引入以及动画制作功能，动画师借助计算机导入素材或直接绘制关键帧画面，计算机根据两个关键帧画面利用插补技术生成所需的中间帧画面。但二维动画在表达立体形象时存在很大的障碍。三维动画技术是利用计算机生成模拟三维空间中场景及各种物体随时间演变的一系列可供实时播放画面的技术。本章只介绍二维动画的制作。

10.5.2　Flash 简介

1．Flash 的功能

Flash 的功能很强大，主要有下列几个功能。

（1）可以绘制图形、编辑文本、创作动画以及应用程序。

（2）可以导入位图、视频和声音信息。

（3）支持编程，可以制作交互性很强的动画和应用程序。

（4）可用于设计网站片头、演示动画、网页设计、商业广告、动画游戏、MTV、手机屏保、手机彩信、电子相册、多媒体教学课件等。

Flash 源文件以.fla 为文件扩展名，它包含了动画制作、设计和测试交互内容所需的所有信息。动画制作好后，可以将文档发布为.swf 文件，使用 Flash Player 在 Web 浏览器中播放，或者将其作为独立的应用程序进行播放，如.html 或.exe 类型的文件。

2．Flash 8 界面

Flash 8 主界面如图 10.26 所示。整个工作环境主要由菜单栏、工具箱、时间轴、舞台、浮动面板等几个部分组成，如果在主界面中没有显示，可以从"窗口"菜单中选择。

Flash 8 的菜单栏包括"文件""编辑""视图""插入""修改""文本""命令""控制""窗口""帮助"菜单项。其中，"控制"菜单中包括了一系列动画测试的选项，是进行动画制作经常使用的菜单之一。Flash 的舞台是主要工作区域，是 Flash 进行图形绘制和动画设计的主要场所。

3．Flash 8 工具箱

Flash 8 工具箱提供了用于图形绘制和图形编辑的各种工具，如图 10.27 所示。从上到下分为 4 个栏：工具栏、查看栏、颜色栏和选项栏，与 Photoshop 的工具箱有类似之处。下面只介绍 Photoshop 中没有提供的、属于 Flash 特色的工具。

（1）任意变形工具：用来对绘制对象进行缩放、旋转和错切变换。

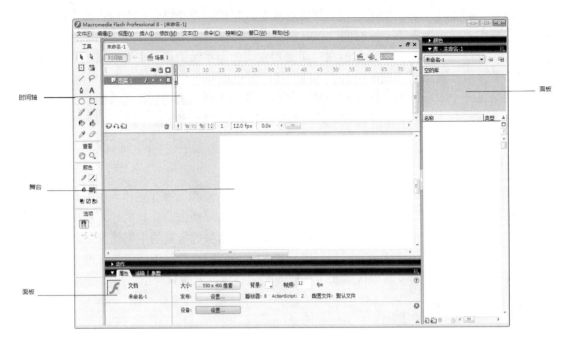

图 10.26　Flash 8 主界面

选择工具
线条工具
钢笔工具
椭圆工具
铅笔工具
任意变形工具
墨水瓶工具
滴管工具
手型工具

部分选取工具
套索工具
文本工具
矩形和多角星形工具
刷子工具
任意变形工具
颜料桶工具
橡皮擦工具
缩放工具
笔触颜色
填充颜色
工具功能选项

图 10.27　Flash 8 的工具箱

（2）填充变形工具：用来修改渐变填充的方式。

（3）部分选区工具：选择矢量图形的控制点，并且可以配合钢笔工具对控制点进行修改。

（4）墨水瓶工具：为二维填充区域增加边线信息或修改边线信息。

颜色栏中的笔触色设置用于给线着色，填充色用于给填充物着色。

4.　Flash 时间轴

时间轴窗口可以分为左右两个区域，如图 10.28 所示。图层控制区域主要用来进行各图层的操作；帧控制区域主要用来进行各帧的操作。所谓图层就相当于舞台中演员所处的前后位置。图层靠上，相当于该图层的对象在舞台的前面。

（1）图层控制区域：它按列划分，从左到右有"图层名称""显示"/"隐藏图层""锁定"/"解除锁定"和"轮廓"4 列。它上边第一行的 3 个按钮，是用来对所有图层的属性进行控制。图层控制区域的下边是图层工作区，其内有许多行，每行表示一个图层。其中左边一列用来表示该图层的属性信息。图层的属性有图层的名称、类型和状态等。单击图层控制区域中的按钮，可以改变图层的状态属性。

（2）帧控制区域：上边的第一行是时间轴帧刻度区，用来标注随时间变化所对应的帧号码。帧控制区域的下边是帧工作区，它给出各帧的属性信息。其内也有许多行，每行也表示一个图层。在一个图层中，水平方向上划分为许多个帧单元格，每个帧单元格表示一帧画面。单击一个单元格，即可在舞台工作区中将相应的对象显示出来。在时间轴窗口中还有一条红色的竖线,这条竖线指示的是当前帧,称为播放指针,它指示了舞台工作区内显示的是哪一帧画面。

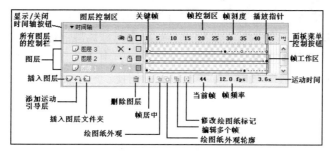

图 10.28　Flash 8 的时间轴

Flash 8 中有 3 种帧,分别是关键帧、空白关键帧和普通帧。关键帧在帧管理器上以实心的圆点表示,表示其中含有元件或图形,是具有关键作用的帧;空白关键帧以空心的圆点表示,其中不含有任何内容;普通帧一般是关键帧内容的延续。对帧的操作有选择帧、移动帧、插入帧、删除帧、复制粘贴帧、帧的转换、翻转帧等。这些操作大多通过鼠标和右键菜单来完成。

5. 浮动面板

Flash 8 中的浮动面板多种多样,其中最常用的有"属性面板""颜色面板""信息"/"变形"/"对齐面板""库面板",如果设计交互式动画或应用程序,还必须使用"动作面板"。

(1)属性面板。也称为属性检查器,是使用最频繁的面板,修改图形和对象的属性、设置动画、设置文档属性等操作都需要在属性面板上完成。Flash 8 在以前版本的属性面板右侧增加了 3 个新的选项"参数""滤镜"和"设备"。其中"滤镜"是 Flash8 的一大亮点,在文本、影片剪辑和按钮的应用中,使用滤镜可以制作出许多意想不到的效果。

(2)颜色面板。有两个选项卡,分别是"混色器"和"颜色样本"。在颜色样本中可以选择或设置一些常用颜色。"混色器"的功能十分强大,它可以设置笔触颜色、填充颜色,它提供了纯色、线性渐变填充、放射状渐变填充以及位图填充 4 种颜色类型,如图 10.29 所示。

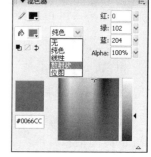

图 10.29　"混色器"选项卡

(3)"对齐"/"信息"/"变形面板"。实际上这是一个由 3 个面板组成的面板组。Flash 进行图形绘制的一大特色是可以对图形进行精确的控制,这 3 个面板即是对图形进行精确控制的工具之一。

(4)库面板。这是 Flash 的重要面板之一,有些情况下库面板没有显现,可以执行"窗口"→"库"命令调出库面板。库里通常有两种对象,一类是用户自行创建的元件,另一类是从外部导入的位图、声音和视频等。库中的对象可以直接拖入到舞台中。有人把 Flash 动画设计看成是一场文艺演出,舞台是前台,而库就是后台。

10.5.3　Flash 图形绘制

Flash 是二维动画制作软件,也是矢量绘图软件,它具有强大的矢量图形绘制功能。

1. 基本形状的绘制

Flash 8 中可以使用工具箱中的工具绘制直线、圆、矩形、多边形、路径图形等多种基本形状。绘出的图形一般具有两种状态：一种为离散的图形，即图形以像素为基本单位；另一种为对象状态，即图形以形状为基本单位。当被选中时，离散的图形显示点状，而对象图形的周围则出现一个浅蓝色的边框。绘制时，用户可以自由选择某一种状态。单击工具箱下面的对象绘制按钮，可在离散图形和对象绘制状态间切换。

例 10.1 以绘制弯弯的月亮为例介绍图形绘制的基本操作。

（1）新建 Flash 文档，用"选择工具"在舞台上单击，然后在属性窗口中将文档的背景色设为蓝色。

（2）选择"椭圆工具"，单击"对象绘制"按钮，画一个离散状态的圆。使圆的线条信息为无，圆的填充颜色为黄色。

（3）用"选择工具"选择刚刚绘制的圆，按住键盘上的 Ctrl 键，复制出另一个圆，同时将鼠标向上移动一段距离，如图 10.30 所示。保持新复制的圆的选中状态，使用颜料桶工具，改变新复制圆的填充色。

（4）按键盘上的 Delete 键，删除新复制的圆，这样舞台上留下了一轮弯弯的月亮。拖动月亮到舞台上的合适位置。

（5）最后效果如图 10.31 所示。执行"文件"→"保存"命令，将文档保存为"月亮.fla"。

图 10.30　移动并复制对象　　　　　　　　　图 10.31　效果图

对于已绘制好的图形，进行编辑时首先要选定图形，可以通过"选择工具""任意变形工具"和"部分选择工具"来选择图形。

2. 元件的绘制

元件是一种可重复使用的对象，绘制好的元件自动被存入 Flash 库中。每个元件都有一个唯一的时间轴和舞台。与主时间轴一样，可以在元件的时间轴上添加帧、关键帧和层。把库中的元件拖入到舞台上，称为实例。一个元件可以有多个实例。Flash 8 提供 3 种类型的元件，分别为图形元件、影片剪辑元件和按钮元件。

例 10.2 创建一个由月亮构成的漂亮界面来介绍图形元件的建立和使用。

（1）新建 Flash 文档。

（2）按快捷键 Ctrl+F8，弹出新建元件对话框，选择图形元件，输入名称"月亮"。

（3）复制上面绘制的月亮，使用"编辑"→"粘贴在中心位置"命令，将已绘制好的月亮粘贴在当前工作区，如图 10.32 所示。

（4）单击时间轴左上方的"场景 1"链接，将工作区切换到主场景舞台。打开库面板，找到刚刚创建的"月亮"元件，拖到舞台上。将元件的宽和高改为 30、60。复制多个月亮，用鼠标及对齐面板，调整多个对象在舞台上的位置。

（5）按 Ctrl+Enter 组合键测试影片结果，如图 10.33 所示。

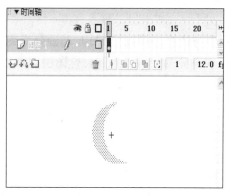

图 10.32　"月亮"元件工作区

图 10.33　效果图

例 10.3　创建一个月亮按钮，当按下时月亮变小，当鼠标经过时月亮变大，并且变得透明。

（1）打开例 1 中的"月亮.fla"。

（2）选择绘制好的月亮，执行"修改"→"转换为元件"命令，在弹出的"新建元件"对话框中将元件的类型设置为"图形"，元件的名称为 moon。

（3）新建元件，在弹出的对话框中，设置类型为"按钮"，输入名称"月亮按钮"。

（4）此时，舞台为"月亮按钮"的工作区，时间轴如图 10.34 所示。从库面板中将刚刚制作的 moon 图形元件拖动到舞台中，同时在信息面板中将 moon 元件的注册点修改在图形中央，将 moon 的位置改为（0，0）。

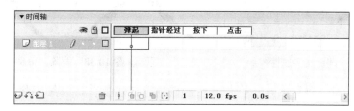

图 10.34　按钮元件的时间轴

（5）此时时间轴上"弹起"帧的空心圆点变为实心。选择"指针经过"帧，单击右键，在右键菜单中选择"插入关键帧"命令。再针对"按下"帧进行同样操作。

（6）选择"指针经过"帧的实心圆点，然后选定工作区上 moon 元件，在变形面板中将元件大小放大 110%，如图 10.35 所示。同时在属性面板的"颜色"下拉列表框中选择 Alpha，修改元件的透明度为 70%，如图 10.36 所示。

图 10.35　调整元件大小

图 10.36　修改元件的透明度

（7）以同样的方式将"按下"帧的元件缩小为原来的 90%。

（8）切换到主场景，将创建好的按钮拖入到舞台上，按 Ctrl+Enter 组合键测试效果。

10.5.4　Flash 动画制作

Flash 可以制作多种类型的动画。按计算机是否参与计算，可以把 Flash 动画分为逐帧动画和补间动画；按是否添加特殊图层，可以把 Flash 动画分为普通动画和特殊图层动画。

1. 逐帧动画制作

逐帧动画是借助 Flash 的绘制功能，在每一帧上绘制相应的对象，然后使用 Flash 的自动播放功能。

例 10.4　写字动画，实现动画从无到有写出一个"人"字。

（1）新建 Flash 文档，修改文档的大小为 300×300。

（2）选择文字工具，字体设为"楷体"，字号大小为 200，如图 10.37 所示。然后在舞台上写一个"人"字，将对象移动到舞台中央。

（3）选择文字对象，按 Ctrl+B 组合键，将字体变为打散的图形。

（4）在帧管理器中选择第 2 帧，单击右键，弹出快捷菜单，执行"插入关键帧"命令。此时第 2 帧会将第 1 帧的内容复制过来。

（5）在工具箱中选择橡皮擦工具，将"人"字的最后一笔擦除一些，如图 10.38 所示。

图 10.37　设置文字属性　　　　　　　　图 10.38　擦除部分文字

（6）选择第 3 帧，重复第 4 步操作，然后重复第 5 步操作，继续擦除文字，直到文字全部擦除为止。

（7）在时间轴上选择第 1 帧，然后按住 Shift 键单击最后一帧，将所有帧选择后单击右键，在弹出的快捷菜单中选择"翻转帧"命令。

（8）按 Ctrl+Enter 组合键，测试影片。

2. 补间动画

补间动画即借助计算机自动生成关键帧之间的中间画面。制作补间动画首先要绘制关键帧画面，然后在两个关键帧之间的任意位置单击鼠标，此时属性面板的内容为动画的属性。

例 10.5　制作一个红色的圆形，逐渐变成一个蓝色的方形。

（1）新建 Flash 文档。

（2）在舞台上绘制一个没有线条信息的红色的圆形。

（3）在时间轴的第 50 帧上单击，然后使用右键菜单，执行"插入空白关键帧"命令。然后在第 50 帧绘制一个没有线条信息的蓝色正方形。

（4）在第 1 帧到第 50 帧之间的任意位置单击，然后在属性面板的补间属性下选择"形状"。

（5）按 Ctrl+Enter 组合键，测试影片。

3. 遮罩层动画

在 Flash 中，遮罩层用来控制被遮罩层内容的显示。遮罩层下面的图层被遮罩，被遮罩图层中的内容只有在遮罩层中的填充区域下面的部分才可见，而遮罩层中的任何非填充部分都是不可见的。

例 10.6 一个移动的圆形窗口，依次出现"元旦节快乐！"几个字。

（1）新建 Flash 文档，在属性面板中单击背景颜色按钮，在弹出的颜色面板中将背景色修改为黑色，将文档的大小改为 400×200。

（2）用文字工具将"元旦节快乐！"文字添加到舞台中央，字体为楷体，字号大小为 36，文字填充色为黄色。

（3）用鼠标选择当前图层，单击"插入图层"按钮。原来的图层名称为"图层 1"，新图层的名称为"图层 2"。用鼠标在"图层 2"上右键单击，选择"遮罩层"命令，将新图层变为遮罩层，这时它下面的图层将自动变为被遮罩层，如图 10.39 所示。

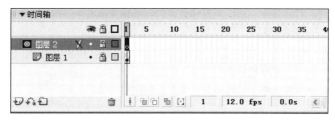

图 10.39　遮罩图层标志

（4）在遮罩层的第 1 帧画一个没有边线的圆，放在文字的前方。在遮罩图层的第 40 帧添加关键帧，在被遮罩图层的第 40 帧插入帧。在遮罩图层的第 40 帧将圆拖动到文字的后面，如图 10.40 所示。

图 10.40　遮罩动画的制作

（5）单击遮罩层的第 1 帧和第 40 帧之间的任意位置，在属性面板中设置补间的类型为"形状"。

（6）按 Ctrl+Enter 组合键，测试影片。

快速测试

1. 制作动画的原理是什么？
2. 名词解释：帧、图层、元件。
3. Flash 中实现动画的方法有哪些？

习 题

一、填空题

1．国际电讯联盟（ITU）将媒体分为五大类，分别是_____媒体、_____媒体、_____媒体、_____媒体、_____媒体。

2．多媒体信息的主要特点包括信息媒体的_____、_____、_____，还有数据的实时性、海量性、媒体信息表示的空间性和方向性等。

3．ISO 和 ITU 联合制定的数字化图像压缩标准主要有_____标准、_____系列标准、_____标准。

4．多媒体数据能不能被压缩，关键是多媒体数据中是否存在"_____"。

5．数据压缩方法划分为两类，即_____、_____。

6．MPEG-1 标准音频压缩算法是第一个高保真音频数据压缩国际标准，它完全可以独立应用，由它形成的音频文件通常被叫作_____。

7．由于多媒体信息具有海量性，所以多媒体数据的数字化处理的关键问题是_____。

二、简答题

1．什么是媒体、多媒体、多媒体技术？

2．多媒体数据为什么可以压缩？简述多媒体数据压缩的必要性。

3．简述音频数字化的过程。

4．数字视频的主要文件格式有哪些？

三、计算题

对于音频信号，采样频率为 44.1kHz，采样位数为 16 位，双声道立体声，完成如下计算：

（1）在 1 秒钟时间内不经压缩数据量为多少？

（2）如果存储在一张 650MB 的 CD-ROM 中，可存放的时间为多少小时？

（3）如果音乐长度为 3 分 40 秒，并将其保存为 MP3 文件，压缩比为 12∶1，该文件的大小是多少？

（4）如果按上述 MP3 格式计算，一款 256MB 的 MP3 播放机最多可以保存多少首音乐？

附录 A ASCII 码表

ASCII 值	控制字符	ASCII 值	字符	ASCII 值	字符	ASCII 值	字符
0	NUT	32	(space)	64	@	96	、
1	SOH	33	!	65	A	97	a
2	STX	34	"	66	B	98	b
3	ETX	35	#	67	C	99	c
4	EOT	36	$	68	D	100	d
5	ENQ	37	%	69	E	101	e
6	ACK	38	&	70	F	102	f
7	BEL	39	,	71	G	103	g
8	BS	40	(	72	H	104	h
9	HT	41	)	73	I	105	i
10	LF	42	*	74	J	106	j
11	VT	43	+	75	K	107	k
12	FF	44	,	76	L	108	l
13	CR	45	-	77	M	109	m
14	SO	46	.	78	N	110	n
15	SI	47	/	79	O	111	o
16	DLE	48	0	80	P	112	p
17	DCI	49	1	81	Q	113	q
18	DC2	50	2	82	R	114	r
19	DC3	51	3	83	S	115	s
20	DC4	52	4	84	T	116	t
21	NAK	53	5	85	U	117	u
22	SYN	54	6	86	V	118	v
23	TB	55	7	87	W	119	w
24	CAN	56	8	88	X	120	x
25	EM	57	9	89	Y	121	y
26	SUB	58	:	90	Z	122	z
27	ESC	59	;	91	[	123	{
28	FS	60	<	92	/	124		
29	GS	61	=	93	]	125	}
30	RS	62	>	94	^	126	~
31	US	63	?	95	—	127	DEL

附录 B　理论考试模拟试题

模拟试题一

一、单选题

1. 十进制数 185.5 对应的十六进制数是（　　）H。
   A. BA.1　　　　　B. AA.8　　　　　C. B9.1　　　　　D. A9.8

2. 下列计算机硬件组成部件中，（　　）的功能是进行算术运算和逻辑运算。
   A. 控制器　　　　B. 存储器　　　　C. 运算器　　　　D. 输入/输出设备

3. 以下软件中，（　　）都是系统软件。
   A. Word、Excel　　　　　　　　　　B. Microsoft Office、Dos
   C. Photoshop、iOS　　　　　　　　　D. Windows 7、UNIX

4. 计算机病毒特点的是（　　）。
   A. 传染性、潜伏性、安全性　　　　　B. 传染性、潜伏性、破坏性
   C. 传染性、破坏性、易读性　　　　　D. 传染性、安全性、易读性

5. 通常说 CPU 的型号，如 Intel Core 3.60GHz，其中，3.60GHz 是指 CPU 的（　　）参数。
   A. 外频　　　　　B. 字长　　　　　C. 主频　　　　　D. 缓存

6. 下列关于文件的说法中，正确的是（　　）。
   A. 在文件系统的管理下，用户可以按照文件名访问文件
   B. 文件的扩展名最多只能有 3 个字符
   C. Windows 中，具有隐藏属性的文件一定是不可见的
   D. Windows 中，具有只读属性的文件不可以删除

7. 计算机网络是通过通信媒体，把各个独立的计算机互相连接而建立起来的系统。它实现了计算机与计算机之间的资源共享和（　　）。
   A. 屏蔽　　　　　B. 独占　　　　　C. 通信　　　　　D. 交换

8. 冯·诺依曼结构计算机思想的核心内容是（　　）。
   A. 采用十进制　　B. 采用二进制　　C. 程序存储　　　D. 人机交互

9. "32 位微型计算机"中 32 位指的是（　　）。
   A. 机器的字长　　B. 微型机号　　　C. 运算速度　　　D. 内存容量

10. 对数据进行分类汇总操作时，如果分类字段没有排序，且各值是交错排列的，此时的分类汇总得到的结果将是（　　）。
    A. Excel 会自动先排序　　　　　　　B. Excel 会提示先排序
    C. 结果是随机的　　　　　　　　　　D. 分类汇总字段的每个值会出现多次汇总结果

11. 如果单元格 D2 的值为 76，则公式=IF(D2>=90,"优",IF(D2>=80,"良","中"))的结果为（　　）。
    A. 优　　　　　　B. 良　　　　　　C. 中　　　　　　D. 及格

12. 若一幅具有分辨率为 1280×1024 的真彩色图像（24bit/像素），该图所需的数据量为（　　）KB。

    A. 1280　　　　　B. 1024　　　　　C. 3840　　　　　D. 3072

13. 在 Word 中，有关表格的操作，以下说法（　　）是不正确的。

    A. 文本能转换成表格　　　　　　　　B. 表格能转换成文本

    C. 文本与表格不能相互转换　　　　　D. 文本与表格可以相互转换

14. 类似手机、身份证号码等类型数据的输入，为使显示正确，应该以字符串方式输入，此时应该输入的第一个字符为英文的（　　）。

    A. "　　　　　　　B. '　　　　　　　C. !　　　　　　　D. *

15. 在下列 Internet 的应用中，专用于实现文件上传和下载的是（　　）。

    A. FTP 服务　　　B. 电子邮件服务　　C. 博客和微博　　D. WWW 服务

16. Word 2010 中包含多种视图，其中（　　）是以图书的分栏样式显示 Word 文档，它主要用来供用户阅读文档。

    A. 页面视图　　　B. 阅读版式视图　　C. web 版式视图　　D. 大纲视图

17. 在下面关于数据表的说法中，错误的是（　　）。

    A. 数据表是 Access 数据库中的重要对象之一

    B. 一个数据表可以包含多个数据库

    C. 通过设计视图可以修改表的结构

    D. 可以将 Excel 中的数据导入当前数据库中

18. 在 Excel 工作表 Sheet1 中，若单元格 A1、B1、A2、B2 的内容分别为 4、3、2、1，单元格 C1 的公式"=$A1*B$1"，将公式从 C1 填充到 C2，则 C2 的值为（　　）。

    A. 4　　　　　　　B. 6　　　　　　　C. 8　　　　　　　D. 12

19. 在下列软件中，不能用来制作网页的软件是（　　）。

    A. Dreamweaver　B. FrontPage　　　C. Photoshop　　　D. 记事本

20. （　　）协议是 Internet 最基本的协议。

    A. FTP　　　　　　B. OSI　　　　　　C. TCP/IP　　　　　D. HTTP

二、判断题

1. 图灵在计算机科学方面的主要贡献是建立图灵机模型和提出了图灵测试。

2. 未来计算机将朝着微型化、巨型化、网络化和智能化方向发展。

3. 计算机存储单元中存储的内容可以是数据和指令。

4. 指令的执行过程分为以下 3 个步骤：取指令、执行指令、分析指令。

5. 在搜索文件时，若用户输入"*.*"，则将搜索所有含有"*"的文件。

6. DOS 命令 PING 74.125.128.147 可以检查本机和主机 74.125.128.147 之间的连通性。

7. 在 Windows 操作系统中，打开任务管理器只能同时按 Ctrl+Alt+Del 键。

8. 网络钓鱼就是黑客利用具有欺骗性的电子邮件和伪造的 Web 站点来进行网络诈骗活动，受骗者往往会泄露自己的敏感信息，如信用卡账户与密码、银行账户信息、身份证号码等。

9. 幻灯片切换效果是在演示期间从一张幻灯片移到下一张幻灯片时在"幻灯片放映"视图中出现的动画效果。

10. 音频与视频信息在计算机内是以模拟信息表示的。

11. 为了安全起见，浏览器和服务器之间交换数据应使用 HTTPS 协议。

12. 软件工程的目标是在给定成本、进度的前提下，开发出具有可修改性、有效性、可理解性、可维护性等多种特性并且满足用户需求的软件产品。

13. 通用串行总线（USB）和即插即用不完全兼容，添加 USB 外设后必须重新启动计算机。

14. PowerPoint 2010 中，不能将演示文稿另存为 PDF 文件。

15. 格式刷可快速复制选定对象或文本的格式（字体、字号、颜色、边界等），并将其应用到随后单击的文本或对象上。

16. 使用母版视图的一个主要优点在于在幻灯片母版、备注母版或讲义母版上，可以对与演示文稿关联的每个幻灯片、备注页或讲义的样式进行全局更改。

17. 在局域网中以集中方式提供共享资源，并对这些资源进行管理的计算机称为客户机。

18. Word 2010 样式是指一组已经命名的字符和段落格式，它规定了文档中标题、题注以及正文等各个文本元素的格式。样式不可以修改和删除。

19. Word 中长文档要能够自动生成目录，必须先设置好各级标题样式。

20. 对规律文本如"一月"、"二月"等的输入，最简单的操作方法是：直接先输入 1 项，然后拖动填充柄完成。

三、填空题

1. 在计算机硬件的 5 个组成部分中，_____是计算机的指挥中枢，用于控制计算机各个部件按照指令的功能要求协同工作。

2. 若要在当前工作表（Sheet1）的 A2 单元格中引用另一个工作表（如 Sheet4）中 A2 到 A7 单元格数据之和，则在当前工作表的 A2 单元格输入的表达式应为_____。

3. 2KB 内存最多能保存_____个 ASCII 码字符。

4. 二进制数 11011001 转换为八进制数是_____，十六进制数是_____。

5. 按照网络的覆盖范围进行分类，网络可分为：_____、_____和城域网。

6. IP 地址是 32 位，通常采用点分十进制记法，4 个字节中的每个字节用十进制表示，从 0 到 255。32 位的十六进制地址 C0290614 被写成_____。

7. 在 IPv4 中，IP 地址由_____和主机地址两部分组成，C 类二进制形式的 IP 地址前 3 位为_____。

8. 软件是能够指挥计算机工作的程序与程序运行时所需要的数据，以及与这些程序和数据有关的文字说明和图表资料的集合，其中文字说明和图表资料又称_____。

9. 按照总线传输信息的不同，总线可分为数据总线、地址总线和_____。其中，后者用来控制对数据线和地址线的存取和使用。

10. _____是数据库系统的核心组成部分，数据库的一切操作，如查询、更新、插入、删除以及各种控制，都是通过它进行的。

四、简答题

1. 一个计算机存储系统包括 Cache、内存和硬盘，简述各自的功能及存在的相互关系。

2. 简述关系数据库的特点及 SQL 的作用。

3. 简述操作系统的基本概念，并说明操作系统的主要功能。

4. 简述多媒体技术的概念及多媒体计算机硬件系统的特点。

5. 简述 Internet 与万维网的概念及区别。

模拟试题二

一、单选题

1. 在计算机组成部件中，存储器的主要功能是（   ）。
   A. 分析指令并进行译码
   B. 存储指令和数据
   C. 实现算术、逻辑运算
   D. 按主频发出时钟

2. 下列软件中，（   ）是系统软件。
   A. Windows 7　　　　B. Word 2010　　　　C. Excel 2010　　　　D. PowerPoint 2010

3. 下列一组数中，最小的是（   ）。
   A. 十进制数 51　　　B. 八进制数 60　　　C. 十六进制数 5A　　　D. 二进制数 11 1001

4. 操作系统的功能包括（   ）和用户接口。
   A. 硬盘管理、软盘管理、打印机管理、文件管理
   B. 运算器管理、控制器管理、打印机管理、磁盘管理
   C. 处理机管理、存储管理、设备管理、文件管理
   D. 程序管理、文件管理、编译管理、设备管理

5. 微型计算机系统采用总线结构连接 CPU、存储器和外部设备，总线通常由 3 部分组成，它们是（   ）。
   A. 逻辑总线、传输总线和通信总线
   B. 地址总线、运算总线和逻辑总线
   C. 数据总线、信号总线和传输总线
   D. 数据总线、地址总线和控制总线

6. 在 Windows 7 的 "资源管理器" 中，单击第一个文件名后，按住（   ）键，再单击另外几个文件，可选定一组不连续的文件。
   A. Shift　　　　B. Alt　　　　C. Ctrl　　　　D. Tab

7. 局域网常用的拓扑结构有（   ）。
   A. 星形、总线型、环形、立方形
   B. 星形、总线型、环形、广播形
   C. 星形、总线型、环形、树形
   D. 星形、总线型、环形、螺旋形

8. 输入一个 WWW 地址后，在浏览器中出现的第一页叫（   ）。
   A. 超链接　　　　B. 主页　　　　C. 浏览器　　　　D. 页面

9. 在 Word 中，双击格式刷的用途是（   ）。
   A. 复制已选中的段落
   B. 复制多次已选中的对象的格式
   C. 复制已选中的字符
   D. 复制一次已选中的对象的格式

10. 如果单元格 D2 的值为 66，则公式 =IF(D2>=90,"A",IF(D2>=80,"B","C")) 的结果为（   ）。
    A. A　　　　B. B　　　　C. C　　　　D. D

11. 下列 PowerPoint 2010 视图中，（   ）以查看缩略图形式的幻灯片。通过此视图，在创建演示文稿以及准备打印演示文稿时，可以轻松地对演示文稿的顺序进行排列和组织。
    A. 普通视图　　　B. 幻灯片浏览视图　　　C. 备注页视图　　　D. 阅读视图

12. 计算机能够直接识别和处理的语言是（   ）。
    A. 汇编语言　　　B. 自然语言　　　C. 机器语言　　　D. 高级语言

13. 用二维表数据表示实体与实体之间关系的数据模型称为（   ）。
    A. 实体-联系模型　　B. 层次模型　　　C. 网状模型　　　D. 关系模型

14. 下列运算中，不属于关系基本运算的是（　　）。

    A. 选择   B. 笛卡尔积   C. 投影   D. 连接

15. 在 Excel 工作表 Sheet1 中，若单元格 A1、B1、A2、B2 的内容分别为 10、20、30、40，单元格 C1 的公式 "=$A1*B$1"，将单元格 C1 的内容复制并粘贴到单元格 C2，则 C2 的值为（　　）。

    A. 30   B. 40   C. 50   D. 60

16. 以下应用领域不属于多媒体技术典型应用的是（　　）。

    A. 教育和培训   B. 娱乐和游戏   C. 网络视频会议   D. 计算机的协同工作

17. 下列选项中，不属于多媒体信息处理关键技术的是（　　）。

    A. 数据校验技术   B. 数据存储技术   C. 多媒体数据压缩技术   D. 多媒体数据库技术

18. 属于计算机犯罪类型的是（　　）。

    A. 非法截获信息   B. 复制与传播计算机病毒

    C. 利用计算机技术伪造篡改信息   D. 以上皆是

19. 下列构成 Web 体系结构的基本元素中，（　　）是用来标识 Web 上资源的统一资源定位器。

    A. Web 服务器   B. Web 浏览器   C. HTTP   D. URL

20. 软件工程的目标是（　　）。

    A. 生产满足用户需要的产品

    B. 以合适的成本生产满足用户需要的产品

    C. 以合适的成本生产满足用户需要的、可用性好的产品

    D. 生产正确的、可用性好的产品

二、判断题

1. 冯·诺依曼原理，即"存储程序控制"原理，要求采用十进制形式表示数据和指令。

2. USB 是一个外部总线标准，用于规范计算机与外部设备的连接和通信。USB 接口支持即插即用和热插拔功能。

3. DRAM 的特点是集成密度高，主要用于大容量存储器；SRAM 的特点是速度快，主要用于高速缓冲存储器。

4. 机器数是符号"数字化"的数，机器数有原码、反吗、补码表示方法。

5. 窗口是 Windows 7 操作系统的基本对象，但不是 Windows 7 操作系统与用户之间的交互界面。

6. 在 Windows 7 操作系统中，可用通配符查找文件或者文件夹，其中通配符 "*" 表示该位置为任意一个字符；"?" 表示该位置为任意多个字符。

7. Dreamweaver 是一个实用的网页设计制作软件。

8. World Wide Web 简称 WWW 或 Web，也称万维网。它是普通意义上的物理网络，不是一种信息服务器的集合标准。

9. HTML 是为"网页创建和其他可在网页浏览器中看到的信息"设计的一种标记语言。

10. 一个完整的单元格地址除了列号和行号之外，还要加上工作簿名和工作表名。

11. 利用 PowerPoint 2010 的保存并发送功能，可将演示文稿创建为 PDF 文档、Word 文档或视频，还可以将演示文稿打包为 CD。

12. 面向对象相关的基本概念包括：对象、对象的状态和行为、类、类的关系、消息和方法。

13. 多媒体是集文字、声音、图形、图像、动画、视频等多种信息载体的表现形式和传递方式。

14. 在 PowerPoint 中，设置动画不是提高演示效果的重要手段。

15. C 类 IP 地址的默认子网掩码是 255.255.0.0。

16. 在 Excel 中，完成数据的分类汇总前不一定要进行数据的排序。

17. Access 2010 是 Microsoft Office 2010 办公软件组件之一，具有强大的数据库处理功能，但它不是关系数据库管理系统。

18. 计算机病毒是一种在人为或非人为的情况下产生的、在用户不知情或未批准下，能自我复制或运行的计算机程序，它往往会影响受感染计算机的正常运作。

19. 在 Word 2010 中，要使文本框中的文本由横排改为竖排，只要选定该文本框，然后在页面布局功能区中单击"文字方向"，选择"垂直"按钮即可。

20.《计算机软件保护条例》中提出了对软件著作权进行保护。

三、填空题

1. Word 文档排版主要包括字符格式化、段落格式化和页面设置三大类，字体设置属于_____类，设置纸张属性属于_____类。

2. Excel 公式=SUM(Sheet1!B1,Sheet2!B1)的功能是_____。

3. 十进制数 114.25 转换成二进制数是_____。

4. Word 2010 文档默认的扩展名是_____，Excel 2007 工作簿的默认扩展名是_____。这种类型的文件通常比 97-2003 格式的文件所占存储空间要小。

5. Internet 上的网络地址有两种表示形式：IP 地址和_____。其中，IPv4 地址由一个_____位二进制的值表示；后者是为了 IP 地址不好记忆，设计的用"."分隔的一串英文单词来标识每台主机的方法。

6. 计算机系统由_____系统和_____系统组成。其中，前者是基础，后者是灵魂，二者协调配合，才能充分地发挥计算机的功能。

7. 文件是操作系统用来存储和管理信息的基本单位。Windows XP 按树形结构以文件夹的形式来组织和管理文件，文件名不超过_____个字符，扩展名一般代表文件的_____。

8. 计算机网络体系结构包括 OSI 参考模型和 TCP/IP 模型，其中 OSI 参考模型包括_____层，而 TCP/IP 包括_____层。

9. Web 服务器的主要功能是提供网上信息浏览服务，Web 服务器与客户浏览器使用_____协议进行信息交流。Internet Explorer 是_____软件。

10. 计算机有运算器、控制器、存储器、输入设备和输出设备五大功能部件。其中，_____是计算机的指挥中心；_____进行算术和逻辑运算。

四、简答题

1. 个人计算机的主要性能指标包括字长、时钟频率、内存容量等，解释它们各自的含义，并分析其中你最看重的性能指标。

2. 简述 Excel 中数据排序、数据筛选、分类汇总、图表的作用。

3. Word 2010 文档排版主要包括字符格式化、段落格式化和页面设置三大类，说明其中每类包括的主要内容。

4. 简述 5 种自己最常用的应用软件，并说明它们的功能。

参 考 文 献

陈国良，荣胜军，黄朝阳. 2010. Excel 2010 函数与公式[M]. 北京：电子工业出版社

高裴裴，张健，程茜. 2014. Access2010 数据库技术与程序设计[M]. 天津：南开大学出版社

李斌. 2010. Excel 2010 应用大全[M]. 北京：机械工业出版社

孟强，陈林琳. 2013. 中文版 Access 2010 数据库应用实用教程[M]. 北京：清华大学出版社

苏英如. 2007. 局域网技术与组网工程（第二版）[M]. 北京：中国水利水电出版社

汪燮华等. 2011. 计算机应用基础教程（2011 版）[M]. 上海：华东师范大学出版社

吴靖. 2014. 数据库原理及应用（Access 版）第 3 版[M]. 北京：机械工业出版社

谢希仁. 2008. 计算机网络（第 5 版）[M]. 北京：电子工业出版社

赵志东. 2011. Excel VBA 基础入门（第二版）[M]. 北京：人民邮电出版社

郑丽敏. 2012. Excel 数据处理与分析[M]. 北京：人民邮电出版社

Abraham Silberschatz 等. 2012. 数据库系统概念（原书·第 6 版）[M]. 杨冬青，等译. 北京：机械工业出版社

Andrew S. Tanenbaum, David J. Wetherall. 2012. 计算机网络（第 5 版）[M]. 严伟，等译. 北京：清华大学出版社

June Jamrich Parsons, Dan Oja. 2014. 计算机文化（原书第 15 版）[M]. 吕云翔，等译. 北京：机械工业出版社

（美）Mark Lutz. 2011. Python 学习手册（第 4 版）[M]. 李军，刘红伟译. 北京：机械工业出版社

Roger S. Pressman. 2007. 软件工程：实践者的研究方法（第 6 版）[M]. 郑人杰等译. 北京：机械工业出版社

William Stallings. 2011. 计算机组成与体系结构：性能设计（原书第 8 版）[M]. 彭蔓蔓，等译. 北京：机械工业出版社

Y. Daniel Liang. 2015. Python 语言程序设计[M]. 李娜译. 北京：机械工业出版社

百度百科[EB/OL]. http://baike.baidu.com

维基百科[EB/OL]. http://zh.wikipedia.org